草木樨生产与利用

◎ 马春晖　席琳乔　编著

U0338554

中国农业科学技术出版社

图书在版编目（CIP）数据

草木樨生产与利用／马春晖，席琳乔编著．—北京：中国农业科学技术出版社，2019.6

ISBN 978-7-5116-4153-3

Ⅰ.①草… Ⅱ.①马…②席… Ⅲ.①草木樨-研究 Ⅳ.①S551

中国版本图书馆 CIP 数据核字（2019）第 075081 号

责任编辑 张国锋
责任校对 李向荣

出 版 者 中国农业科学技术出版社
北京市中关村南大街 12 号 邮编：100081
电　　话 （010）82106636（编辑室） （010）82109702（发行部）
（010）82109709（读者服务部）
传　　真 （010）82106631
网　　址 http://www.castp.cn
经 销 者 各地新华书店
印 刷 者 北京富泰印刷有限责任公司
开　　本 880mm×1 230mm 1/32
印　　张 8.5
字　　数 268 千字
版　　次 2019 年 6 月第 1 版 2019 年 6 月第 1 次印刷
定　　价 45.00 元

版权所有・翻印必究

《草木樨生产与利用》

编著委员会

主编著： 马春晖　席琳乔

编著者： 王　栋　张　玲　王　帅
刘　慧　景春梅　赵　涛
范瑛阁　杨明禄　张朝阳

前　言

草木樨，是豆科草木樨属（*Melilotus*）植物，为一年生、二年生或短期多年生草本。一年生的草木樨萌发当年进行营养生长和生殖生长，二年生的在建植当年只进行营养生长，第二年才进行生殖生长，在结种子成熟后死亡。草木樨在世界各地均有种植，其中大多数原产于温带的欧洲和亚洲，以其耐贫瘠、耐干旱、耐盐碱、抗逆性强、适应性广、固氮能力强、产量高和肥田增产效果明显等优良特性而著称，得到种植者的青睐，深受欢迎。

草木樨具有悠久的栽培利用历史，早在2 000多年前，地中海地区的居民就将黄花草木樨作为绿肥植物和蜜源植物进行栽培。在中国古代文献中亦有记载，清朝初年陈扶摇著《花镜》称草木樨为“水木樨”或“指田”。吴其睿著《植物名实图考》中把草木樨称为“辟汗草”，将草木樨分为蔓藤和芳香类，可作为观赏植物和装饰品。据陈布圣编著《牧草栽培》中记载，草木樨作为牧草和绿肥作物在我国栽培时间始于1922年。1942年开始对草木樨进行科学研究。

随着党中央“五位一体”总布局的生态文明建设新发展理念进一步深入人心，国家将更注重生态文明建设，草木樨作为抗逆性强的优质牧草、绿肥作物、蜜源植物将会受到重视，广泛种植。

现将近10年来我们的研究成果总结成本书，内容涵盖4位研究生关于草木樨方面的硕士论文，但研究还不够深入全面，希望得到广大同仁的指教。如果本书能对今后中国草木樨的深入研究以及中国草木樨产业的发展有所推动，将让作者深感欣慰。

全书共分八章。第一章　世界草木樨的分布、起源与分类；第二章　草木樨属的植物学和生物学特性；第三章　草木樨活性成分；第

四章　草木樨栽培；第五章　草木樨适应性；第六章　草木樨根瘤菌；第七章　草木樨加工与利用；第八章　草木樨种子生产技术。

受多种因素影响，本研究工作十分有限，如草木樨与粮食作物等轮作复种体系研究与应用等还不够深入，敬请读者批评指教。

在本研究和成书过程中，得到业内专家和学者的大力支持和帮助；同时，对博士研究生王旭哲、硕士研究生李菲菲等的辛勤付出，在此也表示衷心感谢。

编著者

2019 年 1 月

目　　录

第一章　草木樨的分布、起源与分类

第一节　草木樨的起源

一、国外草木樨的起源

草木樨（*Melilotus*）在世界各地均有种植，其中大多数原产于温带的欧洲和亚洲。2 000多年前，地中海地区的居民将黄花草木樨作为绿肥植物和蜜源植物进行栽培。起初白花草木樨在美国南部通常被称为草木樨属或草木樨，其他地方被称为甜三叶草。1739 年，格罗诺维乌斯在《弗吉尼亚花》一书中提到甜三叶草。1785 年 Cutler 在《新英格兰植物报告》和 1814 年 Pursh 在《美国北部植物志》中记录，在宾夕法尼亚到弗吉尼亚的河流砾石海岸发现了白花草木樨。1824 年 Elliott 在《美国南卡罗来纳州和乔治亚州植物学》书中报道了两年生黄花草木樨，Beck 于 1833 年在美国北部各州发现了草木樨（*M. leucantha*），也就是现在所说的草木樨。1856 年，阿拉巴马州格林斯普林斯学院的 Tutwiller 教授从美国驻智利领事处收集了少量的草木樨种子。1916 年夏天，在伊利诺斯州、爱荷华州和北达科他州发现了早熟的一年生白花草木樨。1900 年以前，草木樨在英格兰的种植范围有限，而在苏格兰东部，由于其干草宜人的气味而被认为有价值；瑞士著名的 Cruyere 奶酪味道则来自于黄花草木樨；在德国，草木樨作为绿肥使用效果非常好。在俄罗斯、波兰和奥匈帝国的部分地区，草木樨被作为绿肥种植在土壤贫瘠的地区。1900 年后，草木樨的价值得到人们的重视，在美国中北部几个州种植面积迅速扩大，并相继引入澳大利亚、德国、前苏联、波兰等国，除了肥田改土之外，阿根廷也作为家畜的饲草和放牧之用，在加拿大的西部，草木樨被作为优质的绿肥广泛种植。

20 世纪 30 年代，美国内布拉斯加州的种植面积从 1920 年的 3 万公顷增加到 1930 年的 11 万公顷。前苏联也种植草木樨，并实行草田轮作，至 20 世纪 80 年代，白花草木樨和黄花草木樨种植面积约 60 万公顷。布里亚特共和国（位于东西伯利亚）从 1965 年开始种植黄花草木樨，保护耕地、提高谷物产量。大西洋沿岸各州属酸性土壤，种植的草木樨较少。20 世纪上半叶，草木樨是美国南部和中西部地区的绿肥和放牧豆科牧草之一，当今草木樨仍是平原地区的覆盖作物。

二、国内草木樨的起源

草木樨在我国分布较广，古代文献中已有记载，清朝初年陈扶摇著《花镜》称草木樨为“水木樨”或“指田”。吴其睿著《植物名实图考》中把草木樨称为“辟汗草”并附有图鉴，将草木樨分为蔓藤和芳香类，可作为观赏植物和装饰品。据陈布圣编著《牧草栽培》中记载，草木樨作为牧草和绿肥作物在我国栽培时间始于 1922 年。张保烈等人认为草木樨作为一种绿肥在我国耕地上人工栽培实验最早始于 1942 年天水水土保持实验区。1943 年叶培忠（时任天水水土保持实验区工作人员）在考察陕西、甘肃、青海等省的过程中，采集野生保土植物中就有多种野生的草木樨。1944 年时任美国副总统华莱士访华时，赠予天水水土保持实验区 6 个草木樨品种，分别是：二年生印度草木樨（*M. indicus*）、一年生印度草木樨（*M. indicus-annua*）、二年生白花草木樨（*M. alba*）、白花草木樨［品种名马德里（*M. alba-Madrid*）］、一年生白花草木樨［品种名胡斑（*M. alba-Hubam*）］、二年生黄花草木樨［马德里（*M. officinali-Madrid*）］；还有蒋德麒由武功寄来一年生黄花草木樨（*M. indicus-annua*）和二年生黄花草木樨（*M. officinalis*），从而丰富了我国草木樨品种资源。1942—1946 年试种发现，野生的细齿草木樨、香甜草木樨和引进的印度草木樨均因生长不良，易染白粉病而淘汰，一年生白花草木樨（品种名为北极草木樨）和黄花草木樨（品种名为马德里草木樨）性能较好。

草木樨以其耐贫瘠、耐干旱、抗逆性强、适应性广、繁殖快、固氮能力强、产量高、用途广和肥田增产效果明显等优良特性，得到广泛的重视，20 世纪 40 年代初，草木樨作为一种绿肥作物在中国耕地上栽培，60 年代草木樨种植发展速度较快，70 年代在南方一些地区已有相当大的种植面积，到了 70 年代末，种植面积开始下降。草木樨已经成为我国分布最广的牧草绿肥和水土保持植物之一。

1946 年天水水土保持实验区第一次有组织地向附近地区推广草木樨，1952 年原农业部从天水收购了一批草木樨种子，主要是白花草木樨分发给陕西、青海、山西、新疆、内蒙古、黑龙江、山东、河北、河南、江苏、江西和广东 12 个省区试种推广。辽宁省西部地区在 20 世纪 60 年代初开始种植草木樨。新疆喀什地区自 1966 年开始推广以草木樨为主的各种绿肥，到 1975 年的 10 年期间，草木樨面积只有 2. 83万亩，1976—1978 年，草木樨种植面积迅速增至 24. 5 万亩，1984 年喀什地区的草木樨种植面积已达到了 53. 9 万亩；该地区的草木樨种植和利用上有了新的发展，由过去草木樨绿肥只作为麦地套种的夏季填闲绿肥，发展为与棉花、玉米等秋田作物套种作为来年春季填闲绿肥。1988 年从全苏植物研究所征集草木樨品种，对其提供的种子，经种植观察和鉴定均不是生物种，而是品种。1999 年从俄罗斯西伯利亚地区引进了斯列金 1 号黄花草木樨，简称俄罗斯黄花草木樨，该品种是由俄罗斯赤塔州育种站采用阿穆尔州的野生黄花草木樨经自然授粉培育而成。

第二节　草木樨的分布

草木樨在我国内蒙古、黑龙江、吉林、辽宁、山东、河北、河南、山西、陕西、江苏、甘肃、青海、西藏、安徽、江西、浙江、四川和云南等地有分布，在西藏海拔 3 700m 的地区亦有记录；在国外，前苏联（中亚、西伯利亚、远东）、蒙古国、朝鲜、日本及东南亚、欧洲、北美洲也有分布。

一、白花草木樨

原产于亚洲西部，适应湿润和半干燥气候地区生长，耐贫瘠，不适于酸性土壤，耐盐碱，抗寒、抗旱能力强。欧洲地中海沿岸、中东、西南亚、中亚及西伯利亚均有分布，在前苏联、加拿大、美国、阿根廷、伊朗、波兰等国家是主要的蜜源植物，现已广泛引种到北美洲。中国在 20 世纪 40 年代从美国引入，在东北、华北、西北、西南和华东都有悠久的种植历史。白花草木樨是一种重要的栽培牧草和绿肥，有一年生和二年生株从类型和许多栽培品系。

二、黄花草木樨

在欧洲为野生杂草，主要分布于温带、亚热带、欧亚大陆及地中海地区。在我国古时用以夹于书中辟称芸香。在我国西藏、四川等地区有野生分布，常生于山坡、河岸、路旁、砂质草地及林缘。花期比其他种早半个多月，耐碱性土壤，本种常与白花草木樨混生。

三、香甜草木樨

原产于我国的四川。在东北、华北以及内蒙古、新疆、浙江和台湾等都有野生群落。

四、细齿草木樨

在欧洲、俄罗斯、蒙古有分布。在我国东北、华北、西北及西南各地，常生于草地、林缘及盐碱草甸。栽培品种于 1954 年从原苏联引入，已在河北、河南、山东、山西、陕西、甘肃、辽宁等省份种植。细齿草木樨适应于湿润的低湿地区，耐旱、耐盐碱；香豆素含量较少，味较甜，适口性好，是草木樨属中较好的牧草。

五、印度草木樨

原产印度及地中海地区，印度、巴基斯坦、孟加拉国、中东和欧洲均有分布，现世界各地引种试验。我国华中、西南、华南各地均有分布。常生于旷地、路旁及盐碱性土壤。是我国南方一种栽培牧草。

六、高草木樨

高草木樨只在《中国植物照片集》第一集上有照片记载，在我国未搜集到种子和实物标本。

七、槽柄草木樨

起源于地中海。

八、伏尔加草木樨

起源于俄罗斯，1980 年引进我国辽宁地区。

由于其他品种对生态环境的特殊要求，种植局限未找到具体的种植地。

第二章　草木樨植物学和生物学特性

第一节　植物学特性及分类

一、植物学特性

草木樨属植物，为一年生、二年生或短期多年生草本。一年生的草木樨萌发当年同时进行营养生长和生殖生长，二年生的在建植当年只进行营养生长，第二年才生殖生长，并在种子成熟后死亡。

1. 根系

直根系、主根直立，根系发达，主根深达 2m 以上。

2. 茎

茎呈直立状，多分枝，植株高大。

3. 叶

叶互生；羽状三出复叶，顶生小叶具较长小叶柄，侧小叶几无叶柄，小叶边缘具锯齿，有时不明显，无毛；托叶全缘或具齿裂，先端锥尖，基部与叶柄合生；无小托叶。植株下部的叶片较宽，倒卵形或卵形，中部的叶片倒卵形至椭圆形。

4. 花

总状花序细长，着生于叶腋，花序轴伸长，多花疏列，果期常延续伸展；苞片针刺状，无小苞片；花小，为蝶形花；萼钟形，无毛或被毛，萼齿 5，近等长，具短梗；花冠黄色或白色，偶带淡紫色晕斑，花瓣分离，旗瓣长圆状卵形，先端钝或微凹，基部几无瓣柄，翼瓣狭长圆形，等长或稍短于旗瓣，龙骨瓣阔镰形，钝头，通常最短；

为两体雄蕊，上方1枚完全离生或中部连合于雄蕊筒，其余9枚花丝合生成雄蕊筒，花丝顶端不膨大，花药同型；子房具胚珠2~8粒，无毛或被微毛，花柱细长，先端上弯，果时常宿存，柱头点状。荚果为阔卵形、球形或长圆形，伸出萼外，表面具网状或波状脉纹或皱褶；果梗在果熟时与荚果一起脱落，有种子1~2粒。种子呈阔卵形，光滑或具细疣点。白花草木樨在自然条件下主要通过异花授粉繁衍后代，但也可自花授粉。有学者指出，白花草木樨的柱头和花药相近，当雄蕊和雌蕊长度相同时很可能会发生自花授粉现象。一年生白花草木樨杂交率为67%；黄花草木樨自交率非常低，一般自交不亲和，主要靠异花授粉繁衍后代，皆为虫媒授粉。

5. 荚果

荚果为卵形，长度4.5~7.0mm，白花草木樨的荚果具有不规则的脊，趋于网状，黄花草木樨的荚果则具有简单的或分叉的脊，主要是横向的。

6. 种子

新鲜种子在成熟过程中失水，栅栏层细胞致密，形成硬实。报道称，新鲜的草木樨种子储存在潮湿、寒冷的条件下，种子硬实现象可持续至少19个月（Turkington，1978）。

二、草木樨的种属特性

目前全世界草木樨植物经研究分类确认的有20种左右（Stevenson，1969）。《中国植物志》记载4种，1亚种，分别为白花草木樨（*Melilotus albus* Medic. ex Desr.）、草木樨［*Melilotus officinalis*（L.）Pall.］、细齿草木樨［*Melilotus dentatus*（Waldst. et Kit.）Pers.］和印度草木樨［*Melilotus indicus*（L.）All.］（图2-1），亚种为西伯利亚草木樨［*Melilotus dentatus*（Waldst. et Kit.）Pers. subsp. *sibirica*（O. E. Schulz）Suv.］。属名模式：草木樨［*Melilotus officinalis*（Linn.）Pall］。据文献及查阅相关文献，中国现有11种（张保烈，张士义，1992），白花草木樨（*M. albus* Desr）、黄花草木樨［*M. officinalis*（L.）Desr］、细齿草木樨（*M. dentatus* Ders）、香甜草木樨（*M. suaveolens* Ledeb）、印度草木樨（*M. indicus* All）、伏尔加草木樨（*M. wolgicus*

Poir)、意大利草木樨［*M. italicus*（L.）Lam］、雅致草木樨（*M. elegans* Salzm)、毛草木樨［*M. hirsutus* Lipcky（L.）Lam］（曾称毛发状草木樨、粗毛草木樨)、拿波里草木樨（*M. neopolitanus* Ten)(曾称平滑草木樨)、槽柄草木樨（*M. sulcatus* Dest)（曾称犁沟草木樨、沟纹草木樨)。高草木樨（*M. altissimus* Thuill）在《中国植物照片集》第一集（1959 年）上有记载，曾在我国长江流域和广东西江等地发现，目前再尚未发现此种。

本属有多种在农业上已育成地区性的栽培品种。1989 年经“全国牧草品种审定委员会”讨论通过，天水白花草木樨和天水黄花草木樨为国家登记的品种。目前，我国已审定的草木樨品种有 4 个，天水白花草木樨（*M. albus* cv. Tianshui）和天水黄花草木樨（*M. officinalis* cv. Tianshui)(叶培忠)；斯列金 1 号黄花草木樨（*M. officinalis* cv.Siliejin No. 1）（李年丰)；公农 1 号黄花草木樨（徐安凯)。

检索表

1 托叶披针形，基部戟形并裂成数齿或缺刻；小叶边缘每侧各具锐齿 15~20 个；荚果的腹缝呈龙骨状增厚。········· 细齿草木樨

1 托叶长锥尖，基部全缘或有 1~3 细齿；小叶边缘每侧各具不明显锯齿 15 个以下；荚果的腹缝无龙骨状增厚。(2)

2 托叶基部边缘膜质，呈小耳状，偶具 2~3 细齿；花小，长不到 3mm，黄色，花梗甚短；荚果球形，较小，长约 2mm。

·· 印度草木樨

2 托叶基部边缘非膜质，偶具 1 齿，中央有脉纹 1 条；花较大，长 3mm 以上；荚果卵形，较大，长 3mm 以上。(3)

3 花黄色；托叶镰状线形；荚果先端钝圆。

·· 黄花草木樨

3 花白色；托叶尖刺状，甚长；荚果先端锐尖。

·· 白花草木樨

（一）白花草木樨

学名：*Melilotus albus* Medic. ex Desr.，英文名：White Sweet Clover，别名：白甜车轴草、白香草木樨、金花草，是一年生或二年

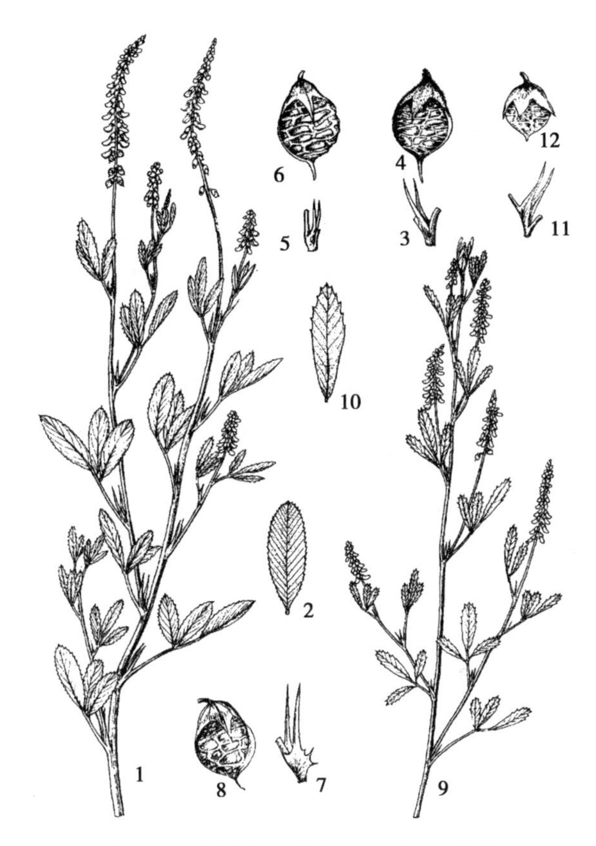

图 2-1　草木樨属植物叶、花、果特征

1-4. 白花草木樨（*Melilotus alba* Medic. ex Desr.）：1. 花枝；2. 小叶片（示毛）；3. 托叶；4. 荚果。5-6. 草木樨［*Melilotus officinalis*（Linn.）Pall.］：5. 托叶；6. 荚果。7-8. 细齿草木樨［*Melilotus dentata*（Waldst. et Kit.）Pers.］：7. 托叶；8. 荚果。9-12. 印度草木樨［*Melilotus indica*（Linn.）All.］：9. 花枝；10. 小叶片（示毛）；11. 托叶；12. 荚果。（何冬泉绘）

生草本植物。主根直立，可长达 2m 以上。株高 70~200cm，茎直立，圆柱形，中空，多分枝，几无毛。羽状三出复叶，小叶长圆形或倒披针状长圆形，长 15~30cm，宽（4）6~12mm，先端钝圆，基部楔形，边缘疏生浅锯齿，上面无毛，下面被细柔毛，侧脉 12~15 对，平行直达叶缘齿尖，两面均不隆起，顶生小叶稍大，具较长小叶柄，侧小叶的小叶柄短；托叶尖刺状锥形，长 6~10mm，全缘；叶柄比小叶短，纤细。总状花序长 9~20cm，腋生，具花 40~100 朵，排列疏松；花长 4~5mm；蝶形花、花冠白色，旗瓣椭圆形，稍长于翼瓣，龙骨瓣与冀瓣等长或稍短；萼钟形，长约 2.5mm，微被柔毛，萼齿三角状披针形，短于萼筒；苞片线形，长 1.5~2.0mm；花梗短，长 1~1.5mm；子房卵状披针形，上部渐窄至花柱，无毛，胚珠 3~4 粒。荚果椭圆形至长圆形，长 3.0~3.5mm，先端锐尖，具尖喙表面脉纹细，网状，棕褐色，老熟后变黑褐色；具有种子 1~2 粒。种子卵形，有坚硬的种皮，黄色至褐色、棕色，表面具细瘤点，千粒重 2.0~2.5g。全株与种子均具有香草气味。花期 5—7 月，果期 7—9 月。

(二) 黄花草木樨

即草木樨，学名：*Melilotus officinalis*（L.）Pall.，英文名：Yellow Sweet Clover，别名：黄甜车轴草、香草木樨、香马料，是二年生草本植物。主根直立、入土深，长达 60cm 或以上，侧根较发达；主根和根颈发育旺盛，生有较多根瘤。株高 40~100（250）cm，茎直立，粗壮、中空，多分枝，具纵棱，微被柔毛。羽状三出复叶；小叶倒卵形、阔卵形、倒披针形至线形，长 15~25（30）mm，宽 5~15mm，先端钝圆或截形，基部阔楔形，边缘具不整齐疏浅齿，上面无毛，粗糙，下面散生短柔毛，侧脉 8~12 对，平行直达齿尖，两面均不隆起，顶生小叶稍大，具较长的小叶柄，侧小叶的小叶柄短；叶柄细长；托叶镰状线形，长 3.0~5.0（7）mm，中央有 1 条脉纹，全缘或基部有 1 尖齿；总状花序长 6~15（20）cm，腋生，具花 30~70 朵，初时稠密，花开后渐疏松，花序轴在花期中显著伸展；蝶形花、花冠黄色，旗瓣倒卵形，与翼瓣近等长，龙骨瓣稍短或三者均近等长；花长 3.5~7.0mm；花梗与苞片等长或稍长；萼钟形，长约 2mm，脉纹 5 条，甚清晰，萼齿三角状披针形，稍不等长，比萼筒短；苞片刺毛状，长约 1mm；雄蕊筒在花后常宿存包于果外；子房卵状披针形，胚珠（4）6（8）粒，花柱长于子房。荚果卵形，稍有毛，长 3~5mm，宽约 2mm，先端具宿存花柱，表面具凹凸不平的横向细网纹，棕黑色；有种子 1~2 粒。种子卵形，长 2.5mm，黄色或褐色，平滑，千粒重 2.0~2.5g。全株均有较浓的香豆素味。花期 5—9 月，果期 6—10 月。

（三）细齿草木樨

学名：*Melilotus dentatus*（Waldst. et Kit.）Pers.，英文名：Toothed Sweet Clover，别名：无味草木樨，是二年生草本植物。主根直立、入土深。株高 20~50（80）cm，茎直立，圆柱形，具纵长细棱，无毛。羽状三出复叶；小叶长椭圆形至长圆状披针形，长 20~30mm，宽 5~13mm，先端圆，中脉从顶端伸出成细尖，基部阔楔形或钝圆，上面无毛，下面稀被细柔毛，侧脉 15~20 对，平行分叉直伸出叶缘成尖齿，两面均隆起，尤在近边缘处更明显，顶生小叶稍大，具较长的小叶柄；叶柄细，通常比小叶短；托叶较大，披针形至狭三角形，长 6~12mm，先端长锥尖，基部半戟形，具 2~3 尖齿或缺裂。总状花序腋生，长 3~5cm，果期伸展到 8~10cm，具花 20~50 朵，排列疏松；蝶形花、花冠黄色，旗瓣长圆形，稍长于翼瓣和龙骨瓣；花梗长约 1.5mm；萼钟形，长近 2mm，萼齿三角形，比萼筒短或等长；苞片刺毛状，被细柔毛；花长 3~4mm；子房卵状长圆形，无毛，上部渐窄至花柱，花柱稍短于子房；有胚珠 2 粒。荚果近圆形至卵形，长 4.0~5.0mm，宽 2.0~2.5mm，先端圆，表面具网状细脉纹，腹缝呈明显的龙骨状增厚，褐色，成熟时黑褐色；有种子 1~2 粒，千粒重 2.4g。种子圆形，径约 1.5mm，橄榄绿色。其突出优点是香豆素含量少。花期 7—9 月。

（四）印度草木樨

学名：*Melilotus indicus*（L.）All.，英文名：India Sweet Clover，别名：小花草木樨，为一年生草本植物。具有明显主根，根系细而松散。株高 20~50cm，茎直立，作“之”字形曲折，自基部分枝，圆柱形，初被细柔毛，后脱落。羽状三出复叶；小叶倒卵状楔形至狭长圆形，近等大，长 10~25（30）mm，宽 8~10mm，先端钝或截平，有时微凹，基部楔形，边缘在 2/3 处以上具细锯齿，上面无毛，下面被贴伏柔毛，侧脉 7~9 对，平行直达齿尖，两面均平坦；叶柄细，与小叶近等长；托叶披针形，边缘膜质，长 4~6mm，先端长，锥尖，基部扩大成耳状，有2~3细齿。总状花序细，长1.5~4cm，总梗较长，被柔毛，具花15~25朵；蝶形花、花冠黄色，旗瓣阔卵形，先端微凹，与翼瓣、龙骨瓣近等长，或龙骨瓣稍伸出；萼杯状，长约1.5mm，脉纹5条，明显隆起，萼齿三角形，稍长于萼筒；苞片刺毛状，甚细；花小，长2.2~2.8mm；梗短，长约1mm；子房卵状长圆形，无毛，花柱比子房短，胚珠2粒。荚果球形，长约2mm，稍伸出萼外，表面具网状脉纹，橄榄绿色，熟后红褐色；有种子1粒。种子阔卵形，径1.5mm，暗褐色。花期3—5月，果期5—6月。

（五）伏尔加草木樨

又名俄罗斯草木樨。二年生草本，与白花草木樨相似，但小叶片比白花草木樨狭窄。三出复叶的中间小叶，宽约10mm，而长约30mm。花为白色而小，花序长度约10cm，花序稀疏，每个花序上有30~40朵小花。花序多，尤其上部侧枝上有8~25个花序。宏观看，有花序闹枝头之势。荚果小而狭长，果柄长度约3mm，荚果似铃铛倒挂着。种子扁平，有脉，颖壳小。

（六）毛草木樨

二年生草本，茎直立，茎迎光面有浓厚的花青素，故呈紫红色。株高100~110cm，一级分枝很多（15~20个），茎基部一级分枝呈匍匐状，侧枝短，几乎无二级分枝。黄花，花序长10~15cm。荚果排列紧凑，果柄稍长，荚果倒挂，椭圆形。成熟时上部叶子基本脱落。

（七）雅致草木樨

一年生草本，株高70~80cm，主茎直立，从主茎基部分生出较多的第一级侧枝，呈匍匐状。小叶狭窄，边缘有锯齿。黄花，花下垂，排列紧凑，呈伞状。荚果扁平，灰褐色，蕊心喙较长且弯曲。

（八）槽柄草木樨

一年生草本，茎直立，株高50~60cm，茎纤细，茎基部有少量侧枝，上部无侧枝。根系纤细，侧根根少，根长1.0m左右。第一片真叶展开后，主脉中段呈红色，尤其背面更明显。小叶狭窄，叶片稀疏，叶顶端有明显的稀疏锯齿。三出复叶的叶柄长3~4cm，与印度草木樨的叶柄长度相当。托叶短，基部宽，上面呈锥形。黄花，花序长 5~6cm。果皮有同心排列的脉状纹，颖壳红色，种子成熟时红色更浓，类似红高粱粒。

（九）拿波里草木樨

一年生草本，根系短。茎直立，茎高 50cm 左右，茎基部有分枝。基部叶子有不明显的锯齿，上部叶子全缘。托叶三角形—披针形。花序短（2~3cm），花小，黄色，集中在花轴上部，排列稀疏。荚果小，有网状——蜂窝状皱纹。

（十）意大利草木樨

一年生草本，根系细，侧根很少。茎直立，茎粗，株高 50~60cm。叶片甚大，尤其在苗期特殊大。分枝后基部叶片较大，中部和上部叶片相对小一些。叶片几乎呈圆形，上半部有稀疏锯齿。花较大，黄色。荚果也大，圆形。种子甚大，千粒重 7.50~8.09g。

（十一）香甜草木樨

香甜草木樨又称野草木樨、野苜蓿、品川萩、辟汗草。一年生或二年生草本。野生，株高 50~100cm，多分枝。叶量少，小叶较黄花草木樨小，叶缘有疏齿。总状花序，腋生；花萼钟状，花瓣黄色。荚果卵球形，具网纹，含种子 1 粒。种子球形，褐色。

（十二）高草木樨

又名高茎草木樨，二年生草本，根粗大，茎纤细较多，分蘖能力强，叶片多，不易脱落。

经分类确认的草木樨有 20 多种，主要的种间形态特征差异（表 2-1）。

表 2-1　草木樨属植物主要种间形态特征比较

品种	拉丁文	花色	年限	株高（m）	总状花序（个）	托叶形状	荚果形状	网纹类型	荚果大小（mm）
伏尔加草木樨	*M. wolgica* Poir.	白色	2年	0.7~1.5	25~60	锥形，全缘	长椭圆形	网状皱纹	长 4.0~5.0 宽 2.5

（续表）

品种	拉丁文	花色	年限	株高（m）	总状花序（个）	托叶形状	荚果形状	网纹类型	荚果大小（mm）
克里木草木樨	*M. tauricas*（M. B.）Ser.	白色	1或2年	0.3~0.8	30~60	锥形	狭长，有明显的尖端	褶皱横波纹	长4.0~7.0
槽柄草木樨	*M. sulcata* Desf.	黄色或金黄色	—	0.2~0.7	15~50	托叶短，基部宽，上面呈锥形	圆形	同心排列的脉状纹	长5.0~8.0
香甜草木樨	*M. suaveolens* Ledeb.	黄色或淡黄色	1或2年	0~1.5	25~50	锥形	倒卵形，下垂	无毛，网状纹	长4.0 宽2.5
西非草木樨	*M. speciosa* Dur.	白色	—	0.3~0.6	5~25	托叶短，深裂	阔椭圆形，有弯曲尖蕊喙	网状纹，横脉占优势	长7.0~7.5
耕地草木樨	*M. segetalis*（Brot）Desf.	黄色	1年	—	—	托叶大，针形	圆形	同心排列的脉状纹	长4.0~8.0
里海草木樨	*M. polonica*（L.）Desr.	黄色或淡黄色	—	0~3.0	3~11	锥形	披针形或长菱形	网纹状	长7~8 宽3.0
黄花草木樨	*M. officinalis*（L.）Lam.	黄色	1或2年	0.3~2.8	30~80	三角形，基部宽，有时分裂	卵圆形	稍有毛、网脉明显	长3.0~4.0 宽2.5
拿波里草木樨	*M. neapolitana* Ten.	淡黄色	1年	0~1.0	5~12	三角形至披针形，先端尖锐，全缘	球形，有尖端	网状至蜂窝状皱纹	长3.0
西西里草木樨	*M. messanensis*（L.）All.	金黄色	1年	0.15~0.35	3~9	托叶大，有大量花素，几乎褐色，细齿明显	尾端尖，果柄短	有明显的同心脉状纹	长5.0~8.0
大粒草木樨	*M. macrocarpa* Coss. and Dur.	淡黄色	—	0.25~0.40	15~25	*			

（续表）

品种	拉丁文	花色	年限	株高（m）	总状花序（个）	托叶形状	荚果形状	网纹类型	荚果大小（mm）
意大利草木樨	*M. italicus*（L.）Lam.	黄色或金黄色	—	0.4~0.9	10~30	尖披针形	圆形，有尖蕊喙	网状皱纹	长4.0~5.0
有害草木樨	*M. infesta* Guss.	黄色	—	0.2~0.5	10~50	*			
印度草木樨	*M. indicus*（L.）All.	黄色	1年	0.2~0.5	15~50	披针形，基部宽	卵圆形	网状凸出	长2.0
毛草木樨	*M. hirsuta* Lipsky.	黄色或淡黄色	2年	0~1.0	20~40	托叶宽，上部锥形	倒卵形至椭圆形	网状纹	长6.0 宽2.3
雅致草木樨	*M. elegans* Salzm.	黄色	1年	0~1.6	20~30	*			
细齿草木樨	*M. dentatus*（W. K.）Pers.	黄色	1或2年	0.3~1.2	25~50	狭三角形，基部有齿，先端尖锐	椭圆形，梢稍急尖	无毛，网状皱纹	长4.0~5.0 宽2.0~2.5
双色草木樨	*M. bicolor Boiss. Bal*	—	—	0.6~0.9	—	*			
高草木樨	*M. altissima* Thuill.	黄色	2年	0.3~1.6	40~80	锥形	荚果倒挂着，长椭圆形	网状皱纹	长3.5~5.0 宽2.5~3.0
白花草木樨	*M. albus* Desr.	白色	1或2年	0.3~2.6	40~80	很小，三角形先端尖	卵球形	无毛，网状纹	长3.0~3.5 宽2.0~2.5

注：*表示1950年苏渥洛夫将其删除

第二节　生物学特性

草木樨性喜温暖湿润气候，但也能适应比较干旱寒冷瘠薄盐碱等不良环境条件。在河滩地春季播种当年株高可达1m左右，冬季地上部分枯死，第二年春季由根茎上的越冬芽长出强大的新枝，株高2m以上，山地株高1m以上。黄花草木樨6月上旬开花，白花草木樨在中旬开花。

黄花草木樨和白花草木樨皆为C_3植物，同时具有一年生和两年生的生态型，少有多年生。从植株形态上难以区分这两种草木樨，可利用特异性分子标记在苗期进行区分。草木樨适应性广，耐寒性强，种子发芽最低温度为8~10℃，最适温度为18~20℃，成长植株可耐-30℃或更低的温度，能在高寒地区生长。耐旱性强，在年雨量400~500mm的地方生长良好，年雨量300mm也能生长。由于植株高大，生长快，生育期中需供给足够水分；水分不足，植株变小，分枝减少，产量降低。草木樨能耐瘠薄，从重黏土到沙质土均可生长，在钙质土壤生长特别良好。适宜pH值7.0~9.0，在全盐含量0.56%时也能生长。在盐碱地种植，能降低土壤中含碱量，起到改良土壤的作用。能耐湿，在低洼排水不良的地方也能生长良好，在有积水的地方容易于死亡。草木樨不耐酸性土壤，一年生和二年生的草木樨在苗期生长习性特别相似，但是一年生草木樨是在一年内完成生长发育，地上部分生长旺盛而根系不发达。二年生草木樨第一年营养生长，以根部贮存营养物质，以根茎上形成的越冬芽呈现休眠状态越冬。第二年进行生殖生长，由越冬芽萌发许多的分枝，并开花结实。

一、白花草木樨的生物学特性

（一）白花草木樨的气候适应性

白花草木樨的气候适应性非常广，但最适于生长在湿润和半干燥的气候条件下。白花草木樨具备较强的抗旱性，在年降水量400~500mm地区能很好地生长，甚至在年降水量300mm左右的地区也可生长。白花草木樨的需水量低于紫花苜蓿，其蒸腾系数平均为570~720，而苜蓿为615~814，因此，它较苜蓿更为抗旱。白花草木樨在分枝期株高约20cm，当0~20cm土层含水量降至5.8%时仍可正常生长。

白花草木樨有较强的耐寒能力，一般日平均地温稳定在3.1~6.5℃时即开始萌动，其第一片真叶可耐-4.0℃的短期低温，至-8.0℃时才会冻死。此外白花草木樨可在海拔2 400m，-24℃的高山地带安全越冬。白花草木樨的成年植株有时耐-30.0℃以下的低温。有报道在黑龙江九三农场，冬季-40.0℃的低温下白花草木樨越冬率达70%～80%。白花草木樨耐寒能力取决于根茎入土深度与根茎的粗细，当根茎粗0.2～1.0cm且入土深度少于1.5cm即会受冻而死亡。白花草木樨受冻并不完全发生在冬季，还常常发生于早春返青后。

（二）白花草木樨的土壤适应性

白花草木樨对土壤要求不严、耐瘠薄，在肥沃的、排水良好的黏土及黏壤土上产量最高，且在沙壤土、重黏土和灰色淋溶土上也可成功种植。白花草木樨不宜在酸性土壤上生长，特别适宜在富含石灰质的中性或微碱性的土壤上生长，适宜的土壤pH值为7～9。白花草木樨的耐碱性很强，在含氯0.2%～0.3%或含盐0.56%的土壤上也能生长，并可在不适宜粮食作物栽培的盐性“白碱”土壤上种植，改良土壤。如果不刈割和放牧，它会自行播种繁殖。

（三）白花草木樨的营养生长特性

白花草木樨在播种后5～7d发芽。它在出苗时先露出两片椭圆形的子叶，第一片真叶为心脏形单叶，从第2片真叶开始为三出复叶。苗期地上部生长极为缓慢，约30d后，待出现第3～5片三出复叶后开始分枝，此时苗高一般不超过10cm。在分枝前1个月平均每天生长0.23cm；分枝后1个月内日均生长约1.60cm；而在进入7月旺盛生长时，其日均生长2.70cm，然后生长速度减慢；至9月初生长基本停止。白花草木樨在播种当年地上部生长缓慢时，根系生长速度却很快，苗高0.20cm，而根长却达4.20cm；第一片真叶苗高1.70cm，根长为7.20cm；分枝期株高12.80cm，根长17.80cm；在分枝后期地上部生长速度显著超过根系。白花草木樨地上部生长慢时根系生长快，而地上部生长快时根系生长速度减缓。

白花草木樨在播种当年不开花或只有少量开花，头年是营养生长期，第二年主要是生殖生长期。11月后根部和地上部均呈休眠状态，根茎膨大或呈小萝卜状，并在根茎上形成越冬芽越冬；翌年早春，越冬芽萌发出分枝并开花结实。形成越冬芽是二年生白花草木樨的一个重要发育阶段，无越冬芽或越冬芽不健全的植株将被自然淘汰。因此，在实际生产中，白花草木樨播种过晚就会影响越冬芽的形成，从而影响正常越冬。

白花草木樨的再生性强，其刈割后再生草的形成主要是依靠残茎基部的腋芽、未长成的幼茎、根茎部的基芽形成新的枝条。内蒙古农牧学院在呼和浩特的白花草木樨栽培试验，在播种当年生长缓慢，仅可刈割 1 次，第二年返青后再生快，可刈割 3 次。一般由返青至第一次刈割约 40d，第二次刈割仅需 33d，第三次刈割约 38d。

（四）白花草木樨的生殖生长特性

白花草木樨是长日照植物，在连续长光照下，种植当年的白花草木樨就能开花结实，否则不能开花。从孕蕾到开花需 3~7d，每朵花的开花持续时间为 2~6d。开花持续时间通常受田间管理技术、气候等因素影响。白花草木樨为无限花序，花序下部的花先开，而后是上部花，通常当上部花尚在开放时下部花已形成果荚。一天内，白花草木樨的开花时间从上午持续到下午，通常在 14—15 时（新疆为 16—18 时），花开得最多。白花草木樨的整个花序开花持续时间 1~2 周。当温湿度适宜时，开花持续时间较长。在气候好的年份，种植当年也有个别植株开花，花序细弱且小，当年形成花序消耗的营养物质较多，对其越冬有很大影响。

白花草木樨是自花授粉植物，雄蕊较雌蕊长或等长，花粉可自由地落在其柱头上，且柱头和花粉能同时成熟，由此保证了其自花授粉过程。自花授粉率为 33%~100%，平均 86%，一般在翌年 5—7 月开始结实。

早熟型白花草木樨株高 1.2~2.0m，晚熟型株高 3.0~3.5m，晚熟型产草量高于早熟性，中熟性介于早熟型、晚熟型之间。晚熟型花期较长，可多达 60d，往往在同一株上部分种子已经成熟时，仍有大量果枝处于孕蕾和开花期。晚熟型品种，通常在第二年营养体的增长几乎持续整个生育期，而茎的增长，甚至在种子成熟期也不停止；但早熟型品种营养体的增长仅持续到种子成熟始期。

二、黄花草木樨及细齿草木樨的生物学特性

黄花草本樨适宜在温湿或半干旱的气候条件下生长，对土壤要求不严、耐瘠薄、耐盐碱。在盐碱地、沙土地、侵蚀坡地、泛滥地及瘠薄土壤上比紫花苜蓿生长旺盛，在含氯盐 0.2%~0.3%的土壤上可正常生长发育。黄花草本樨具有较强的抗旱性、耐寒性，抗逆性优于白花草木樨。

黄花草木樨在播种后 5~7d 发芽，出苗后 15~20d 根系生长快，但地上部分生长缓慢，分枝后期地上部分逐渐加快。黄花草木樨属长日照植

物，延长日照可加速其开花和结实，为异花授粉植物，自花授粉率为2%~50%，平均26%。黄花草木樨在播种当年不开花，第二年4月中旬根茎部越冬芽长出枝条形成株丛，在6月底开始现蕾，8月种子成熟。

细齿草木樨对盐碱、寒冷、干旱、瘠薄、风沙均有较好的抗性；适口性较好，草肥兼用，产草量较低，鲜草产量只有15~30t/hm^2；但其香豆素含量少，可作为育种材料用于培育香豆素含量低的优良品种。黄花草木樨、细齿草木樨的其他生物学特性基本与白花草木樨相似。

在自然情况下，草木樨品种间发生杂交的可能性极小，但可以通过人为干涉来获得杂交品种，研究者在这方面已经做了很多工作，早在20世纪40年代，Smith W K将白花草木樨（*M. albus*）和细齿草木樨（*M. dentata*）进行杂交，获得了一种香豆素含量较低的草木樨品系，但因其缺乏叶绿素，只能嫁接于其他常见品种才能存活。此外，采用组织培养的方式是获得具有优良性状植株的一种常用方法，Taira等对白花草木樨（*M. albus*）的愈伤组织进行培养，但仅从中分化出根；Oelck等对黄花草木樨（*M.officinalis*）的原生质体进行分离培养，也仅得到了愈伤组织。

第三节　生长发育

草木樨植株生育期的长短取决于品种和种的生态地理起源，一般为80~150d。根据生长期的长短，分为早熟型（80~95d）、中熟型（95~110d）、中晚熟型（110~120d）和晚熟型（120~135d），一般植株较高大的属晚熟类型。黄花草木樨比白花草木樨平均早熟15~20d。属于早熟种有细齿草木樨（87d）和克里木草木樨（98d），里海草木樨为晚熟种。

草木樨整个生育过程大体可划分为以下3个阶段。第一阶段，营养体生长阶段，从春播出苗到8月中旬。地上部生长为主，到8月中旬地上部生长基本定型，株高和鲜草产量不再增加。第二阶段，营养物质积累贮备于根系阶段，8月下旬至10月上旬。这个阶段以根系生长为主，由地下部已形成的繁茂营养体进行光合作用及根瘤菌的共生固氮作用，形成大量含氮有机物质向根中转移，贮存于根系，为第二年返青后的迅速生长奠定物质基础。第三阶段，生殖生长与根系养分消耗阶段，从第二年早春越冬芽萌发到种子成熟。此阶段由于草木樨地上生长非常迅速，需要大量的氮素营养，除由根瘤菌固氮提供一部分外，主要为根系贮存的营养物大量向地上部转移所提供，纯属根系营养物资消耗阶段，到种子成熟时根系中氮素养分消耗50%以上。在新疆石河子及伊宁等草木樨春季单种时，3—5月中旬为苗期；5月下旬至8月下旬为茎叶繁茂生长期；8月底至10月上旬为肉质根发育期，肉质根迅速长粗，氮、磷养分提高，越冬芽也迅速伸长、增多；10月中旬以后逐渐进入越冬期。

一、幼苗生长

（一）地上部分

据在准旗柳树湾大队观察，4月上旬播种的草木樨，4月22日出苗，由子叶期到第3片真叶期约45d，大约15d生长一片真叶，幼苗期茎叶生长动态（表2-2）。20.1℃时，子叶期到第1片真叶需7d，第1片真叶出现后7~10d再长出一片真叶，第8片真叶出现以后，3~5d就可以长出一片真叶，茎生长速度，1~5片真叶阶段，每天可以生长0.20cm，8片真叶以后可以达到0.91cm。

表2-2　不同叶期叶面积与地上部分生长

叶期	子叶	第1片真叶	第2片真叶	第3片真叶	第4片真叶	第5片真叶	第6片真叶
叶面积（cm^2）	0.24	2.48	6.74	13.28	25.06	69.06	
茎高（cm）	0.31	1.92	2.34	2.62	4.66	5.98	8.50
茎粗（cm）	0.08	0.03	0.08	0.09	0.099	0.102	0.13
地上部分（mg）	4.00	11.00	15.00	35.00	68.00		

（二）地下部分

草木樨种子在田间发芽后整个苗期根系生长速度高于地上部生长速度。在子叶期株高不到1cm，根长约9cm；当株高为2.62cm时，根系长19.20cm；株高8.50cm时，根系长49.00cm（表2-3）。

表 2-3　不同叶期幼苗地下部生长情况

真叶数/项目	子叶期	1	2	3	4	5	6
主根深（cm）	9.00	10.42	12.74	19.20	25.43	26.42	49.00
地下部重（mg）	4.00	11.00	15.00	35.00	68.00		
根瘤数（个）	1.5	4.6	5.8	9.2	15.1	16.5	
根瘤着生部位（cm）	1.2~2.6	1.9~3.9	2.5~6.3	3.1~9.1	2.5~18.3		

二、营养生长

（一）生长速度

1. 第一年植株生长速度

草木樨的播种期为4月8日，在5月20日左右进入出苗期，6月8日左右进入分枝期，播种当年无开花期和结荚期。草木樨株高60~131.50cm，生长速度变化见图2-2，分枝后1个月内平均1.56cm/d，进入7月草木樨开始旺盛生长，7月3—13日，生长速度达1.88cm/d。9月初，生长基本停止。

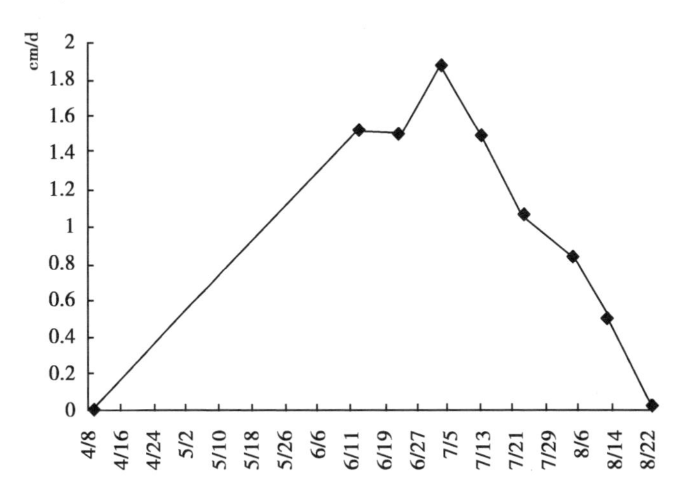

图 2-2　草木樨生长速度变化

一年生草木樨前期生长稍慢，但是到6月初能够赶上二年生草木樨，至7月中旬，株高达152.40cm，高出二年生草木樨27.60cm，产量也较其增高（表2-4）。

表2-4 一年生、二年生草木樨生长速度比较

测期日/月		20/4	11/5	21/5	26/5	31/5	3/6	6/6	8/6	16/6	18/7	27/7
生长天数		9d（出苗）	30	40	45	50	53	56	58	66	98	107
株高（cm）	一年生	—	2.60	5.22	7.91	13.97	15.47	21.06	31.98	50.51	152.40	163.50
	二年生	—	5.68	5.69	7.90	13.53	15.72	19.97	30.54	46.51	124.80	125.10
日增高（cm）	一年生	—	0.12	0.26	0.54	1.21	0.50	1.86	5.46	2.32	3.18	1.23
	二年生	—	0.13	0.30	0.44	1.12	0.73	1.41	5.28	1.99	2.44	0.03

2. 第一年生长强度

草木樨在分枝期的生长强度呈直线上升，后来缓慢下降，到后期趋于平衡（图2-3）。

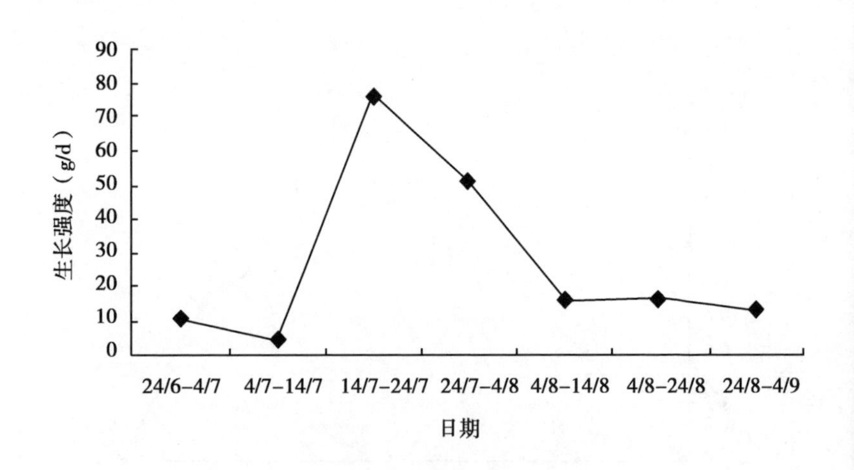

图2-3 草木樨的生长强度

3. 第二年株高增长速率

草木樨以贮藏了丰富养分的宿根越冬，3月24日萌发返青，随着气温的逐渐升高而加速生长。4 月 1 日新生茎高 2.2cm，4 月中旬以前每日平均增高低于 1.0cm，此后，生长显著加速（图 2-4）。4 月下旬平均每日增高 2.0～3.0cm，5 月上半月每日增高 3.30cm，而后继续以相近的速度增长。至 5 月 30 日株高 150cm，6 月 15 日株高 190.0cm，6 月 30 日株高达 235.0cm，开始结荚，株高不再增加。与此同时，根的生长较缓慢，4 月 30 日根深 46.0cm，5 月 15 日为 72.0cm，5 月底达 1m 以上。

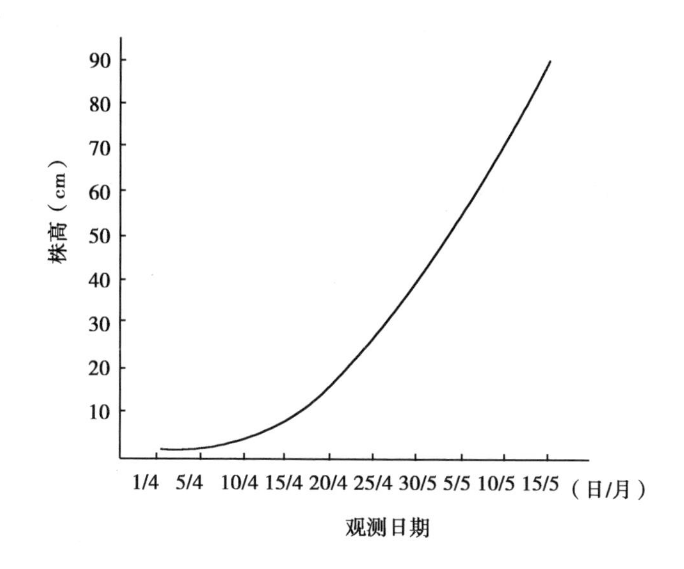

图 2-4　草木樨越冬返青后的株高增长速度变化

（二）植物量与养分变化

1. 植物量

播种当年，草木樨地上植物量一直呈上升趋势，群落中茎叶比例随生育期而变化，与其他豆科牧草相比，草木樨在 7 月 4 日以前，叶片所占的比例比较高，这时饲用价值高（表 2-5）。

表 2-5　地上植物量及茎花叶比例（%）

日期（日/月）	24/6	4/7	14/7	24/7	4/8	14/8	24/8	4/9
总干重（g/m^2）	240.40	350.40	391.44	1 155.96	1 665.80	1 823.84	1 988.56	2 116.00
茎（%）	42.26	47.72	53.44	63.36	63.27	65.27	64.07	64.08
叶（%）	57.74	52.28	46.56	36.64	36.73	34.73	35.93	35.92

一年生草木樨与当年种植的二年生白花草木樨相比，干物质积累速度在 7 月中下旬以前基本相等，7 月中下旬以后，一年生草木樨干物质积累速度加快，到 8 月中旬，干物质积累量和植株高度达最高峰。而当年种植的二年生白花草木樨，干物质积累速度和植株高度的增长比较平稳，至 9 月下旬以后干物质积累量才赶上或超过一年生草木樨的最高峰（图 2-5）。

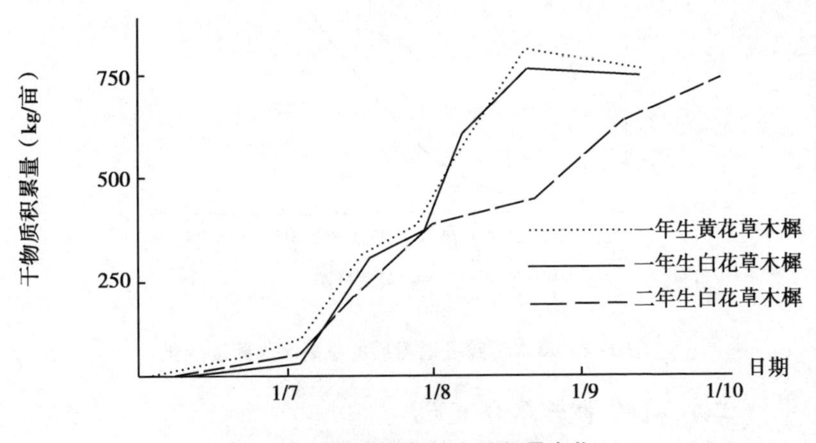

图 2-5　三种草木樨地上植物量变化

宿根二年生习性的草木樨，在第一年的生长可划分为苗期、茎叶繁茂生长期、肉质根发育期及越冬期。在新疆石河子及伊宁等地，草木樨春季单种时，3—5 月中旬为苗期；5 月下旬至 8 月下旬为茎叶繁茂生长期；8 月底至 10 月上旬为肉质根发育期，肉质根迅速长粗，氮、磷养分提高，越冬芽也迅速伸长、增多；10 月中旬以后逐渐进入越冬期。草木樨与小麦套种，在小麦遮荫下草木樨的苗期延长15～20d。7月上旬收小麦时草木樨的茎叶又被割掉一些后，茎叶繁茂生长的时间将向后延续到9月下旬，生长速度也变慢，肉质根发育也延迟到9月至10月上旬，尤其是在9月下旬以后才迅速生长，日增长量可达16.15kg/亩（DM），氮、磷养分迅速提高（表2-6）。

伊宁县开始推广草木樨绿肥时（新疆其他地方也一样），是采用小麦套种草木樨麦收后填闲生长到9月上旬全部翻耕作绿肥（称早秋翻），然后播种冬麦，翻耕的绿肥中，茎叶占主要部分，含氮12.56kg/亩，占全部绿肥的95%；含磷2.59kg/亩，占78%；根量不多，养分很少。草木樨多生长1个月到初霜期前后，充分发挥肉质根的生产潜力，不仅饲草收获量高、质量好，而且根的产量、含氮、磷量都很高，到10月12日已产氮素14.40kg/亩，较9月初增加6倍，磷素3.58kg/亩，增加4倍，氮、磷养分的产量与9月初时全株绿肥的产氮、磷量相当（表2-6）。因此，草木樨生长到初霜前后刈割，再翻耕肉质根茬肥田（称晚秋翻），草肥兼得，建立了粮食作物—经济作物—饲草、饲料作物三元种植业结构。

表2-6　草木樨茎叶、根在不同时期的产量变化（%DM）

部位	日/月	单种					小麦套种				
		产量(kg/亩)	N		P_2O_5		产量(kg/亩)	N		P_2O_5	
			%	kg/亩	%	kg/亩		%	kg/亩	%	kg/亩
茎叶	8/8	3 110	2.597	80.76	0.540	16.79	230	2.380	5.47	0.509	1.17
	8/9	3 110	1.603	49.85	0.419	13.03	480	2.681	12.56	0.540	2.59
	29/9	3 050	1.509	46.02	0.356	10.86	780	2.779	21.67	0.540	4.21
	12/10	3 000	1.400	42.00	0.266	7.98	800	2.713	21.70	0.437	3.49
根	8/8	360	1.526	5.49	0.522	1.88	40	1.275	0.63	0.491	0.19
	8/9	610	2.746	16.75	0.711	4.34	100	2.093	2.09	0.706	0.71
	29/9	1 340	2.580	34.57	0.612	8.20	320	2.615	8.37	0.607	1.94
	12/10	1 360	3.248	44.17	0.783	10.65	530	2.723	14.43	0.675	3.58

注：8月下旬开始大量落叶

草木樨多生长的这1个月，正值叶面积最大，光合作用效率高的时期，光能利用率高达 3.52%。如果将晚秋翻时草木樨地上和地下植物量与当年小麦的植物量相加，全年光能利用率为 2.19%，比早秋翻高（1.45%），更比不套种草木樨的高（0.88%）。

在德令哈地区种植草木樨，第一年生长缓慢，直到秋末停止生长时，平均株高 20cm，产鲜草 655kg/hm^2，第二年 5 月初开始返青，苗期生长较慢，到 6 月进入分枝期后生长变快，地上生物量直线上升，8 月初生物量达最高，干草产量达 14 893kg/hm^2，正值草木樨开花盛期，此后地上植物量逐渐减少（表 2-7）。

表 2-7　草木樨第二年株高、地上植物量动态（DM）

物候期（月·日）	株高（cm）	地上植物量（kg/hm^2）	日积累（kg/hm^2×d）
返青（5.10）	—	—	—
分枝（6.2）	14.5	474	21.5
现蕾（7.20）	117.5	10 794	215.0
开花（8.11）	297.8	14 893	195.2
结实初期（9.5）	212	14 259	-26.4
结实后期（9.21）	220	12 146	-132.1

两年生白花草木樨苗期生长十分缓慢，蹲苗期很长。出苗后 53d，平均苗高 6.90cm，干重 0.13g/株。进入分枝期以后，地上部生长才逐渐加快，到 7 月初进入旺盛生长期时，地上部干物积累量急剧上升。从 7 月 1 日到 8 月 15 日是茎叶生长的高峰期，45d 干物质积累量达单株总量的 63.9%。8 月中旬以后地上部逐渐进入生长减缓时期，干物质积累量增加不大。8 月 15 日到 9 月 15 日 30d 干物质积累量仅占单株总量的 15.3%（表 2-8）。

第二年地上部生长与第一年截然不同，4 月中旬越冬芽萌动出土后，生长异常迅猛。从越冬芽出土到旺盛生长期（5 月 30 日），仅 31d 茎高达 58.00cm，到 6 月 25 日初花期时茎高平均在 1.2m 以上，生长高度基本停止，从返青期到初花期 41d 干物质积累量达单株总量的 53.0%（表 2-8）。随后干物质虽有增加，但茎秆开始老化，利用价值降低。

根系干物质积累的旺盛期是在地上生长的减缓期。苗期由于根系生长速度快及根瘤迅速形成，固氮量逐渐增加，从而为地上部进入旺盛生长期创造了条件。当地上植株进入旺盛生长期时，由于茎叶繁茂，光合作用加强，形成了大量的糖类，又能为根系后期干物质的大量积累奠定了物质基础。

表 2-8 草木樨不同生育阶段干物质积累数量

生长阶段	生长天数（d）	茎叶		根系		茎叶/根系
		g/株	%	g/株	%	
第一年（1978 年）						
苗期	35	0.13	0.7	0.04	0.6	3.3
分枝期	51	0.80	4.4	0.08	1.1	10.0
旺盛生长期	65	3.00	16.4	0.40	5.7	7.5
	79	5.70	31.1	0.80	11.4	7.2
	96	10.30	56.3	1.00	14.3	10.0
	110	14.70	80.3	2.80	40.0	5.3
生长缓慢期	130	16.70	91.3	3.10	44.3	5.4
	141	17.50	95.6	4.50	64.3	3.9
	156	18.30	100.0	7.00	100.0	2.6
第二年（1979 年）						
越冬芽萌动期	—	—	—	5.50	100.0	—
越冬芽拱芽期	—	—	—	5.20	94.5	—
返青期	16	1.10	1.5	5.30	96.4	0.2
旺盛生长期	31	9.30	12.8	4.90	89.1	1.9
现蕾期	47	22.50	31.0	4.80	89.1	1.9
初花期	57	39.60	54.5	—	—	—
盛花期	68	42.50	58.8	—	—	—
青籽期	79	55.00	75.9	—	—	—
成熟期	91	72.50	100.0	5.00	90.0	14.5

在内蒙古自治区敖汉旗一年生草木樨干物质与氮磷积累量最高峰

在8月中旬，当年种植的二年生白花草木樨全年干物质积累量和一年生草木樨相近，氮、磷积累量大于一年生草木樨，二年生草木樨第二年干物质积累量、氮、磷积累量与一年生草木樨相近。二年生草木樨种植当年秋季地上、地下干物质之比近于1∶1；株体氮素70%贮存于根部（表2-9）。一年生草木樨和二年生草木樨成熟后植株体内氮磷大部分转移到籽实，二年生草木樨茎叶和根氮磷残留量多于一年生草木樨（表2-10）。

表2-9　草木樨各期株高及干物质积累量

调查日期（月/日）	一年生白花草木樨				一年生黄花草木樨				当年种的二年生白花草木樨			
	1979年		1980年		1979年		1980年		1979年		1980年	
	株高（cm）	DM（kg/亩）	株高（cm）	DM（kg/亩）	株高（cm）	DM（kg/亩）	株高（cm）	DM（kg/亩）	株高（cm）	DM（kg/亩）	株高（cm）	DM（kg/亩）
7/3	35	43.4	46	83.5	35	65.0	50	125.0	35	62.5	40	134.5
7/17	70	293.0			68	321.5			57	277.0		
7/29	99	363.5	155	625.5	100	378.0	155	667.0	60	366.5	80	500.5
8/7	115	598.5			125	581.5			76	368.0		
8/20	136	754.0	156	697.0	155	797.5	155	688.5	98	441.0	97	542.0
9/15	155	743.0			155	789.5			115	673.0	110	794.5
10/5									120	747.0	120	

注：1979年一年生草木樨9月15日成熟，1980年8月20日成熟

表2-10　二年生白花草木樨第二年株高及干物质积累量

调查日期（月/日）	株高（cm）	干物量（kg/亩）	其中（kg/亩）		
			枝叶	根	籽实
6/7	40	250.0	166.5	83.5	—
7/12盛花期	120	708.5	542	166.5	—
8/8收获期	154	891.5	583.5	166.5	141.5

测定草木樨有机体增长量（表2-11），草木樨进入第二年生长发育后，绿色体和根总量迅速增长，株内干物质数量不断积累，正是草

木樨自身繁殖的物质基础，也是草木樨作为二年生绿肥，较之其他速生绿肥可以多产草多供肥的原因之所在。从绿色体和氮素的积累来看，至5月中下旬已达较高水平，鲜物质总量达2 500~ 3 000kg/亩，可提供氮素12. 5~15. 0kg/亩。

表 2-11　草木樨越冬后各时期有机生长量

时间	鲜物质（kg/亩）			干物质（kg/亩）					氮素积累（kg/亩）		
				茎叶		根					
	茎叶	根	合计	风干率（%）	重量（kg）	风干率（%）	重量（kg）	合计	茎叶	根	合计
4/15	103. 7	272. 1	376. 0	23. 4	24. 3	30. 5	82. 9	107. 2	1. 3	4. 11	5. 41
4/30	72. 3	—	—	14. 0	115. 0	16. 7	—	—	5. 2	—	—
5/15	2 050. 0	625. 0	2 675. 0	17. 9	367. 5	18. 0	112. 5	480. 0	10. 1	2. 21	12. 26
5/30	—	450. 0	—	20. 1	—	18. 3	82. 5	—	—	1. 25	—
6/15	4 266. 7	833. 3	5 100. 0	24. 3	1 036. 7	20. 8	123. 0	1 210. 0	20. 3	1. 73	21. 98
6/30	6 000	566. 7	6 566. 7	30. 8	1 848. 0	24. 1	136. 6	1 984. 6	30. 5	1. 01	31. 50
7/15	66. 5	666. 7	—	27. 8	—	27. 0	180. 0	—	—	1. 68	—

2. 草木樨养分变化

磷和钾积累的高峰期均比氮素提前，磷素从7月1日到8月15日达单株总磷量的66. 3%，到9月上旬达到最高峰；钾素积累量在8月中旬达到了最高峰（表2-12，表2-13）。草木樨第一年根中氮的含量与茎叶相反，随着生育阶段而逐渐增加，8月15日到9月30日增加显著，由2. 9%增加到3. 2%。根中氮素积累量也是逐渐增加的，26d积累量达总氮量的61. 3%。

草木樨第一年根中干物质和营养积累的高峰期均在生育后期，第二年根量变化不大而属于营养消耗阶段，第一年根茬肥田效果高于第二年根茬。为缩短草木樨占地年限，提倡第一年根茬肥田。草木樨返青后地上部生长异常迅猛，鲜草产量急剧增加，因此，返青后翻压复种粮油作物，翻压期应适当延后，以达到用养结合。

表 2-12 草木樨第一年不同生育期阶段养分积累数量（1978 年）

采样日期（月/日）	生育阶段	养分含量（%）			氮素		磷素		钾素	
		氮	磷	钾	mg/株	%	mg/株	%	mg/株	%
					茎叶					
6/1	苗期	4.668	0.84	2.75	6.0	1.2	1.1	1.0	3.6	0.9
6/17	分枝期	4.219	0.80	2.70	34.0	7.0	6.0	5.6	22.0	5.3
7/1	旺盛生长期	3.467	0.58	2.20	104.0	22.4	17.0	15.9	66.0	16.0
7/15		2.908	0.70	2.15	166.0	33.9	49.0	37.4	123.0	29.9
8/1		2.526	0.54	2.15	260.0	53.2	56.0	52.3	221.0	53.6
8/15		2.388	0.60	2.80	351.0	71.8	88.0	82.2	412.0	100.0
9/4	生长减缓期	2.786	0.64	2.25	465.0	95.1	107.0	100.0	376.0	91.3
9/15		2.793	0.48	2.25	489.0	100.0	84.0	78.5	394.0	95.6
9/30		2.200	0.40	1.50	403.0	82.4	73.0	68.2	275.0	66.7
					根系					
6/1	苗期	2.996	0.75	1.75	1.2	0.5	0.3	0.4	0.7	0.9
6/17	分枝期	2.113	0.80	1.30	2.0	0.9	0.6	0.9	1.0	1.2
7/1	旺盛生长期	2.439	0.80	1.15	10.0	4.4	3.0	4.5	5.0	6.2
7/15		2.388	0.84	1.05	19.0	8.4	7.0	10.4	8.0	9.9
8/1		3.046	0.84	1.10	30.0	13.3	8.0	11.9	11.0	13.6
8/15		2.895	1.10	0.90	81.0	36.0	31.0	46.3	25.0	30.9
9/4	生长缓慢期	2.808	1.08	0.70	87.0	39.7	33.0	49.3	22.0	27.2
9/15		2.772	0.80	0.95	125.0	55.6	36.0	53.7	43.0	53.1
9/30		3.213	0.96	1.15	225.0	100.0	67.0	100.0	79.0	100.0

表 2-13 草木樨第二年不同生育阶段养分积累数量（1979 年）

采样日期（月/日）	生育阶段	养分含量（%）			氮素		磷素		钾素	
		氮	磷	钾	mg/株	%	mg/株	%	mg/株	%
					茎叶					
5/15	返青期	—	1.20	2.00			13.0	4.3	22.0	3.4
5/30	旺盛生长期	3.78	0.72	1.81	351.0	32.2	67.0	22.3	168.0	26.1

（续表）

采样日期（月/日）	生育阶段	养分含量（%）			氮素		磷素		钾素	
		氮	磷	钾	mg/株	%	mg/株	%	mg/株	%
6/15	现蕾期	3.20	0.52	1.33	720.0	66.1	117.0	39.0	299.0	46.5
6/25	初花期	2.23	0.76	0.76	881.0	80.9	300.0	100.0	300.0	46.7
7/6	盛花期	2.42	0.44	0.79	1 029.0	94.5	187.0	62.3	336.0	52.3
7/17	青籽期	1.98	0.34	1.17	1 089.0	100.0	187.0	62.3	843.0	100.0
7/29	成熟期	1.43	0.24	0.81	1 037.0	95.2	174.0	58.0	587.0	91.3
根系										
4/12	越冬芽萌动期	3.89	1.04	0.80	214.0	94.3	57.0	98.3	42.0	100.0
4/29	越冬芽拱土期	3.97	1.04	0.65	206.0	90.7	54.0	93.1	34.0	81.0
5/15	返青期	4.29	1.10	0.65	227.0	100.0	58.0	100.0	34.0	81.0
5/30	旺盛生长期	2.45	0.70	0.50	120.0	52.9	34.0	58.6	25.0	59.5
6/15	现蕾期	1.87	0.48	0.65	90.0	39.6	23.0	39.7	31.0	75.8
6/25	初花期	1.62	0.48	—	81.0	35.7	24.0	41.4	—	—
7/8	盛花期	1.38	0.36	0.42	70.0	30.8	18.0	31.0	21.0	50.0
7/17	青籽期	1.66	0.36	0.57	83.0	36.6	18.0	31.0	29.0	69.0
7/29	成熟期	1.40	0.30	0.50	70.0	30.8	15.0	25.9	25.0	59.5

随着草木樨有机体的增长积累和生殖生长的延续，氮磷等主要营养元素不断供给新的生长需要，根内在越冬前所贮藏的养分迅速消耗减少，特别是进入5月草木樨生长旺盛，生殖生长成为主要趋势之后，根内养分含量直线下降（表2-14）。同时，茎叶内的养分逐渐分布到新生植物体各部分，相对含量也在持续下降，其中氮的变动刚好与根内氮含量下降规律相吻合，直线下跌期还是植株最大生长量时期。在此期间，草木樨根内的有机物质含量始终维持在一个比较稳定的水平，茎叶有机质逐渐增加，导致茎叶和根的碳氮比大幅上升，其上升的斜率大体与氮的下降相当，草木樨在生殖生长过程中植株木质化程度逐渐提高。如作为培肥和供氮的肥料物质翻压（春闲绿肥），应掌握在植株氮的含量尚不很低而木质化程度又不很高的时候，过早则有机体总量不够，过晚则翻压后难以腐解矿化，应不超过5月底。

表 2-14　草木樨越冬返青后各生育时期内养分含量（DM）

测定时间（月/日）	物候期	有机 C（%）		N（%）		P_2O_5（%）		C/N	
		茎叶	根	茎叶	根	茎叶	根	茎叶	根
4/15		41.94	46.42	5.256	4.960	1.105	0.931	7.83	9.26
4/30		40.74	45.65	4.535	4.810	0.977	1.144	8.98	9.49
5/15	现蕾	43.41	44.86	2.735	1.961	0.675	0.567	15.37	22.88
5/30	初花	42.29	44.12	2.608	1.508	0.421	0.296	16.60	29.26
6/15	盛花	44.07	41.55	1.953	1.001	0.514	0.370	22.57	41.51
6/30	结荚	45.00	46.19	1.650	0.737	0.390	0.199	27.27	62.67
7/15	部分种荚成熟	45.69	45.24	1.977	0.931	0.462	0.253	23.11	48.59

三、生殖生长

1. 开花特点

草木樨枝多穗多，小花量极大，一株草木樨有 10 万朵以上的花量，蕾、花、荚果重叠，整个花期伴随着强烈的营养生长，属于无限花序。

2. 开花进程

草木樨是从第一茎秆先开花，2~3d 后第二、第三茎秆陆续开放。一个茎秆上的各级花穗，最先开的是直接着生在茎秆顶端的 A 穗和一级分枝顶端的 B 穗同期开花，花期重叠 25d。3d 后二级分枝的 C 穗见花，A、B、C 三级花穗交互开放，花期重叠 22d。14d 后三级分枝的 D 穗见花，此时，A、B、C、D 四级花穗交互开放，重叠 11d，全部小花开完需 30d（图 2-6）。

同级花穗都是从各级载花部分的基部第一穗先开，依次向上。所有的花穗都是从穗基部第一朵小花开始，穗顶部的花蕾最晚开花。一朵小花当花冠部分占花蕾的 1/2 左右时，当天或次日开花，第一天乳黄色，第二天白色，以后开始萎蔫，约 3d 花冠脱落，进入荚果发育时期。

开花高峰，草木樨的开花量和一般作物一样，前期和后期少，中期多，开花后 9d 和终花前 8d，17d 中开花穗数仅占全部花穗的 36.6%，而中间 8d 开花穗数达 63.4%，在开花后 10~20d，温度 27~30℃时，才会出

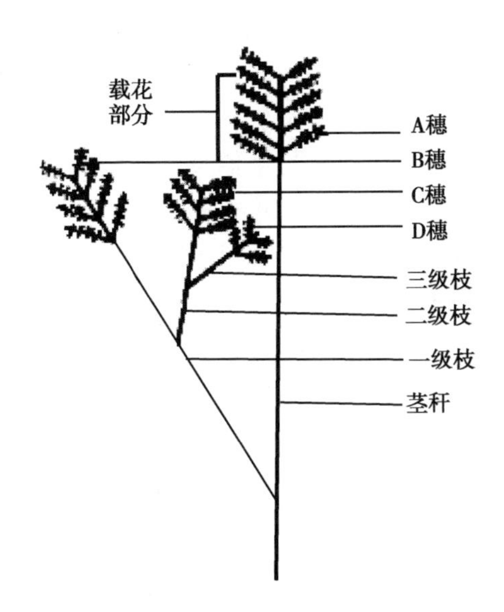

图 2-6　草木樨的各级分枝各级花穗

现开花高峰，这是由草木樨植株本身的发育阶段所决定。

3. 荚果生产潜力

主茎花序的长度虽然最长，单个花序的荚果最多，但由于单株花序支数少而种子产量不高；一级侧枝占有绝对优势，单序长度和单序果数的绝对值虽不如主茎花序，但相差并不大，但是因花序枝数多，种子产量最高。主茎和一级侧枝花序的荚果成熟早，品质好，是种子收获的主要部位；二级侧枝成熟晚，品质差、量也较少。在考虑适宜收割期时，保证主茎和一级侧枝种子的数量和质量，在草木樨种子生产中具有重要意义（表 2-15）。

表 2-15　荚果着生部位花序数、单序长度及荚果数

	整株	主茎	一级侧枝	二级侧枝
花序总数（个）	256	16	139	101
花序平均长度（cm）	11.92	10.78	14.10	8.29
总荚数（株）	9 722	874	6 283	2 565
单序结荚数（个）	38.0	54.6	45.2	25.4

二年生白花草木樨的种子产量，春播高于秋播，其产量构成因素主要是单株各级枝数、穗数和荚果总量的多少。单株草木樨的所有茎秆中以第一、第二茎秆的花荚量最大，其荚果产量一般占全株荚果总量的50%~70%。不同穗级的花荚量各级单穗的花荚数以A穗最多，B、C和D穗依次减少，B和C两级穗的穗数多，总花荚量大，尤其C穗的穗数、荚数和荚重分别占总量的72.5%、67.8%和70.6%，对构成草木樨种子产量有重要作用（表2-16）。

表2-16　不同穗级的花荚量

穗级	各穗级占有的分枝数（个）	花量			荚量			荚重量	
		朵/穗	穗（个）	占%	荚/穗	穗（个）	占%	荚（g）	占（%）
A	茎秆顶部	108.7	10	1.1	47.8	478	1.8	0.3*	0.07
B	28	101.1	190	21.5	42.1	7 686	28.5	11.4	26.00
C	194	68.0	641	72.5	32.6	18 256	67.8	31.0	70.62
D	41	33.6	43	4.9	20.6	515	1.9	1.2	2.80

注：*因成熟早，调查过程中损失量大，所以荚量过低

同一分枝上的花穗B，以载花部分的中部花穗的花荚量最多。从不同水平的分枝看，是以中部分枝上的穗数、花荚总量及单穗花荚量最大，中上部和中下部次之，上部最少。其他各级花穗的这一性状均属同一规律。各级花穗的中部花荚发育较好，成荚率高。

四、根系生长

草木樨的主根很深，支根多，细根密，各生长期主根长度均大于其植株高度，草木樨根系多集中在0~30cm的耕层内，此层根系约占总根系的80%，鲜根产量为300~1 000kg/亩。据郑州院内、郑州郊区三十里铺和长葛县孟排大队的观察，草木樨生长到5片真叶时，根长达18~20cm，为株高的5~6倍；株高为28cm时主根长达30~40cm；株高1m，地上部高度与地下部长度基本相同，但根长仍大于株高，而且支根多，细根密。1976年孟排大队科研站对20株春播草木樨冲根观察，草木樨生长前期（株高20~50cm）支根数随着主根伸长而增加，到植株长高到50cm后，主根上的支根数没有明显增

加，但细根数却一直是在不断增加，在正常生长条件下，草木樨在生长前期 70~80d，主根上以生长支根为主，同时生长细根，后期主要在支根上生长细根，支根增加很少（表 2-17）。草木樨的根系在上层支根多，细根少，下层支根少，细根多。

表 2-17　生长不同高度的草木樨主根长度与支（细）根的数量

株高（cm）	主根长（cm）	支根总数（条）	细根数（条）
20	33	88	228
20	35	90	198
28	45	86	209
28	36	100	230
43	65	195	309
47	52	182	610
92	95	161	1 215
94	101	184	1 205
108	125	179	1 142
112	161	182	1 287

草木樨植株生长到 1m 以后，地上部增长极其缓慢，但根重却在增加，随着时间的推移，根重与根部含氮量也在逐渐增加（表 2-18）。

表 2-18　草木樨根系不同生长时期氮磷含量

测定日期（月/日）	株高（cm）	单株干根重（g）	根系养分含量（%）	
			N	P_2O_5
5/16	33	0. 15	2. 162	1. 627
5/30	60	0. 64	2. 322	1. 750
6/10	80	2. 55	2. 362	1. 605
7/18	110	4. 60	2. 238	1. 182
8/13	107	6. 10	2. 185	0. 860
9/13	125	9. 60	2. 464	0. 648
10/24	120	9. 50	2. 749	0. 461

第四节　草木樨的生产性能

（一）草木樨种子质量

对24个草木樨品种种子质量进行测定结果（表2-19），千粒重在1.16~2.53g，较高品种或供试材料为5410、宁夏、5112；发芽势较高品种为吉林、4928，分别为79.35%和75.55%，二者与其他品种达到极显著水平（$P<0.01$）；吉林、4917、4928发芽率最高，均极显著高于其他品种（$P<0.01$），吉林与4917之间差异显著（$P<0.01$），4917与4928之间差异显著（$P<0.01$）。

表2-19　24个供试草木樨种子质量指标

编号	千粒重（g）	发芽势（%）	发芽率（%）	编号	千粒重（g）	发芽势（%）	发芽率（%）
4928	1.16	75.55±0.50Bb	85.44±1.4Bb	5063	1.91	42.36±0.34Gg	44.67±1.06GHij
4917	1.33	50.35±0.59DEde	86.00±1.00ABb	5274	1.43	38.82±0.78Hh	43.53±0.49Hij
吉林	1.41	79.35±0.59Aa	88.30±1.40Aa	5329	1.81	37.15±0.65Ii	41.22±0.69Ik
5265	1.58	50.93±0.62CDcd	81.45±1.12Cc	5210	1.81	30.28±0.27NOo	38.3±0.61Jl
4831	1.12	51.68±0.39Cc	79.44±0.50Cd	5410	2.53	28.03±1.00Po	38.11±1.02Jl
5112	1.99	35.21±0.30Jj	63.49±1.50De	5363	1.54	35.65±0.55Jj	38.01±1.00Jl
4827	1.62	48.69±0.27Ff	61.33±0.76Df	4817	1.79	31.35±0.56MNm	37.63±0.54JKl
5230	1.74	48.82±0.96Ff	60.91±0.57Def	4959	1.65	24.75±0.54Qp	36.71±1.06JKlm

（续表）

编号	千粒重 (g)	发芽势 (%)	发芽率 (%)	编号	千粒重 (g)	发芽势 (%)	发芽率 (%)
4766	1. 56	50. 27± 0. 76DEde	58. 67± 0. 89Eg	5479	1. 75	25. 18± 0. 40Qp	36. 34± 0. 57JKlm
4912	1. 74	32. 56± 0. 56LMl	47. 56± 1. 13Hh	4742	1. 72	29. 66± 0. 59On	35. 49± 0. 74JKm
4504	1. 56	49. 56± 0. 51EFef	46. 29± 0. 89FGh	5219	1. 72	33. 79± 0. 19KLk	34. 94± 0. 23Km
4791	1. 61	34. 85± 0. 59JKj	46. 29± 1. 17Fghi	宁夏	2. 34	9. 49± 0. 76Rq	11. 04± 1. 00Ln

注：同列表数据不同大写、小写字母分别表示差异达 0. 01 和 0. 05 显著水平

（二）草木樨生产性能

24 个草木樨品种生产性能（表 2-20），株高在 77. 67~159. 33cm 范围之内，较高的品种：吉林、5112、4766 均极显著高于其他品种，吉林与 5112 之间差异极显著（$P<0.01$），5112 与 4766 差异显著（$P<0.05$）。24 个品种草木樨茎叶比范围在 1. 24~3. 72，较低的品种：5063、4638、4791 均极显著低于其他品种（$P<0.01$）。24 个品种草木樨产量为 1 987. 07~ 13 421. 44kg/hm^2，较高的品种为吉林、5265、5210，吉林品种产量最高，与其他品种差异达极显著（$P<0.01$），5265 与 5210 差异显著（$P<0.01$）。24 个品种 CP 含量在 13. 37%~21. 50%，较高品种是吉林、4638、5274，均与其他品种差异达极显著（$P<0.01$），吉林 CP 含量最高，与其他品种差异极显著（$P<0.01$），4638 与 5275 差异不显著。24 个品种 EE 含量在 2. 42%~4. 76%，较高品种为 5363、吉林、5112；5363EE 含量最高，与其他品种差异极显著（$P<0.01$），吉林、5363、5112、4716 之间差异不显著。24 个品种 NDF 含量范围为 47. 64%~58. 63%，大多品种 NDF 含量集中在 50%以上；NDF 含量较高的品种为 4504、5210、5265 和 4663；4504 品种 NDF 含量极显著高于其他品种（$P<0.01$），5265、4663、5363、4766 四个品种之间差异不显著。24 个品种 ADF 含量范

表 2-20　24 个供试草木樨生产性能指标

编号	株高（cm）	茎叶比	产量（kg/hm^2）	CP（%）	EE（%）	NDF（%）	ADF（%）	RFV
吉林	159. 33±0. 26Aa	2. 24±0. 42Jj	13 421. 44±56. 78Aa	21. 50±0. 44Aa	3. 90±0. 68Bb	47. 64±0. 39Jj	37. 07±0. 80KLjklm	129. 49±0. 51Aa
5112	156. 00±1. 5ABa	1. 67±0. 56Pq	6 275. 42±89. 32GHij	19. 47±0. 15Cc	3. 88±0. 67Bb	54. 66±0. 32DEef	37. 73±0. 39Bbc	102. 52±0. 5ABCbc
4766	154. 01±1. 11ABab	2. 37±1. 94Ii	10 753. 33±56. 12Bc	17. 67±0. 21Fe	2. 97±0. 56Fhi	57. 49±0. 44Bbc	32. 13±0. 19HIJhi	103. 85±0. 25ABCbc
宁夏	147. 15±0. 59BCbc	1. 71±1. 00Op	8 290. 19±70. 36EFfg	18. 63±0. 25DEd	3. 60±0. 69Ccd	54. 30±0. 31Ef	37. 07±0. 80BCc	105. 22±1. 13ABCbc
4959	141. 67±0. 23CDcd	3. 09±0. 10Dd	10 975. 27±89. 65Bbc	16. 87±0. 15GHfg	3. 32±0. 49De	54. 95±0. 08DEe	30. 73±0. 38JKLjk	110. 23±0. 42ABabc
5291	137. 00±0. 56CDEde	3. 21±0. 21Cc	6 104. 98±84. 12Hij	17. 77±0. 21Fe	2. 76±0. 35Gj	52. 79±0. 19Fgh	31. 10±0. 70JKLij	114. 52±0. 51ABabc
5274	135. 67±0. 45DEdef	2. 39±2. 12Ii	9 371. 55±91. 65CDde	20. 23±0. 32Bb	2. 46±0. 56Hk	52. 61±0. 36Fh	30. 73±0. 78JKLjkl	115. 62±0. 54ABabc
5363	135. 00±0. 89DEFdefg	1. 95±0. 35Llm	9 834. 55±76. 45Cd	19. 10±0. 10CDc	4. 76±0. 68Aa	57. 37±0. 55Bbc	37. 49±0. 51Bbc	97. 67±0. 29BCbcd
5329	134. 67±1. 03DEFGdefg	1. 94±0. 13Llm	7 001. 25±85. 31Gh	13. 37±0. 15Lk	3. 35±0. 61De	53. 29±0. 62Fg	33. 97±0. 60EFGef	110. 53±0. 48ABabc

（续表）

编号	株高（cm）	茎叶比	产量（kg/hm^2）	CP（%）	EE（%）	NDF（%）	ADF（%）	RFV
5210	132. 12±0. 99DEFGefgh	2. 14±0. 91Kk	11 149. 35±89. 46Bbc	15. 40±0. 10IJi	3. 20±0. 56Eg	57. 96±0. 06ABb	31. 31±0. 78IJKij	104. 18±0. 32ABCbc
4811	130. 15±1. 00EFGefghi	1. 85±1. 65Mn	10 735. 34±56. 13Bc	15. 13±0. 23IJKij	3. 29±0. 53DEef	57. 23±0. 32Bc	32. 60±0. 54GHIgh	103. 59±0. 39ABCbc
4583	128. 03±1. 02EFGHfghi	2. 47±1. 09Hh	11 025. 43±70. 56Bbc	14. 97±0. 15JKj	3. 62±0. 58Cc	48. 85±0. 26Ik	35. 91±0. 88CDd	117. 71±0. 66ABabc
5479	126. 67±1. 25EFGHIghi	2. 80±2. 33Ee	7 899. 46±99. 56Fg	15. 53±0. 32Ii	3. 52±0. 62Cd	51. 26±0. 38GHij	29. 61±0. 71Lkm	119. 41±0. 53ABab
4716	126. 67±0. 56EFGHIghi	1. 79±1. 88No	8 863. 61±76. 19DEef	16. 37±0. 23Hh	3. 83±0. 59Bb	55. 06±0. 59DEe	34. 99±0. 60DEFde	106. 17±0. 64ABCbc
4504	123. 67±0. 23FGHIJhij	1. 93±0. 99Lm	6 664. 18±73. 91GHhi	14. 77±0. 32Kj	3. 05±0. 53Fh	58. 63±0. 38Aa	35. 06±0. 95DEde	98. 37±0. 55BCbcd
5265	123. 33±0. 45GHIJij	3. 72±2. 05Aa	11 389. 68±90. 49Bb	13. 47±0. 15Lk	3. 61±0. 50Cc	57. 71±0. 26Bbc	38. 58±0. 53Bb	94. 98±0. 23BCc
5410	117. 33±0. 56HIJKjk	2. 73±1. 37Ff	6 065. 86±64. 56Hj	15. 43±0. 15IJi	2. 80±0. 60Gj	51. 64±0. 31Gi	34. 47±0. 51DEFef	78. 75±57. 82Cd
4610	116. 33±0. 67IJKjk	3. 47±2. 80Bb	3 968. 34±87. 27Il	16. 93±0. 06Gf	2. 42±0. 53Hk	50. 78±0. 36Hj	36. 67±0. 51FGHfg	115. 65±0. 57ABabc

（续表）

编号	株高（cm）	茎叶比	产量（kg/hm^2）	CP（%）	EE（%）	NDF（%）	ADF（%）	RFV
4638	114. 67±0. 89JKkl	1. 43±1. 92Rs	7 034. 56±72. 84Gh	20. 53±0. 06Bb	3. 33±0. 53De	55. 94±0. 52Cd	40. 51±0. 51Aa	95. 80±0. 26BCbcd
4663	113. 02±0. 90JKkl	2. 54±1. 33Gg	8 468. 93±95. 46EFfg	18. 4±0. 2Ed	3. 21±0. 49Efg	57. 71±0. 25Bbc	37. 11±0. 13BCc	97. 32±0. 59BCbcd
5063	111. 67±0. 56Kkl	1. 24±1. 11St	4 500. 48±76. 89Ikl	19. 30±0. 26Cc	3. 03±0. 53Fhi	55. 24±0. 38CDe	35. 07±0. 97DEde	103. 05±0. 52ABCbc
4791	110. 45±0. 58Kkl	1. 48±2. 35Qr	4 621. 75±84. 35Ik	16. 33±0. 15Hh	2. 95±0. 39Fi	51. 51±0. 43GHi	38. 44±0. 45Bb	107. 68±0. 55ABCabc
4912	107. 61±0. 56Kl	1. 97±2. 00Ll	3 216. 07±89. 56Im	16. 50±0. 36GHgh	3. 20±0. 54Hk	53. 26±0. 38Fg	37. 58±0. 72Bbc	105. 39±0. 74ABCbc
4742	77. 67±0. 54Lm	1. 42±0. 91Rs	1 987. 07±84. 56Kn	18. 60±0. 26DEd	2. 78±0. 46Gj	50. 85±0. 35GHj	30. 83±0. 21JKLj	118. 23±0. 41ABabc

注：小写字母表示差异达显著水平（P<0. 05）；大写字母表示差异达极显著水平（P<0. 01）

围在 29. 61%～40. 51%，主要集中在 30%以上，较高的品种为 4638、5265、4791，4638 与其他品种差异极显著（$P<0.01$），5265 与 4791 差异不显著。24 个草木樨品种的 RFV，主要集中在 100 以上，其中较高的品种为：吉林、5479、4742，吉林与其他品种差异极显著（$P<0.01$），4742 与 4583、5274、5291、5329、4959 之间的 RFV 差异不显著（$P<0.05$）。

（三）草木樨光合能力

24 个品种净光合速率 10. 33～23. 70，较高净光合速率的品种为宁夏、吉林、5274，均极显著高于其他品种（$P<0.01$），宁夏与吉林之间差异不显著（表 2-21）。气孔导度较高的品种为 4912、5363、4742，4912 与 5363 之间差异显著（$P<0.05$），4912、5363 与其他品种差异极显著（$P<0.01$）。24 个品种胞间 CO_2 浓度差距较大，范围在 114. 94～294. 85μmol CO_2 mol^{-1}之间，较高的品种为 4912、4742、4504，均极显著高于其他品种（$P<0.01$）。24 个品种蒸腾速率较高的为 4912、5363、吉林；4912 与 5363 差异不显著，均与其他品种差异极显著（$P<0.01$）；吉林、4504、5274、宁夏、4959 品种之间差异不显著，与其他品种之间差异极显著（$P<0.01$）。24 个品种水分利用效率范围在 4. 04%～9. 26%，较高的品种有 4716、5210、4766，均极显著高于其他品种（$P<0.01$）。24 个品种羧化效率范围在 0. 0400～0. 1333 之间，较高的品种有 4716、5265、4766，均在 0. 1000 以上，与其他品种均差异极显著（$P<0.01$）。

表 2-21　24 个品种草木樨光合参数指标

编号	净光合速率（$\mu molCO_2 \cdot m^{-2} \cdot s^{-1}$）	气孔导度（$mol\ H_20 \cdot m^{-2} \cdot s^{-1}$）	胞间 CO_2浓度（$\mu\ mol\ CO_2 \cdot mol^{-1}$）	蒸腾速率（$\mu mol\ H_2O \cdot m^{-2} \cdot s^{-1}$）	水分利用效率（%）	羧化效率（%）
吉林	23. 70±0. 26Aa	0. 45±0. 05ABCabc	268. 39±0. 54BCcd	3. 02±0. 09Bb	8. 02±0. 04FGHgh	0. 09±0. 02CDEbcd
5112	13. 45±0. 51IJj	0. 17±0. 05EFGHgh	163. 24±1. 08Ln	1. 73±0. 21EFGHghij	7. 89±0. 12GHhi	0. 0833±0. 03CDEFbcde
4766	20. 00±0. 21Ee	0. 31±0. 09BCDEFdef	213. 47±1. 35Ik	2. 24±0. 05De	8. 93±0. 07ABCbc	0. 10±0. 02BCb
宁夏	24. 37±0. 55Aa	0. 40±0. 01ABCDbcd	255. 72±0. 64Def	2. 88±0. 10Bb	8. 39±0. 10DEFef	0. 09±0. 01CDbc
4959	22. 07±0. 12BCbc	0. 44±0. 06ABCabc	269. 66±1. 07BCbc	2. 84±0. 16Bb	7. 91±0. 10GHhi	0. 07±0. 05DEFGHIdefg
5291	15. 51±0. 51Gg	0. 24±0. 06DEFGHefgh	248. 08±1. 01Eg	1. 76±0. 16EFGHghi	8. 57±0. 53CDEef	0. 05±0. 02IJKhij
5274	22. 65±0. 57Bb	0. 20±0. 13EFGHefgh	269. 87±1. 01BCbc	2. 89±0. 10Bb	8. 01±0. 05FGHgh	0. 09±0. 01CDEbcd
5363	22. 33±0. 58BCb	0. 51±0. 08Aab	266. 25±2. 45Ccd	3. 36±0. 08Aa	6. 58±0. 09Lm	0. 07±0. 02CDEFGHcdef
5329	11. 45±0. 51LMl	0. 13±0. 05FGHh	225. 46±0. 51Hj	1. 57±0. 11GHijk	7. 19±0. 13JKkl	0. 05±0. 04IJKhij
5210	15. 39±0. 54GHg	0. 18±0. 02EFGHfgh	199. 42±0. 52Jl	1. 66±0. 12FGHhijk	9. 11±0. 10ABab	0. 09±0. 03CDEbcd
4811	11. 18±0. 33MNl	0. 20±0. 10EFGHefgh	268. 04±0. 94BCcd	1. 96±0. 05Ef	6. 18±0. 27Mn	0. 04±0. 04JKij
4583	12. 52±0. 50JKk	0. 24±0. 06DEFGHefgh	259. 04±0. 94De	1. 77±0. 05EFGHgh	7. 00±0. 10Kl	0. 06±0. 03FGHIJKfghi
5479	10. 33±0. 57Nm	0. 23±0. 06DEFGHefgh	265. 13±0. 36Cd	1. 52±0. 02Hk	7. 24±0. 05JKkl	0. 0400±0. 02Kj
4716	15. 35±0. 57GHg	0. 12±0. 07GHh	114. 94±1. 56Np	1. 61±0. 03GHhijk	9. 26±0. 24Aa	0. 1333±0. 03Aa

（续表）

编号	净光合速率（μmolCO_2·m^{-2}·s^{-1}）	气孔导度（mol H_2O·m^{-2}·s^{-1}）	胞间 CO_2浓度（μ mol CO_2·mol^{-1}）	蒸腾速率（μmol H_2O·m^{-2}·s^{-1}）	水分利用效率（%）	羧化效率（%）
4504	21. 56±0. 50CDc	0. 45±0. 06ABCabc	273. 60±1. 77Bb	2. 98±0. 10Bb	7. 45±0. 20IJjk	0. 08±0. 03CDEFGcde
5265	14. 37±0. 55HIhi	0. 23±0. 12EFGHefgh	116. 11±1. 02Np	1. 68±0. 03FGHhijk	8. 41±0. 16DEFef	0. 12±0. 04ABa
5410	11. 44±0. 51LMl	0. 33±0. 06BCDEcde	232. 07±2. 00Gi	2. 39±0. 05CDde	4. 92±0. 09Op	0. 05±0. 05HIJKhij
4610	19. 84±0. 18Ee	0. 20±0. 02EFGHefgh	253. 47±2. 20Df	2. 25±0. 05De	8. 80±0. 21BCDcd	0. 08±0. 03CDEFGcde
4638	15. 01±0. 54GHgh	0. 21±0. 02EFGHefgh	241. 14±1. 03Fh	1. 80±0. 01EFGfgh	8. 28±0. 19EFGfg	0. 06±0. 02GHIJKghij
4663	10. 39±0. 54Nm	0. 12±0. 06Hh	122. 74±1. 53Mo	2. 57±0. 04Cc	4. 04±0. 05Pq	0. 08±0. 02CDEFbcde
5063	16. 68±0. 33Ff	0. 30±0. 10CDEFGdefg	241. 16±0. 16Fh	1. 88±0. 20EFfg	8. 67±0. 07CDEde	0. 07±0. 01DFGHIJefgh
4791	12. 36±0. 56KLl	0. 11±0. 08Hh	185. 43±1. 05Km	1. 56±0. 06GHjk	7. 64±0. 08HIij	0. 07±0. 02EFGHIJefgh
4912	20. 74±0. 44DEd	0. 55±0. 06Aa	294. 85±1. 54Aa	3. 51±0. 20Aa	5. 67±0. 29No	0. 06±0. 03FGHIJKfghi
4742	16. 75±0. 22Ff	0. 48±0. 07ABab	291. 63±1. 08Aa	2. 43±0. 10CDcd	6. 52±0. 05LMm	0. 05±0. 04IJKhij

注：小写字母表示差异达显著水平（$P<0.05$）；大写字母表示差异达极显著水平（$P<0.01$）。

第三章　草木樨主要活性成分

黄花草木樨含有蛋白质、氨基酸、脂肪酸、香豆素、皂苷、多酚、多糖、黄酮与生物碱等生物活性成分，糖类、蛋白质类、脂肪酸类等为初生代谢产物，是植物为其自身的发育、生长和繁殖所必需的营养物质，其单质往往可占植物体总量的 10%~50%。在黄花草木樨的根、茎、叶、种子中都含有不同量的蛋白质、氨基酸及不饱和脂肪酸，在叶片和种子中含量较大，颇具开发利用价值。萜类、黄酮、生物碱、甾体、木质素等是以初生代谢产物为底物，在一系列相关酶的作用下形成的次生代谢产物。植物次生代谢产物是指植物体在生命过程中，在一系列相关酶的作用下，以初生代谢产物糖、脂及蛋白质类物质为底物，产生的并非生长发育所必需的小分子有机化合物，其生产和分布通常有种类、器官、组织和生长发育期的特异性。尽管关于植物次生代谢产物概念的提出已有百余年的历史，但是对于它们的研发仍处于初步阶段。鉴于植物次生代谢产物具有多方面的生物活性，有重要的研发和利用价值，它们已成为植物化学、中草药学和食品科学领域的一个研究热点。近年来，研究者们还开展了微生物次生代谢产物的研究，它们已成为新农药、新医药的主要来源。黄花草木樨中含量较高的次生代谢产物主要有皂苷、生物碱、多酚、多糖、黄酮和香豆素等，其结构、特征分述如下。

皂苷是苷类的一种，为分子较大的一种有机化合物。皂苷又称配糖体，是由糖或醛的衍生物的半缩醛羟基以缩醛键（苷键）脱水缩合而成的环状缩醛衍生物。因其水溶液振摇后成胶体溶液，并具有持久的、类似肥皂溶液的泡沫，故称皂苷。根据其化学结构可分为三萜皂苷和甾体皂苷两大类。由于化学结构不同，其生物活性表现出差异。生物碱的化学结构比较简单，为氨基酸类化合物的衍生物，目前黄花草木樨中已分离出的碱有 N-丙二酸单酰基色氨酸、高水苏碱和水苏碱等。多酚又称单宁，是一类多元酚化合物。多酚广泛存在于农作物中，如高粱、油菜籽和棉籽等，它们是植物进化过程中所形成的次生代谢产物，具有抗虫、抗真菌、抗细菌的功效，对植物有一定的保护作用。多糖是一种具有广泛生物活性的大分子化合物，它不仅是生物的营养成分，而且还参与机体生命过程中细胞的各种活动。根据相对分子质量和分子间氢键的不同，多糖可形成Ⅰ~Ⅳ 级结构。在自然界中多糖可分为离子型多糖和非离子型多糖，根据其组成单糖的种类，又可分为聚多糖和杂多糖两大类。多糖的结构特征与生物活性有关。黄酮类化合物是以黄酮（2-苯基色原酮）为母核而衍生的一类黄色素，是以 $C_6-C_3-C_6$ 为基本碳架的一系列化合物，即二氢黄酮、异黄酮、二氢异黄酮，黄酮多以双糖普、三糖普及双糖链苷等形式存在于植物体内。黄酮具有许多重要的生物活性，可广为利用。香豆素又称作邻羟基桂皮酸内酯，具有芳香味。它是一类含有一个或几个 C_6-C_3 单位的植物成分，可分为香豆素和苯丙酸两类。香豆素对生物具有独特的生理活性。对植物具有双重活性，低浓度促进生长，高浓度能抑制生长。

汤洁等报告黄花草木樨株体的各部分都含有不等量的次生代谢产物，与紫花苜蓿类似，全株所占的比例，皂苷、生物碱所占比例较高，分别达到 5.191%和 3.170%；而多糖和黄酮所占比例较低，分别为 0.834%和 0.051%。在植株部位中，多糖在叶中含量较低，而其他的次生代谢产物均在叶片中含量最多，有的代谢产物在株体中分布相对均一，如皂苷除在种子中含量相对偏低外，其在叶、根、茎中均有利用价值；生物碱除在根部含量偏低外，在其他部位也均有利用价值；多酚在根、茎、叶中的含量较高；多糖在根、籽中的含量较高，有开发利用价值；对于香豆素而言，其在叶、籽中的含量较高，可以作为单体化合物提取利用（表 3-1）。

表 3-1　黄花草木樨次生代谢产物含量（%）

成分	根	茎	叶	籽	全株含量
皂苷	1.3555	0.7220	2.6867	0.4267	5.1909
生物碱	0.2230	0.8420	1.3660	0.7390	3.1700
多酚	0.4010	0.5813	0.8821	0.3707	2.2351
香豆素	0.1756	0.2626	0.5428	0.3527	1.3337
多糖	0.3346	0.0140	0.0480	0.4370	0.8336
黄酮	0.0029	0.0115	0.0223	0.0146	0.0513

第一节　香豆素类化合物

香豆素（Coumarin）学名 1,2-苯并吡喃酮，又名香豆精、香豆脑等，因最早从豆科植物香豆中提得并且有香味而得名，广泛分布于伞形科、芸香科、豆科、菊科、兰科、木犀科、茄科、瑞香科等植物中，在很多领域，如医药、食品、化妆品等成为重要的原料，其中许多化合物具有各种生物活性，在医药、生物等领域有广阔的应用前景。香豆素的分子式 $C_9H_6O_2$，分子量 146.5，无色结晶，熔点 68～70℃，沸点 297～299℃，游离的香豆素多数具有较好的结晶，呈无色至淡黄色结晶状的固体，有比较敏锐的熔点，且大多有香味。香豆素中分子量小的有挥发性，能随水蒸气蒸馏，并能升华。香豆素一般呈粉末或晶体状，多数无香味和挥发性，也不能升华。游离的香豆素能溶于沸水，难溶于冷水，易溶于甲醇、乙醇、氯仿和乙醚等有机溶剂。能溶于水、甲醇和乙醇，而难溶于乙醚等极性较小的有机溶剂。研究表明，草木樨香豆素作为主要的药效成分，具有很强的抗炎、镇痛、消肿、改善血管通透性、抗菌、抗病毒等药理作用，国外已有产品上市，如消脱止-M（草木樨流浸片、草木樨流浸液）等，而国内草木樨香豆素的开发利用业已开始。草木樨中香豆素类化合物是以香豆素（苯并 α-吡喃酮）为母核的天然产物，多以游离态或与糖结合成甙的形式存在，常在 3，4，6，7 位有取代基。国外有报道称黄花草木樨中香豆素的比例占其总香豆素类化合物的 89%以上。草木樨中香豆素类化合物的结构式见图 3-1。

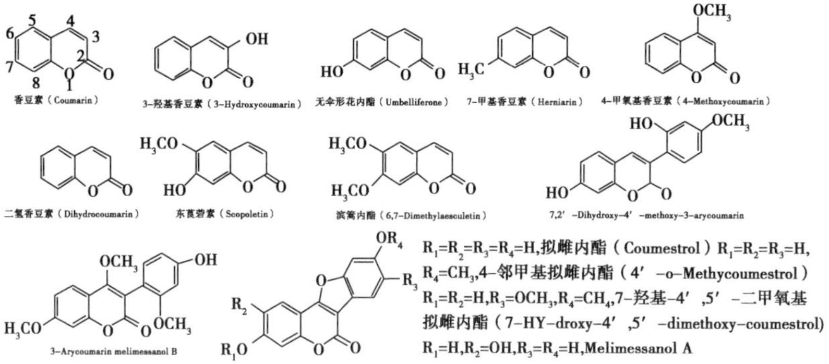

香豆素（Coumarin）　3-羟基香豆素（3-Hydroxycoumarin）　无伞形花内酯（Umbelliferone）　7-甲基香豆素（Herniarin）　4-甲氧基香豆素（4-Methoxycoumarin）

二氢香豆素（Dihydrocoumarin）　东莨菪素（Scopoletin）　滨蒿内酯（6,7-Dimethylaesculetin）　7,2′ -Dihydroxy-4′ -methoxy-3-arycoumarin

3-Arycoumarin melimessanol B

R_1=R_2=R_3=R_4=H,拟雌内酯（Coumestrol）R_1=R_2=R_3=H, R_4=CH_3,4-邻甲基拟雌内酯（4′ -o-Methycoumestrol）
R_1=R_2=H,R_3=OCH_3,R_4=CH_4,7-羟基-4′ ,5′ -二甲氧基拟雌内酯（7-HY-droxy-4′ ,5′ -dimethoxy-coumestrol)
R_1=H,R_2=OH,R_3=R_4=H,Melimessanol A

图 3-1　草木樨中香豆素类化合物的结构式

香豆素从结构上来看，可以看成是顺式的邻羟基桂皮酸脱水而成的内酯，基本母核为苯并 α-吡喃酮。

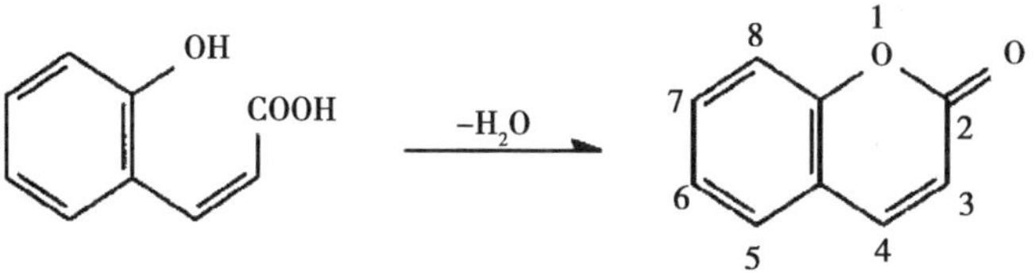

OH　COOH　$-H_2O$　1 O 8 O 7 2 6 3 5 4

香豆素的结构

香豆素类物质由于其内酯结构，所以具有内酯类物质的通性，在强碱溶液中内酯环可以开环生成顺邻羟基桂皮酸盐，但加酸又可重新闭环成为原来的内酯。但与碱长时间加热，则可转变为稳定的反邻羟基桂皮酸盐。因此，用碱液提取香豆素时，必须注意碱液的浓度，并应避免长时间加热，以防破坏内酯环。

香豆素类物质在可见光下为无色或黄色结晶。香豆素母体本身无荧光，而羟基香豆素在紫外光下多显蓝色荧光，在碱溶液中荧光更为明显。香豆素类荧光与分子中取代基的种类和位置有一定关系，一般

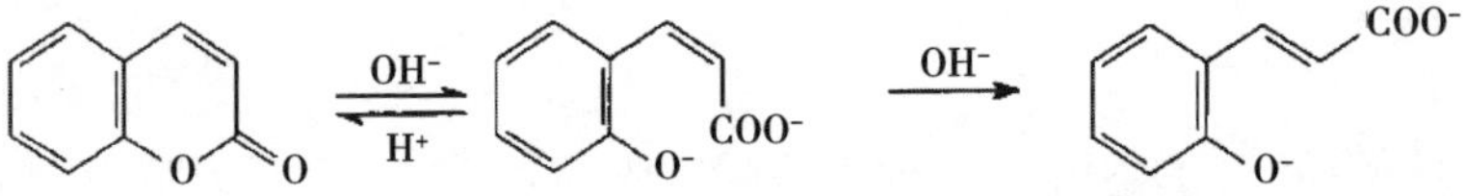

OH^- ⇌ H^+　COO^-　O^-　OH^- →　COO^-　O^-

香豆素　　　顺式邻羟基桂皮酸　　　反式邻羟基桂皮酸

在 C-7 位引入羟基即有强烈的蓝色荧光，加碱后可变为绿色荧光，但在 C-8 位再引入一羟基，则荧光减至极弱，甚至不显荧光。呋喃香豆素多显蓝色或褐色荧光，但较弱。荧光性质常用于薄层色谱法检识香豆素。

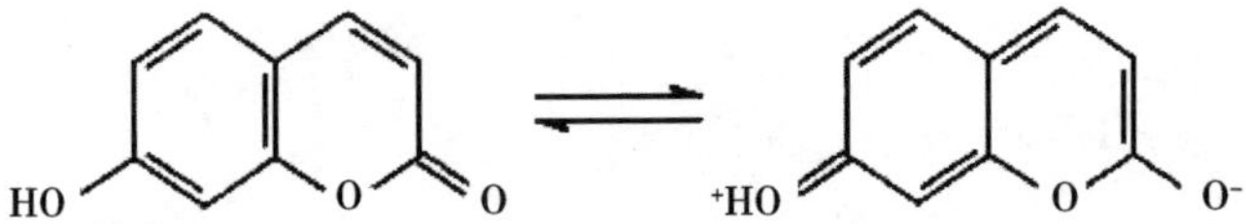

HO　O　O ⇌ ^+HO　O　O^-

碱性条件下荧光更显著

异羟基酸铁反应，由于香豆素类具有内酯环，在碱性条件下可开环，与盐酸经胺缩合成异羟肟酸，然后再于酸性条件下与三价铁离子缩合成盐而显红色。

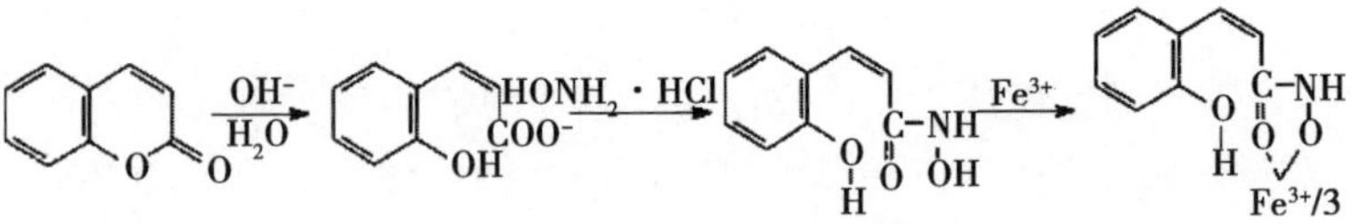

OH^- / H_2O →　COO^-　OH　$HONH_2 \cdot HCl$ →　C-NH　O-H　O　OH　Fe^{3+} →　C-NH　O-H　O　O　$Fe^{3+}/3$

异羟肟酸　　异羟肟酸铁（红色）

三氯化铁反应，具有酚羟基的香豆素类可与三氯化铁乙醇溶液反应显绿色，酚羟基越多，颜色越深。Gibbs 反应，Gibbs 试剂是 2，6-二氯（溴）苯醌氯亚胺，它在弱碱性条件下可与酚羟基对位的活泼氢缩合成蓝色化合物。

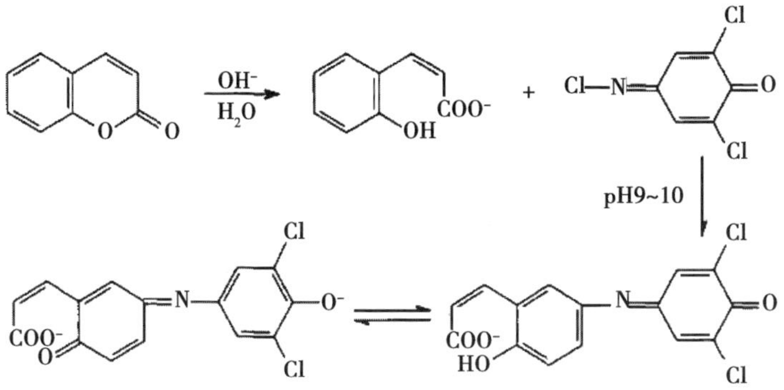

蓝色

Emerson 反应，Emerson 试剂是氨基安替比林和铁氰化钾，它可与酚羟基对位的活泼氢生成红色缩合物。

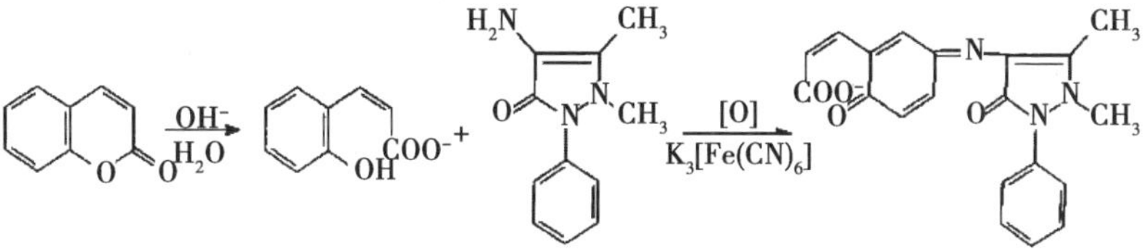

红色

Gibbs 反应和 Emerson 反应都要求必须有游离的酚羟基，且酚羟基的对位要无取代才显阳性，如 7-羟基香豆素就呈阴性反应。判断香豆素的 C-6 位是否有取代基的存在，可先水解，使基内酯环打开生成一个新的酚羟基，然后再用 Gibbs 或 Emerson 反应加以鉴别，如为阳性反应表示 C-6 位无取代。

以上荧光及各种显色反应均可用于检识香豆素的存在和识别某位有取代物的香豆素。

香豆素环上常有羟基、烷氧基、苯基、异戊烯基取代。同时，异戊烯基的活泼双键又与邻酚羟基环合成呋喃或吡喃结构，因此，根据结构特征可将香豆素分为如下几类：

简单香豆素类，苯环上有取代的香豆素类化合物。取代基包括羟基、甲氧基、亚甲二氧基和异戊烯基等。

简单香豆素

呋喃香豆素类，苯环上的异戊烯基与其邻位的酚羟基环缩合而成的化合物。成环后常伴随着降解，失去3个碳原子。根据呋喃环的位置，此类化合物通常被分为线型和角型。

补骨脂内酯　　异补骨脂内酯

吡喃香豆素类，由香豆素苯环上的异戊烯基与邻位的酚羟基环缩合形成，2,2-二甲基-α-吡喃环结构的化合物。与呋喃香豆素类似，根据吡喃环环合的位置也分为线型和角型两种类型。

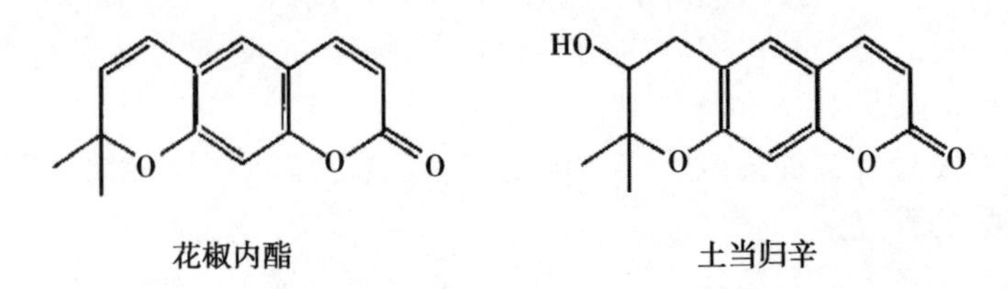

花椒内酯　　土当归辛

异香豆素类，香豆素的异构体，分布比较零散，局限在少数科属中。

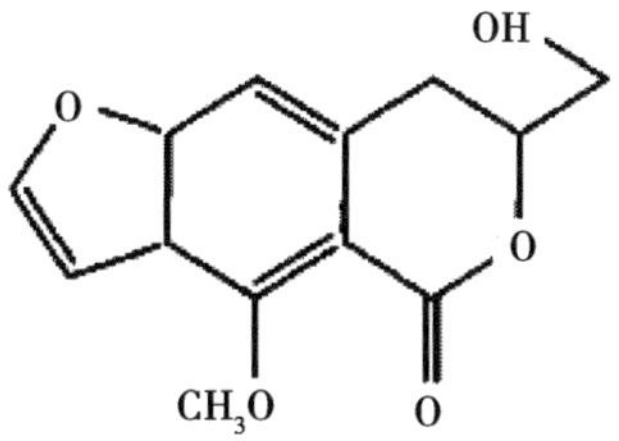

芫荽酮

目前，在所有香豆素类物质中，药用价值比较高的为羟基香豆素和呋喃香豆素类。

由于草木樨原料成分复杂，故其粗提物中香豆素类化合物的含量测定通常先分离再测定，其测定的对照品均为香豆素，测定依据为香豆素的紫外特征吸收（香豆素类化合物中含有的吡喃酮和苯环结构）或显色后的可见光吸收。目前，测定草木樨香豆素含量的方法有薄层扫描法、分光光度法、液相色谱法等，其中高效液相色谱法应用最广。薄层扫描法技术路线如下：用硅胶 GF_{254} 板、冰乙酸：甲苯（1：5）展层剂分离草木樨乙醚粗提物后，再用薄层层析扫描仪（配紫外检测仪）双波长扫描（$\lambda_S = 270nm$、$\lambda_R = 325nm$）定量测定草木樨中香豆素含量（回收率 98% ~ 105%）；也可用胶 GF_{254} 板、石油醚：乙酸乙酯：冰醋酸（20：10：0. 1）展层剂分离草木樨乙醚粗提物，在薄层色谱扫描仪上用单波长扫描（273. 5nm）测定草木樨中香豆素含量（回收率 98. 37%）。分光光度法技术路线如下：将草木樨提取物（用乙醚、NaOH 碱液结合乙醇提取），用 TLC 分离提纯后，加 2% Na_2CO_3 和重氮化试剂（对硝基苯胺溶液和亚硝酸钠溶液，临用前混合）显色，在 490nm 下通过标准曲线法测定香豆素含量；也可利用香豆素在碱性（10% KOH 溶液）条件下与胺（7%盐酸羟胺溶液）作用后再与 Fe^{3+}（10% $FeCl_3$ 溶液）作用生成紫红色物质，在

570nm 下用分光光度计测定草木樨香豆素含量。研究表明，当草木樨香豆素提取物纯化至 80%以上时，可采用紫外分光光度法（检测波长 310nm，外标法）直接测定香豆素含量，与 HPLC 法测定结果基本一致。液相色谱法技术路线如下：DIONEX 液相系统、C18 柱（250mm×4.6mm，10μm），检测波长 273nm，以 1.0mL/min 的乙腈：水：冰醋酸（20：80：1）为流动相，按外标法测定；欧洲药典（第五版）中使用 R-C18 柱，检测波长 275nm，以 1.7mL/min 的乙腈：5.0g/L 磷酸水溶液（22：78）为流动相，可测定草木樨的甲醇回流提取物中香豆素含量；也有采用 LiChrosorb RP-18 柱（250mm×4.6mm，7μm），用 0.7mL/min 的 0.01% Ortophosphoric 酸的水溶液、甲醇和乙腈进行梯度洗脱，检测波长 275nm，可用于测定微波、超声、索氏 3 种方法提取的草木樨中香豆素含量；还有使用 DIONEX 液相系统、Agilent Eclipse XDB-C18 柱（150mm×4.6mm，5μm），检测波长 273nm，以 1.0mL/min 的乙腈：3.0g/L 磷酸水溶液（35：65）为流动相，可用于测定超声、索氏、回流 3 种方法提取的草木樨中香豆素含量；有研究表明使用 Agilent 1100 分析型 HPLC，YWG-C18 柱，检测波长 276nm，以 1.0mL/min 的乙腈：水：甲酸（23：77：0.2）为流动相，柱温 25℃，可测定乙酸乙酯热回流提取的草木樨提取物中香豆素含量；还有使用 Agilent XDB-C18 柱（150mm×4.6mm，5μm），检测波长 310nm，以 1.0mL/min 的甲醇：水（65：35）为流动相，柱温 35℃，可测定 80%乙醇超声法提取的草木樨提取物中香豆素含量。

草木樨中香豆素的提取纯化工艺多利用甲醇、乙醇、乙酸乙酯、乙醚、丙酮、正丁醇等溶剂，采用加热回流提取、索氏提取、超声提取、超临界萃取等方法提取草木樨，制成草木樨浸膏。目前主要的提取工艺有热回流提取大孔树脂纯化工艺，热回流提取—脱色—萃取—大孔树脂纯化工艺，热回流提取—萃取—大孔树脂纯化工艺，消脱止—M 生产工艺。其中热回流提取—大孔树脂纯化工艺为：用 50%乙醇溶液热回流提取黄花草木樨原料，提取液经 9 倍浓缩，浓缩液用大孔树脂吸附，80%乙醇洗脱，洗脱液减压浓缩，烘干得产品。该方法制得的产品中香豆素含量为 50%，但此工艺粗提液未经处理就直接用大孔吸附树脂吸附，容易堵塞、污染树脂，树脂的处理量较小（仅为58mg/g）。热回流提取—脱色—萃取—大孔树脂纯化工艺为：用80%乙醇溶液热回流提取黄花草木樨原料，提取液经3倍浓缩，浓缩液用石油醚脱色后，用氯仿萃取，萃取液用大孔树脂吸附，70%乙醇洗脱，洗脱液减压浓缩，烘干得产品。该方法制得的产品中香豆素含量为30%~50%，主要缺点为纯化过程中香豆素保留率较低、树脂处理量较小。热回流提取—萃取—大孔树脂纯化工艺为：用50%乙醇溶液热回流提取黄花草木樨原料，将提取液浓缩至香豆素浓度为0.2mg/mL，浓缩液用乙酸乙酯萃取，再用大孔树脂吸附，50%乙醇洗脱，洗脱液减压浓缩，结晶，烘干得产品。该方法制得的产品纯度可达97%以上，其树脂吸附量约475.02mg/g干树脂。日本生晃荣养药品株式会社公布的消脱止-M（草木樨流浸片、草木樨流浸液）的部分工艺为：用50%乙醇溶液浸提黄花草木樨原料，提取液经5倍浓缩，浓缩液经纯化后（此部分工艺未见公布），添加麦芽糊精和二氧化硅微粒，喷雾干燥的产品。该工艺制得的产品中主要药效成分香豆素的含量为20%。

香豆素对生物具有多种独特的生理活性。对植物具有双重生理活性，低浓度是一种植物激素，高浓度能够抑制植物的生长，对人体更是具有抗高血压、抗凝血、抗菌、抗病毒、抗癌等多种药理作用。现代药理试验证明，我国传统中草药中的蛇床子、白芷、前胡、独活、补骨脂、茵陈蒿等的主要药效成分均是香豆素或其衍生物。国外也有不少报道指出，生长于南美、非洲以及亚洲其他国家的多种药用植物中都含有丰富的香豆素及其衍生物，分离得到的香豆素单体大多具有一定的生物活性。目前研究表明，香豆素类具有抗炎、镇痛、改善血管通透性、改善血液循环、改善血管平滑肌、抗病毒、抗凝血作用等。其中含有0.25%香豆素的草木樨提取物与氢化可的松钠具有类似的抗炎作用，其抗炎机理可能是草木樨提取物减少了循环吞噬细胞的激活和瓜氨酸的产生。另有研究表明，小鼠静脉注射12.5~100.0mg/kg的香豆素，结果表现出与剂量直接相关的抗炎、消肿的功效；皮下注射草木樨香豆素提取物可减轻甲醛引起的老鼠后爪水肿症状，草木樨香豆素提取物对二甲苯致小鼠耳廓肿胀的抗炎镇痛效果非常好。近年来，日本生晃荣养药品株式会社生产的消脱止-M（草木樨流浸片、草木樨流浸液）的主要成分为香豆素（香豆素含量不低于20%），用于痔和皮肤擦伤的治疗，效果良好。采用含有1mg/mL香豆素的黄花草木樨提取物制成的制剂Esberiven给小鼠肌内注射，结果发现其能通过阻止淋巴脑病引起的神经条件反射迟缓而保护中枢神经系统。研究发现草木樨中分离的香豆素（主要成分是香豆素和芸香甙）对患有淋巴血管静脉炎的狗的血流量具有较好的稳定作用；从黄花草木樨中分离到香豆素给狗灌胃后发现，其能降低脉搏频率，增加动脉心脏压力、心率、心脏血容量以及大脑皮层、心肌层、肾脏外皮、肝和条纹肌的毛细血管循环。瑞士LINNEA公司开发了黄花草木樨提取物（香豆素含量不低于17%），大量临床试验表明该产品可用于治疗慢性静脉功能不全、下肢淋巴水肿，改善静脉和淋巴循环、上皮细胞缺氧，增加冠脉血流量，降低心肌耗氧量，促进胃肠运动，加快伤口愈合，抑制热水肿，减轻产科和妇科的毛细血管脆弱症状，治疗痔疮等。Campos-Toimil M. 等以大鼠主动脉经去甲肾上腺素或由KCl去极化引起的收缩对一些合成的香豆素和呋喃香豆素类化合物进行研究。结果发现所合成的一种新的呋喃香豆素类化合物具松驰血管平滑肌作用，并且活性很强。目前已有动物实验证实香豆素对于豚鼠体外淋巴血管平滑肌有明显的调节作用，能够加快脉搏速度，增加血管容量和血循环，并激活血管收缩，从而具有调节血管收缩无力的作用；草木樨中分离得到的香豆素还能够减轻小鼠和豚鼠由异烟肼或者戊四唑引起的痉挛。草木樨香豆素通过抑制多种血管活性物质释放，抑制ADP和胶原诱导的血小板凝集，并抑制5-HT、血小板第Ⅳ因子、TXA、PDGF血小板的释放，可有效地改善患者术后的高凝状态。同时能增强血管强度和弹性，降低血管阻力，促进血液流动和循环，从而有效地预防下肢静脉血栓。有研究采用手术联合草木樨流浸液片治疗慢性下肢静脉功能不全，临床结果表明，患肢的疼痛、肿胀、溃疡及色素沉着等症状明显改善；用草木樨流浸液片治疗下肢深静脉血栓形成后遗症（PTS），疗效显著、安全、依从性好。此外，草木樨香豆素还具有雌激素样作用等药理作用。

AIDS（获得性免疫缺陷综合征）是由HIV-1（人类免疫缺陷病

毒）所引起的一种免疫和中枢神经系统退化性疾病。经过多年的努力，天然 calanolide 和 Inophyllum 香豆素等一系列香豆素类化合物先后从天然产物中分离出来，体外试验表明，天然香豆素对 HIV-1 具有高度特异性。calanolide A 是目前抗 AIDS 的热点先导物，美国正在试用于临床研究，并且有可能成为治疗 AIDS 的新一代非核苷酸类药物。经研究表明，多种具抗癌活性的天然香豆素类化合物已从植物中分离出来，从 Angelica edulis 中分离出 6 种具有抗癌作用的角形呋喃香豆素，其中的 edulisinV 的抑癌作用最强，经进一步分析表明，此 6 种香豆素的抗癌作用可能是在于 3 和 4 位上的酯基。对其进行了抗癌活性研究，这些化合物对 Epstein Barr 病毒都显示出较好的活性，表明该类结构中的某些化合物可能发展成为有价值的抗癌药物的先导化合物。

天然香豆素类化合物对心血管作用的机制主要是基于其钙离子拮抗剂的作用，具有心血管活性的天然香豆素可抑制钙离子经钙通道进入细胞，从而产生以下 3 个方面的生物学作用：降压、负性肌力作用、抗心律失常。如蛇床子中的花椒毒酚可对抗诱发性室性心律失常。

20 世纪 60 年代人们开始对香豆素的抗肿瘤转移作用进行研究，至今已发现许多香豆素类化合物具有抗肿瘤作用。近几年来对香豆素类化合物抗氧化作用的研究较多，其抗氧化活性主要包括吸收最初产生的自由基，吸收处于传递过程中的脂质过氧化氢基团，使维生素 E 再生或是对刺激过氧化反应光敏剂进行灭活。

近几年来对香豆素类化合物抗氧化作用的研究较多。Liu ZQ 等人对 4-甲基香豆素、7-羟基-4-甲基香豆素及 7,8-二羟基-4-甲基香豆素抗低密度脂蛋白过氧化作用进行了研究。通过研究发现 7,8-二羟基-4-甲基香豆素对 2,2′-azobis-2-amidinopropane hydrochloride（APPH）引起的过氧化反应以及由 benzophenone（BP）及 3,3′-disulfobenzophenonate（DSBP）光化引起的过氧化反应具有很好的抑制作用。7-羟基-4-甲基香豆素对 AAPH 及 DSBP 光化引起的过氧化反应具有促进作用，而对 BP 光化引起的过氧化反应具有抑制作用。其抗氧化活性主要包括吸收最初产生的自由基，吸收处于传递过程中的脂质过氧化氢基团，使维生素 E 再生或是对刺激过氧化反应光敏剂进行灭活。

另外香豆素还具有抗微生物活性。Cottiglia F. 等人研究发现瑞香科植物 Daphne Gnidium L. 茎的甲醇提取物对迟缓芽孢杆菌、大肠杆菌均有抑制作用，但是对真菌无作用，同时对从甲醇提取物中分离得到的 4 种香豆素类化合物白瑞香素 daphnetin，瑞香苷 daphnin，乙酰伞形花内酯 acetylumbelliferone，双白瑞香素 daphnoreti 及 7 种黄酮类化合物也进行了实验研究，结果与以甲醇提取物进行实验结果一样。研究表明该植物中的活性抗菌成分为白瑞香素、白瑞香贰及 2,5,7,4′-tetrahydroxyisoflavanol。另据 Zaha A. A. 等人研究发现 3-cyanonaphthol-1,2-（e）pyran-2-one 和 3-cyanocoumarin，对多数革兰氏阳性菌及酵母菌具有抑制活性，对革兰氏阴性菌也有微弱的抑制作用。在最小抑菌浓度时对大肠杆菌具有很强的抑制作用，同时对金黄色葡萄球菌和白色念珠菌也有微弱的抑制作用。草木樨香豆素提取物具有抗埃希氏大肠杆菌、金黄色葡萄球菌、沙门氏杆菌、变性球菌、白色葡萄球菌、链球菌、肺炎球菌等常见致病菌的作用，其中对不同溶剂提取的黄花草木樨提取物对植物病原真菌的抑菌活性的测定表明，黄花草木樨的乙酸乙酯提取物对玉米大斑病菌、油菜菌核病菌、白菜黑斑病菌、稻瘟病菌以及番茄灰霉病菌的抑菌活性高，对小麦条锈病和白粉病也有较好的防治效果。

目前对香豆素类化合物的抗辐射作用报道较少，研究较多的如茵陈素（6,7-二甲基香豆素）。研究发现其对受照射小鼠、大鼠均有一定的放射防护作用，对造血器官及造血功能有良好的保护作用，可以提高受照鼠的脾重、白细胞变化指数，以静脉注射可提高 $Co^{60}\gamma$ 射线照射鼠的存活率。

香豆素类化合物具有多方面明显的生物学活性，尤其在抵抗当今危害人类健康的顽症 AIDS 和肿瘤方面，寻找有效的天然药物，并对其活性成分进行深入研究。草木樨中有效成分香豆素的开发是中药现代化的任务之一。目前，草木樨香豆素类化合物的化学成分、含量测定、提取纯化工艺研究较多，药理研究集中于 20 世纪，而质量标准鲜有报道。随着相关研究的进一步深入，其有望开发成一类具有较高经济效益和社会效益的产品，广泛应用于医药、保健品及功能食品。

第二节　黄酮类化合物

黄酮类化合物（Flavonoid）主要存在于芸香科、唇形科、豆科、伞形科、银杏科与菊科植物中，是色原烷或色原酮的衍生物，基本骨架为 $C_6-C_3-C_6$。根据中间呋喃环的不同氧化水平和两侧 A、B 环上的各种取代基，分为许多不同的黄酮类型，是植物重要次生代谢产物。主要包括：黄酮类、黄酮醇类、异黄酮类、黄烷酮类、查耳酮类、异黄烷酮、双黄酮类等。天然植物中多数黄酮类化合物以游离态或与糖结合为苷的形式存在于植物中，不仅数量种类繁多，而且结构类型复杂多样。黄酮类化合物多为结晶性固体，少数（如黄酮苷类）为无定形粉末，黄酮类化合物的颜色与分子中是否存在交叉共轭体系及助色团（$-OH$、$-OCH_3$ 等）的种类、数目以及取代位置有关。一般情况下，黄酮、黄酮醇及其苷类多显灰黄-黄色；查耳酮为黄-橙黄色；二氢黄酮、二氢黄酮醇、异黄酮类，因不具有交叉共轭体系或共轭链短，故不显色。黄酮类化合物的溶解度因结构及存在状态不同而有很大差异。一般游离苷元难溶或不溶于水，易溶于甲醇、乙醇、乙酸乙酯、乙醇等有机溶剂及稀碱水溶液中，其中黄酮、黄酮醇、查耳酮等因分子与分子间排列紧密，分子间引力较大，故更难溶于水。黄酮类化合物除具有抗菌、抗炎、抗突变、降压、清热解毒、镇静、利尿等作用外，在抗氧化、抗癌、抑制脂肪酶等方面也有显著效果，同时也是大多数氧自由基的清除剂，对冠心病、心绞痛等疾病的治疗效果显著。黄酮类化合物安全性好、毒性小，在医药、食品加工等方面已被广泛应用。黄酮类化合物的提取及其测定在植物化学活性成分的开发、评价等方面有重要意义。

目前，已从草木樨属植物中分离到黄酮类及其衍生物 64 个，其中黄酮 17 个，黄酮醇 39 个，异黄酮 1 个，异黄烷 1 个，二氢黄酮 1 个，查耳酮 4 个，二氢查耳酮 1 个。黄酮类化合物的基本骨架（图 3-2）。该属植物中的黄酮类成分主要以黄酮苷的形式存在，且均为氧苷，苷元主要为芹菜素、白杨素、木犀草素、山奈酚、槲皮素、鼠李素、异鼠李素、鼠李柠檬素、甲基鼠李素等，糖取代基有 D-葡萄糖、L-鼠李糖、L-阿拉伯糖、D-木糖等。其中小花棘豆中分离得到了黄酮化合物7种，具体化合物见表3-2。

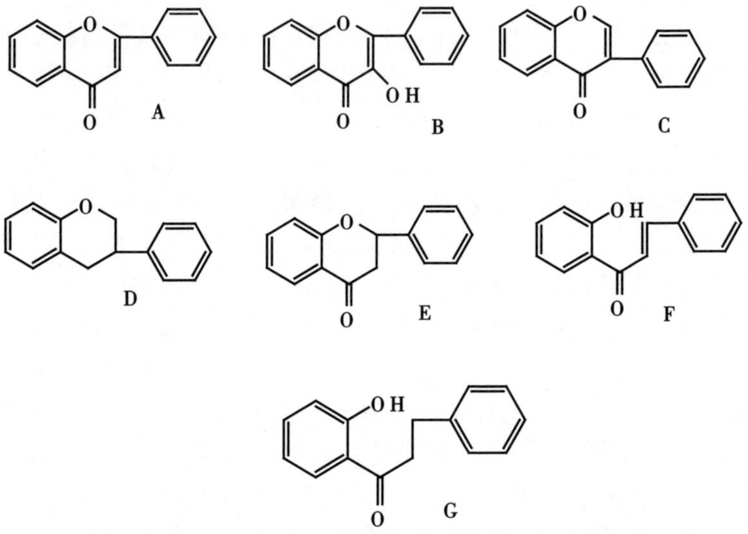

图3-2　草木樨属植物中的黄酮类化合物母核

近年来草木樨中黄酮类化合物的研究主要集中在黄酮类物质的提取和含量测定方面。汤春妮等采用单因素试验结合正交试验，研究提取溶剂、提取温度、料液比、甲醇浓度、提取时间、提取次数对黄花草木樨中总黄酮提取率的影响，并优化其提取工艺。最优提取工艺条件为料液比1∶30，提取剂为浓度80%甲醇，提取温度60℃，提取时间2h，提取2次；在此工艺条件下，总黄酮提取率为1.42%。该热回流提取工艺稳定有效，适宜于工业化生产，可为进一步合理开发黄花草木樨中黄酮类化合物提供参考依据。

表3-2　草木樨中黄酮类化合物种类

化合物名称	母核	取代基
山萘酚-7-O-鼠李糖苷 Kaempferol 7-O-rhamnoside	B	5,4′-OH，7-O-α-L -rha
山萘酚-3-O-二葡萄糖苷 Kaempferol 3-O-diglucoside	B	5,7′,4′-OH，3-O-β-D-glc（1→2）-β-D-glc

（续表）

化合物名称	母核	取代基
山柰酚-3-O-芸香糖苷 Kaempferol 3-O-rutinoside	B	5,7,4′-OH，3-O-α-L-rha（1→6）-β-D-glc
山柰酚-3-O-葡萄糖-7-O-葡萄糖苷 Kaempferol 3-O-glucoside-7-O-glucoside	B	5,4′-OH,3,7-O-β-D -glc
槲皮素-3-O-葡萄糖苷 Quercetin 3-O-glucoside	B	5,7,3′,4′-OH,3-O-β-D-glc
杨梅苷 Myricitin 3-O-glucoside	B	5,7,3′,4′,5′-OH，3-O-β-D-glc
7，3′-二羟基-2′，4′-二甲氧基异黄烷 7，3′-dihydroxy -2′，4′-dimethoxy different flavan	C	7,3′-OH,2′,4′-OMe

第三节 三萜及皂苷类化合物

皂甙（Saponins）是存在于植物界的一类较复杂的甙类化合物。因其水溶液形成持久泡沫，像肥皂一样而得名。目前人们已经在100多种植物中发现了皂甙，由于皂甙对动物及人体生理代谢的有益调节作用及其在许多植物体中的集中存在，为其开发利用展示了广阔前景。研究表明，皂甙是一种具有广泛应用价值的天然生物活性物质，具有多种生理活性和良好的药理作用，如降血脂、抗氧化、抗动脉粥样硬化、免疫调节、抗菌抗病毒等，除用作药物和食品添加剂外，皂甙还以作为高级化妆品和表面活性剂应用于化学工业。

皂甙是由皂甙元（sapogenins）和糖、糖醛酸或其他有机酸组成。皂甙结构复杂，极性大，存在同一植物中的皂甙大多结构接近。组成皂甙的糖常见的有葡萄糖、半乳糖、鼠李糖、阿拉伯糖、木糖及其他戊糖类。根据其化学结构可分为三萜皂甙和甾体皂甙两大类。三萜又可分为四环三萜和五环三萜，而以五环三萜为常见。甾体皂甙的皂甙元是由27个碳原子组成，其基本骨架称为螺旋甾烷（Spirastane）及其异构体异螺旋甾烷（Isospirostane），在植物中发现的甾体皂甙元有近百种。皂甙元与不同的糖结合以及结合部位的不同构成了多种皂甙。如大豆皂甙属三萜系结构，由非极性的三萜皂元（Aglyoones 或 Sapogenol）和低聚糖链（Glycones）两部分组成。皂角皂甙元结构是 3-羟基-12-齐墩果烯-28-酸和 3,16-二羟基-12 齐墩果烯-28-酸；绞股皂甙属达玛甾烷醇类结构，为原人参二醇或原人参三醇的异构体，其中绞股兰Ⅲ、Ⅳ、XⅢ分别与人参皂甙 Rb1、Rb3、Rd、F2 是同一物质。三萜皂甙在豆科、五加科、伞形花科、报春花科、葫芦科等植物中比较普遍，甾体皂甙则主要存在于单子叶植物的百合科丝兰属、知母属、菝葜科、薯蓣科、龙食兰科等、双子叶植物如豆科、玄参科、茄科等也有发现。皂甙植物中的成分含量在不同栽培地区和不同季节有所变化。

草木樨属植物三萜皂甙类成分的研究较少，1974 年，前苏联学者 Iriste 等从俄罗斯黄花草木樨中首次分离得到三萜皂甙类成分，经水解后得到甙元 Soyasapogenol B，从水解液中检出 D-galacotose、D-glucose、L-arabinose、L-rhamnose 和 D-galacturonic acid，因受当时条件限制，未能确定其准确的分子结构。从 1987 年至今，我国学者先后从草木樨中分离得到近 13 种三岾皂甙类成分，其分子骨架为齐墩果烷型（the oleanene-type）和五环三萜环丙烷型（the cyclopropane）两种，其中齐墩果烷型 11 种，环丙烷型 2 种。其基本骨架和结构式（图 3-3）。杜新等以黄花草木樨中总皂苷的含量为标准，采用超声提取工艺，筛选最佳工艺条件，黄花草木樨总皂苷最佳提取工艺为乙醇浓度 75%、料液比 1：25、提取时间 45min、提取温度 70℃。所选工艺方法简单、稳定，提取效果好。

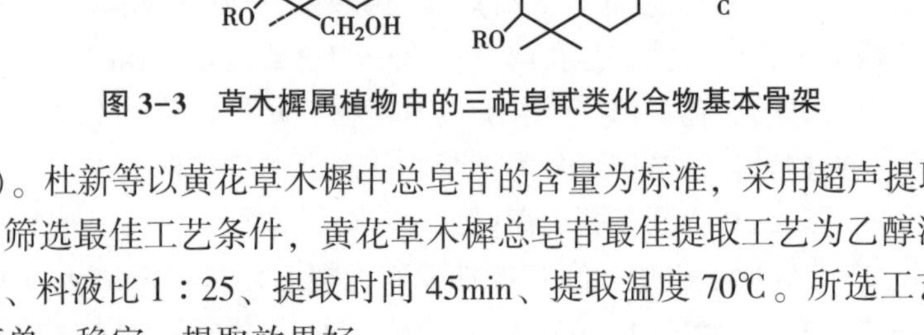

图 3-3　草木樨属植物中的三萜皂甙类化合物基本骨架

第四节　其他成分

目前除香豆素、黄酮、皂甙等研究较多外，其他成分如生物碱、多酚、多糖等均研究较少。在多种草木樨属植物和牧草中都含有多酚，多酚具有抗真菌、抗细菌的功能，对植物起保护作用，还具有抗氧化和清除自由基的功能。在畜禽的直肠中通过微生物的作用，降低蛋白质的降解，从而减少粪毒素的合成。多酚可抑制绵羊身上的寄生虫，保护其健康。多糖独特的生物活性是抗肿瘤、抗心血管病和抗衰老。多糖具有较强的抗氧化和清除自由基的功能，其作用较维生素 C 强。多糖可提高血清中超氧化物歧化酶（SOD）的活性，降低血液中脂质过氧化物（MDE）的含量，促进自由基的清除。黄花草木樨多糖有抗炎、抗菌、增强免疫力和抗贫血的功能，还可显著增强免疫活性，提高机体的免疫能力。多糖可以提高鸡的抗病能力，抵御禽流感（AI）。生物碱具有明显的降脂、减肥作用，有抑制胆固醇和降低血压的功能。生物碱还有抗炎、抗菌、抗病毒、抑制痉挛的作用。可以治疗病毒性肝炎，预防子宫感染，镇咳祛痰，防治支气管炎。在实现技术开发推广利用前对次生代谢产物开展原生态利用也是非常重要的，然而这一新概念尚未被认识。在草木樨叶片中含有 28%~35%的蛋白质，还分别含有 0.01%~2.00%的皂苷、黄酮、多糖、多酚、生物碱及香豆素等次生代谢产物，它们在牧草中构成天然的含量配比，从而使其成为一类优质的天然“营养-保健”饲料，这是对天然资源合理利用的一种最佳方式，因为它不需要复杂的提取、纯化技术和过程。

第四章　草木樨栽培

草木樨作为豆科绿肥能为农作物提供养分，改善农作物茬口，减少病虫害，抑制杂草；改善土壤物理性状，提高土壤保水、保肥及供肥能力；保护生态环境，提供优质牧草，是防风固沙、保持水土的先锋植物，同时具有清热、解毒、杀虫、利小便、治皮肤病等功效，其药用价值也得到人们的重视，在我国栽培面积非常广泛。草木樨（HuBAM）在从德克萨斯州到佐治亚州表现最好，比二年生类型的建植速度快，播种当年即产出较高的生物量。春季种植，经过两个完整的生长季，二年生草木樨的干物质总产量为567~680kg/亩（播种当年为227~265kg/亩，第二年为340~416kg/亩），第二年全年的干物质产量也可能高达643kg/亩。

第一节　栽培方式

随着养殖业的发展以及对草木樨的研究利用进一步深入，草木樨种植方式，由起初在轮荒地和瘠薄地上无计划种植，已发展到与粮食、油料作物（油菜和向日葵）和经济作物有计划地轮作套种、复种等多种形式。

一、单播/轮作

荒地、退耕地和沙地多采用单种条播，普遍采用复播和轮作方式，利用一年生和二年生草木樨占地一年或二年，利用压青或根茬培肥地力，用做干草生产或放牧地，也可以提高地面覆盖率，保持水土。草木樨在发展农牧业生产和生态修复中发挥着重要作用，在西北地区被大家誉为“宝贝草”，吉林省岗地农田黑土上进行“玉米—草木樨”轮作、甘肃省庆阳地区“冬小麦+草木樨—草木樨/冬小麦”、甘肃武威市平川灌区“小麦套种草木樨——压翻种玉米—单种小麦”三年三区轮作，近年在新疆阿克苏地区也推行冬小麦套种草木樨和林下冬小麦套种草木樨。

二、间套作

1. 一年一熟制间作套种

1955 年就有冬小麦套种草木樨相关研究，在生产中得到了广泛应用，尤其在“一季有余，两季不足”的地区。豆/禾套种模式在时间和空间上高效利用土地、光热等资源，冬小麦套种草木樨还充分发挥出草木樨抗性优势和种间互助优势，达到了“藏粮于草”“粮草丰收”的目的。草木樨与禾本科作物套种，能相互促进生长，小麦等早熟作物收获后，可收获一茬优质牧草。两年生草木樨第一年为营养生长阶段，播种当年全株干物质产量为 2 269kg/hm^2，第二年盛花期干物质产量为整个生育期最高，达到 5 795kg/hm^2。当草木樨分别与小麦（*Triticum aestivum* L.）和油菜（*Brassica rapa* L.）套种时，第二年 6—7 月收获后，草木樨干物质产量分别为 1 065~ 3 813kg/hm^2、1 340~ 4 700kg/hm^2。

麦田间、套（复）种：黑龙江省一些产麦区采用小麦间种草木樨已收到良好的增产效果。小麦当年不减产，每公顷产鲜草 7 500~15 000kg，压青后可增产 20%左右。种植形式主要有两种：小麦与草木樨同时播种，行距 15cm，一行麦一行草或两行麦两行草间种。采用小麦和草木樨 2：2 间种，小麦不仅不减产，还可获得草木樨鲜草 800kg/亩以上，同时又能培肥地力。小麦播量与不间种模式的相同，草木樨播量 15~22. 5kg/hm^2。小麦收后草木樨继续生长到 9 月下旬翻压。麦田间种应防止收麦时草木樨“超高”（即用机械收麦时草木樨高度超过 20cm 以上。防止草木樨超高，小麦可采用早熟或中早熟的品种。另外，草木樨株高一旦达到 30~40cm，可采用 0. 5%~1. 0%浓度的 2,4-D 丁酯喷洒，以抑制草木樨生长。草木樨与小麦套种，在小麦荫蔽下草木樨的苗期延长 15~20d。在伊犁地区 7 月上旬收小麦时草木樨的茎叶又被割掉一些后，茎叶繁茂生长的时间将向后延续到9月下旬，生长速度也变慢，肉质根发育也延迟到9月至10月上旬，尤其是在9月下旬以后才迅速生长。

麦草间作主要有两种方式，15cm 行距 1：1 和 2：2 间作。1：1 间作对当年小麦产量影响很少（减产 3.3%），对绿肥郁蔽早，影响较大，绿肥产量较低。2：2 间作虽对当年小麦产量影响稍大（减产8.3%），对绿肥郁蔽较轻，利于绿肥生长，产量较高（表 4-1）。

表 4-1　间作方式对绿肥产量的影响

实验地点	间作方式	绿肥产量（kg/亩）	增产量（%）
黑河	1：1	333.5	100
农科所	2：2	546.5	164
鄯善县	1：1	1 066.5	100
三合大队	2：2	1 500	140.6
黑河	1：1	598.0	100
农科所	2：2	691.5	124

冬小麦套种草木樨技术，冬小麦 9 月 20 日至 10 月 5 日播种，播种量为 18～23kg/亩，播种深度 3～5cm，行距 15cm。播种时每亩施尿素 10kg、磷酸二铵 30～35kg、硫酸钾 3～5kg。土壤封冻前，灌足越冬水；4 月上旬灌好起身拔节水，适时灌好灌浆水与麦黄水。土壤表层化冻时亩追尿素 10kg 做返青肥，花后结合灌水亩施尿素 10kg 作为灌浆肥。草木樨播种量 1.5～2.0kg/亩。小麦返青至起身拔节前，结合春季施肥进行撒播或条播。田间管理，小麦与草木樨共生期，田间管理以小麦为主。小麦收割时要高留茬，留茬高度一般在 20cm 左右，小麦随收随运，以后根据草木樨的长势、土壤墒情，适时灌水，一般草木樨生育期间灌水 2～3 次，灌水同时施氮肥 5～10kg/亩。草木樨的利用方式主要有粉碎翻压作绿肥、生产干草或放牧牛羊、生产草木樨种子。一般在入冬前 15～20d 或冬小麦种植前一周翻压草木樨，翻压前利用绿肥粉碎机，将地上部分打碎，腐烂效果较好。翻压草木樨后，当年可继续种植冬小麦，可翌年种植其他作物（如春玉米、甜

菜、马铃薯等)，应减少施用化肥。全部翻压作绿肥，可减少 30%氮肥用量；仅根茬翻压作绿肥，可减少 10%的氮肥用量。

在有灌溉条件的春麦区，还可实行麦田套种草木樨。土壤肥力较高的沙土或壤土地，小麦生长好，阴蔽较重，应在浇第一遍水前（5 月中旬）套种草木樨；瘦地和黏土地，应在浇第二遍水前（5 月末至 6 月初）套种，草木樨不会出现超高问题。第一遍水前套种草木樨播量 30kg/hm^2 左右，播种机条播；第二遍水前套种，播量 37.5～50.0kg/hm^2。

玉米与草木樨间套作，机械播种压青，在辽宁省义县大面积应用。在玉米主产区实行玉米、草木樨 2：1、4：2 间种轮作，是农区发展畜牧业、实行农牧并举的一项有效技术措施。一般在 3 月下旬先播草木樨，4 月末或 5 月初播种玉米，草木樨长到 6 月下旬玉米拔节前翻压。每年 4 月中旬首先播种草木樨，一周后种玉米。

草木樨宜在 5 月中上旬抢墒播种，播幅 15～20cm 为宜，以提高产草量。草木樨应适时刈割，在其高度为 50cm 刈割第 1 茬，为了给玉米通风透光创造条件，草木樨留茬高度 10cm，以利再生。玉米与草木樨以 2：1 的比例间作的边际效应高于以 4：2 的间作效应，但是，4：2 的间作便于田间管理和作业，有利于周期轮作。

棉田套种草木樨是作为追肥。江苏省泗阳县棉田套种草木樨于 3 月初在预留的宽行内提前套种草木樨，4 月中旬播种棉花，6 月初刈割第一茬草开沟追入棉花窄行内。7 月初刈割第二茬草翻压追入宽行内，比追施 75kg/hm^2 氯化铵增产 35%。也可以在 7 月末至 8 月初将草木樨套种在棉花宽行内，播量 30kg/hm^2 左右，作越冬绿肥，第二年 4 月中旬翻压播种春玉米。

青刈补饲时常采用草木樨与玉米、葵花和高粱等宽行高大作物间种，可与作物同期播种，也可推后。内蒙古巴盟地区采用葵花与草木樨大小垄播种，大小垄内间种草木樨 2～3 行，草木樨产鲜草 1 000～1 500kg/亩，葵花产量 50～200kg/亩。

威斯康星州的研究人员报道，玉米长到 15～30cm，在其行间条播草木樨获得了成功。由于透光性好，在甜玉米中撒播草木樨效果更好。在半干旱地区，覆盖作物播种期和生长期的水分消耗一直是个受关注的问题。在追求高收益的同时，必须权衡水分消耗给经济作物带来的损失。

北达科他州的试验发现，中耕时在向日葵地撒播草木樨可为其增加一半的生长时间，干旱或种子土壤接触不充分是成苗率低的一个主要原因。加大播种量和提早播种会提高出苗率。在向日葵播种时，用 Insecticide Boxes 将草木樨撒播在其行间，效果更好。在另一项北达科他州的研究中，豆科绿肥虽然比休耕多消耗了 70mm（雨量等值）水，但在春季它们使 76mm 土壤表层中增加了 25mm 水分。“绿色休耕”也可将黄花草木樨与春大麦或春豌豆混播，但也存在一定的问题，一是豌豆对除草剂敏感，二是大麦的竞争力太强。北部的加拿大平原，草木樨在第一年 9 月会耗尽土壤水分，但是第二年 5 月积雪增加了水分渗入量、减少了水分蒸发，提高了土壤水分含量。

北达科他州温莎的 Fred Kirschermarm 在收获向日葵之后，通过浅耕来控制休耕地春季杂草的生长，然后在播种草木樨和保护作物小麦或燕麦（土壤水分较少时种黍）之前，用杆式除草机除草一遍或两遍。一般收获小麦后让草木樨生长并越冬。初夏刚开花时，用圆盘耙切耙草木樨，草层变干后，用宽刃犁切割紧贴地表之下的根颈。草木樨残茬提高了休耕地土壤有机质，相比之下黑色休耕则是消耗了有机质以释放氮，防止腐殖质分解可抑制这种难缠的杂草。温带地区，可将 HuBAM（一年生草木樨）撒播在春播西兰花田，让覆盖作物在夏天生长，秋季播种下茬作物前将其灭生，或让其自然冻死以形成整个冬季厚厚的土壤覆盖层。在宾夕法尼亚州，Eric 和 Arme Nordell 在收获蔬菜（6 月或 7 月）之后播种草木樨。经过夏季生长，在冬季来临前其主根已入土甚深，可固氮并能将土壤深层的养分带到表层。

带田带状间种，在坡地上沿等高线草木樨与农作物呈带状间种。带状间种可以截短坡长，减缓坡向的冲蚀。因草木樨幼苗期生长慢，起不到保持水土的作用，因此，在同一坡面上同时有当年播种的和第二年的草木樨带，以利保持水土。据陕西省绥德、甘肃省定西和山西省昌梁地区等试验站试验，采用草木樨和玉米、谷子、高粱等作物实行带状间作，比作物单作减少径流 31%~80%，减少冲刷量 67%~94%，并提高了作物产量。在渭河上游的甘肃天水山地上，夏收后休闲期正值雨季，水土流失严重。天水水保站采用在小麦地冬播或春播时混入草木樨。麦收后的夏闲期草木樨就作为覆盖保土作物，可收到保持水土和恢复地力的效果。荒地种植，在不宜耕种的荒地上广种草木樨作为割草地或放牧地。不仅可以提高覆盖度，保持水土，还可以增加饲草和绿肥。

2. 多熟制间作套种

油菜田套种草木樨，在江苏省如东县应用较广。套种时间一般是结合去年秋播的油菜在第二年早春中耕时（2 月中下旬）进行。油菜收后草木樨继续生长到 6 月中旬压青栽植水稻。

冬麦田春套（复）种草木樨，在长江淮河之间可于 3 月上旬将草木樨套种在麦田里，5 月末小麦收后于 7 月上旬翻压草木樨，栽植晚稻。麦田套（复）种草木樨比麦稻连作一般增产 15%~20%。

3. 多熟制冬闲地绿肥

稻肥（套）复种。在广西地区草木樨作稻底绿肥效果很好。通常在 10 月中下旬水稻收后及时开沟，趁墒施磷肥播种，播种量 11.5~15.0kg/hm^2。种子发芽扎根后，忌有水层。第二年 3 月上中旬及时耕翻沤田，作早稻基肥。那时草木樨株高平均 1.5m，产鲜草可达 30 000kg/hm^{2}以上。

中稻田（套）复种草木樨作冬季绿肥。草木樨在淮南低产稻田作绿肥主要是利用冬闲地，效果也很好。通常是在 8 月下旬在稻田（套）复种草木樨作冬绿肥，第二年压青种中稻。

三、混播

草木樨生长快，是一种良好的混播草种。与禾本科牧草混种能相互促进加强生长，提高产量和品质，可以混播的禾本科牧草有冰草、燕麦和羊草等；与多年生豆科牧草混种，能弥补多年生植物第一年和第二年效益差的缺陷。能混种的多年生豆科牧草有苜蓿、沙打旺等，但播种量要减少 10%~20%；也可以与胡麻、油菜等植物进行混播。

1. 油菜与草木樨混播

在西部干旱区，油菜是一种夏季一年生经济作物，可作为草木樨的保护作物。加拿大萨斯喀彻温省一项研究表明，当草木樨播种量为0.67kg/亩、油菜播种量为0.33kg/亩，草木樨产量最高。该混播组合使得在油菜收获后留茬较低的情况下，有足够致密的草木樨草层保护土壤。油料作物（油菜、向日葵、海甘蓝和红花）单作需使用除草剂防治杂草。有些除草剂对草木樨没有影响，如果其覆盖层不能很好抑制杂草，可采用苗后除草剂防治杂草。油菜收获后，残体量极少，覆盖草层的存在大大地降低了冬季土壤侵蚀。

2. 饲用燕麦和草木樨混播

饲用燕麦和草木樨保护播种，不仅可以合理、有效地利用空间、光照、热量和水分等资源，增加牧草产量，提高牧草品质，同时还可以进行营养互补。草木樨种子发芽后，幼苗容易被高温灼伤，与饲用燕麦混播后，饲用燕麦首先发芽生长，可以为草木樨幼苗适度的遮光、降温、保水，为其幼苗生长起到了保护作用。第1年饲用燕麦收获时，牧草中有一定比例的草木樨，可以提高饲草料的营养价值。另外，饲用燕麦收获时留茬高度较高，可以截存冬天的积雪，为第2年草木樨生长增加了地温和水分，有利于草木樨返青。饲用燕麦和草木樨混播提高了单位面积土地的利用效率，增加了单位面积经济效益。

播种，4月中下旬，地温在5℃以上时播种。根据品种特性，饲用燕麦播种量为150~225kg/hm^2，草木樨播种量为22.5kg/hm^2。采用机具条播，行距15~25cm。饲用燕麦播种深度3~4cm，覆土严密。覆土后在原陇上播种草木樨，草木樨种子播种深度0~0.5cm，播后及时镇压紧实。

灌溉第1年，在饲用燕麦分蘖、拔节、抽穗时视土壤墒情结合饲用燕麦生长情况进行灌溉。第2年，在草木樨返青初期、现蕾期视土壤墒情结合草木樨生长情况进行灌溉。追肥在饲用燕麦分蘖或拔节期，草木樨返青初期、现蕾期，原则为前促后控，结合灌溉或降雨前施用。

刈割第1年，宜在饲用燕麦灌浆至乳熟期刈割，选择天气晴朗时，连同草木樨使用机械收获，留茬高度15~20cm。第2年，在草木樨现蕾盛期至初花期齐地面刈割。威斯康星州为期两年的研究燕麦与草木樨混播，发现在燕麦收获之后草木樨再生情况不佳。通过两年观察，以这种方式建植草木樨，当联合收割机割台必须放低才能拾起倒伏燕麦的情况下，草木樨不能良好生长。当燕麦保持直立时（更高刈割处理，会牺牲一些燕麦秆），草木樨能充分地生长。

3. 青刈玉米与草木樨混播

4 月中下旬或 5 月上旬播种。条播行距 30~50cm，播种量 0.8~1.0kg/亩，玉米 1.5kg~2.0kg/亩，混合播种或隔行播种。

4. 羊草与草木樨混播

羊草的产草量在第一、第二年较低，三年后肥水充足的情况下亩产干草 250~300kg，最高的可达到 500kg；草木樨亩产干草在 250kg 左右，最高可达到 375kg。“羊草+草木樨”混播技术，主要是利用羊草与草木樨在生长期限和生长特性等方面的互补性，即羊草为多年生长，前两年形成不了较密的群丛，而草木樨为 2 年生牧草，弥补了种植羊草的这一劣势，从而使人工改良草地当年种植，当年即可形成植被，达到当年投资、当年见效、当年收益的目的。

采用行播的方式，行距为 30cm，播种深度 2~4cm，播种量羊草为 3kg/亩，草木樨为 1kg/亩，播后镇压一次。田间管理，羊草苗期最不耐杂草，草木樨幼苗期生长缓慢，要经常除去杂草，以免造成缺苗或毁苗，行距 30cm 的可以人工除草 1~2 次。追肥是提高牧草产量和品质的重要措施。一般每亩施氮肥 10~15kg，或追施腐熟良好的有机肥料 500kg/亩，追肥后随即灌水一次。羊草与草木樨的利用主要是割用青饲或调制干草，一般在草木樨生长到 50cm 左右进行第一次收割，春播地块大约在 7 月中旬，夏播地块在 9 月初。最后一次收割后应有 30~40d 的再生期，保证形成良好的越冬芽和更多的营养积累，以利于牧草安全越冬。

四、林草复合

林草复合系统可以在立体空间中合理配置植物或动物，增加单位土地经营效益，促进土壤成熟发育，维持微生物植物动态平衡，保护物种多样性，改善生态环境，为人类绿色健康宜居创造条件。我国北方大多数果林以传统的单一树种清耕模式管理，间种套作大多在平原地区以小麦玉米间作模式为主，近年来，为促进林—草—牧良性循环，增加单位土地生产价值，降低管理成本，由单一的林果业逐渐过渡到林—草—牧三元复合系统。

果园生草因草层覆盖率增加，有涵养水源，保持水土的作用，根系分布量增加对土壤容重、颗粒、有机质均有改善作用，生草后物种多样性丰富，可提高土壤微生物活性，增加有机碳含量。不同果园下生草均提高了果园节肢动物种类和数量，为树上捕食天敌提供了喷洒农药时的庇护场所，林间天敌数量增加，控制害虫的能力比单纯果林要强，优化群落结构，促进果园生态平衡。

（一）林草间作

在新疆红枣株行距 4.5m×2m 林间套种苏丹草鲜草产量可达 3 435.05 kg/亩，干草产量可达 1 360.68 kg/亩，核桃株行距 4.5m×3m，林下套种苏丹草鲜草产量可达 2 334.50kg/亩，干草产量可达 907.12kg/亩，红枣林间套种可比核桃林套种多收一茬苏丹草。新疆成年香梨株行距 4m×6m，树下套种高羊茅、鸭茅、黑麦草干草产量分别可达 366.85kg/亩，240.12kg/亩和 313.49kg/亩，红枣株行距 2m×4.5m，林间套种草木樨、大叶苜蓿和一年生黑麦草，干草产量分别可达 613.64kg/亩，586.96kg/亩和 506.92kg/亩。核桃林间作三叶草、毛苕子和草木樨等。

枣林株行距 3m×4m 下间作冬小麦，红枣纵向根系分布集中在 0~80cm 土层，水平分布集中在 0~100cm，冬小麦属须根系，根系垂直分布集中在 0~40cm，枣树和冬小麦根系在 0~20cm 土层交错分布最严重，然而冬小麦和红枣物候期重叠时间较短，现行的春灌冬灌制度可以满足二者对水分的需求，冬小麦收割后，也不影响枣林间机械操作和套种其他作物。不同地区不同树种林下生草对果树提高果树产量和品质均有积极作用。林草间作对生态效益、社会效益，经济效益均有显著的协调改善作用。

新开垦果园和幼龄果园间种草木樨简便易行，耕作管理以果树为主，以有利于果树生长安排各项农事措施，一般适宜苹果、梨、石榴和核桃林下种植。在每行果树间种草木樨 3~5 行，行距 20cm，播深 3cm 左右。播期一般为 4—5 月，有灌溉条件的最好与春灌水配合进行。当草木樨长到40~50cm时可以碎草。

（二）林下套种

林果下小麦套种草木樨，必须以果树栽培为主，小麦栽培为辅，兼顾草木樨的生长。在共生期间，注意在不影响当年果树及小麦产量的前提下，确保草木樨的生长，给产量打下基础。

播种，林下小麦套种草木樨，播种1.5kg/亩，在小麦灌头水或第2水后播种。在小麦返青后灌第1水，或第2水后的5d内播种草木樨种子。

田间管理，草木樨套种田间管理分主作物共生和麦收后生长2个时期，在共生期，加强主栽作物的管理，兼顾草木樨管理。

共生期管理草木樨苗期与小麦共生时期达2~3个月，此期主要以果树及小麦生产管理为主，草木樨为辅，栽培关键技术上应注意：适时浇水，对新种的草木樨保苗浇水时，须在幼苗长出3片真叶、株高5cm以上时进行；尽量避免在麦田化学除草，防止灭杀草木樨；加强小麦后期管理，防止小麦生长过旺或倒伏，保证草木樨幼苗的通风和光照。

麦收后管理，麦收后果树生长也进入生长旺盛期和水肥管理关键时期，此期以果树管理为主，同时兼顾草木樨管理。小麦收割时注意留茬高度。小麦收割后，草木樨主要以留在茬上的休眠芽再生出茎叶，所以，收割时要提高留茬高度，以25cm左右为宜。加强果树和草木樨水肥管理，麦收后及时灌水，一般灌水2~3次，灌水时间和追肥量要根据果树生长管理特点确定，在第2次灌水前，施尿素2~4kg/亩。

收获与利用，早秋收割如果计划收割草木樨作饲料并连茬种冬小麦，为防止草木樨再生，一般在当年8月下旬刈割，根茬翻压晒垡10~15d，促使草木樨休眠芽萌发之后浇水、整地、播种冬小麦，使草木樨休眠芽越冬时被冻死，来年不会再生。早秋翻压如果计划作为绿肥翻压，要求于8月15日以前翻压，保证草木樨充分的腐烂时间。若作为来年春作物基肥，可在10月翻压，以提高草木樨作绿肥的产量。

第二节　播　种

一、品种选择

(一) 草木樨对土壤理化性质的影响

1. 草木樨对土壤总盐含量的影响

种植不同草木樨后，土壤盐分总量都有不同程度的降低(表4-2)，其中0~10cm土层M1降幅最大，其次是M2，分别降低了32.69%、30.13%，二者差异不显著。M6相比于对照差异不显著，M3、M4、M5的总盐含量都显著或极显著低于对照（$P<0.05$），分别较对照降低了24.36%、10.26%、12.18%。从10~20cm土层来看，均极显著低于对照（$P<0.01$），降幅最大的为M2，往后依次为M4、M6、M3、M5、M1，分别较对照降低43.92%、35.81%、33.11%、25.00%、23.65%、8.78%。20~30cm土层降幅最大的为M2，较对照低35.48%，差异达极显著水平（$P<0.01$），与M1、M3、M4及M6无显著差异（$P>0.05$）。

表4-2　不同草木樨对土壤总盐含量的影响　(g/kg)

处理	0~10cm	10~20cm	20~30cm
CK	0.156±0.004Aa	0.148±0.006Aa	0.124±0.005Aa
M1	0.105±0.001Cd	0.135±0.007Bb	0.081±0.004Cc
M2	0.109±0.007Ccd	0.083±0.004Ee	0.080±0.001Cc
M3	0.118±0.013Cc	0.111±0.005Cc	0.083±0.004BCc
M4	0.140±0.006ABb	0.095±0.006DEd	0.082±0.006BCc
M5	0.137±0.007Bb	0.113±0.002Cc	0.092±0.007Bb
M6	0.147±0.001ABab	0.099±0.003Dd	0.084±0.005BCbc

注：M1黄花草木樨产于甘肃，M2白花草木樨产于甘肃，M3黄花草木樨产于吉林，M4白花草木樨产于内蒙古，M5印度草木樨产于江苏，M6黄花草木樨产于宁夏。

2. 草木樨对土壤有机质含量的影响

种植不同草木樨后，土壤有机质有不同程度的变化（表4-3），其中0~10cm土层在种植M1、M3、M4与M6后，土壤有机质含量相对于对照分别提高了33.26%、21.51%、12.89%、23.49%，差异达极显著水平（$P<0.01$），而M2与M5虽然较对照有所降低，但差异不显著（$P>0.05$）。10~20cm土层只有M2较对照不显著升高（$P>0.05$），其他均较对照有所降低，其中M3与M4显著低于对照（$P<0.05$），其他均与对照无显著差异（$P>0.05$）。20~30cm土层在种植不同草木樨后，土壤有机质与对照差异不显著（$P>0.05$）。

表4-3　不同草木樨对土壤有机质含量的影响　（g/kg）

处理	0~10cm	10~20cm	20~30cm
CK	12.296±0.62CDcd	15.876±1.67Aa	12.230±0.58Aa
M1	16.386±1.87Aa	14.812±0.24Aab	12.298±0.54Aa
M2	11.287±0.40Dd	16.304±1.90Aa	11.237±1.50Aa
M3	14.941±0.63ABab	13.349±0.74ABbc	11.164±1.72Aa
M4	13.881±0.62BCbc	11.248±1.92Bc	11.288±1.61Aa
M5	11.916±0.60CDd	15.281±1.94Aab	11.613±0.18Aa
M6	15.184±1.34ABab	14.021±0.18ABab	11.851±0.58Aa

3. 草木樨对土壤氮素含量的影响

草木樨对土壤氮素的影响测定结果（表4-4），M1可以极显著提高各土层土壤的全氮含量（$P<0.01$）。0~10cm土层M4样方的全氮含量最高，与M1差异不显著，其他样方与对照无显著差异。10~20cm土层除M1外，其他样方的全氮含量均显著或极显著高于对照（$P<0.05$），全氮含量由高到低依次为M1>M6>M5>M2>M4>M3，分别较对照提高39.30%、27.85%、23.00%、18.80%、15.65%、9.31%。20~30cm土层下只有M1与M6样方的全氮含量较对照增加，其他样方均低于对照，但差异不显著（$P>0.05$）。

碱解氮方面，0~10cm土层只有M1相对于对照极显著升高（$P<0.01$），M6较对照显著升高（$P<0.05$），M5样方的碱解氮含量也高于对照，但差异不显著（$P>0.05$）。M3与M4样方的碱解氮含量较对照显著降低（$P<0.05$），M2低于对照，但差异不显著（$P>0.05$）。

10~20cm 土层各样方的碱解氮含量均低于对照，20~30cm 土层 M1、M5 与 M6 样方的碱解氮含量相比对照有所升高，但差异不显著（$P>0.05$），其他均显著或极显著低于对照（$P<0.05$）。

表 4-4　不同草木樨对土壤氮素的影响　（g/kg）

	全氮			碱解氮		
	0~10cm	10~20cm	20~30cm	0~10cm	10~20cm	20~30cm
CK	104.34±0.27Bb	74.83±7.26Cd	75.06±2.43Bbc	61.50±5.28BCb	70.67±5.04Aa	43.16±5.29ABab
M1	139.27±0.66Aa	104.24±0.02Aa	95.82±12.24Aa	80.10±5.47Aa	58.50±10.53ABCabc	43.22±5.48ABa
M2	104.23±0.22Bb	88.90±2.12BCbc	69.35±0.20Bc	55.71±9.26CDbc	64.78±9.37ABab	37.05±0.05BCbc
M3	104.63±0.43Bb	81.80±2.39BCcd	69.38±0.16Bc	49.57±5.34CDc	46.35±0.09Cc	27.87±0.03Dd
M4	139.67±0.07Aa	86.54±0.06BCbc	74.63±2.40Bbc	46.35±0.11Dc	49.37±5.28BCc	30.96±5.30CDcd
M5	104.33±0.63Bb	92.04±2.61ABb	69.35±0.09Bc	62.01±5.53BCb	55.87±9.32ABCbc	46.43±0.02Aa
M6	104.38±0.28Bb	95.67±7.09ABab	85.42±2.43ABab	74.51±0.07ABa	55.78±0.02ABCbc	46.52±0.07Aa

4. 草木樨对土壤速效磷钾含量的影响

草木樨对土壤速效磷钾含量的影响测定结果（表 4-5），0~10cm 土层的速效磷含量只有 M4 与 M6 较对照显著升高（$P<0.05$），其他均降低。10~20cm 土层速效磷含量为 M4 样方最高，其次为 M5、M6、M3，分别较对照升高 114.59%、48.94%、34.04%，M1 与 M2 较对照降低，但差异不显著（$P>0.05$）。20~30cm 土层 M3、M4 与 M6 样方的速效磷含量均极显著高于对照（$P<0.01$），其他样方与对照无显著差异（$P>0.05$）。速效钾方面，0~10cm 土层 M1、M2 与 M4 均较对照升高，但差异不显著（$P>0.05$），10~20cm 土层 M3 的速效钾含量极显著高于对照（$P<0.01$），M5 极显著低于对照（$P<0.01$），M3 显著低于对照（$P<0.05$），其余与对照差异不显著（$P>0.05$）。20~30cm 土层除 M6 极显著低于对照外（$P<0.01$），其他均与对照差异不显著（$P>0.05$）（表 4-5）。

表 4-5　不同草木樨对土壤速效养分的影响

	速效磷（g/kg）			速效钾（mg/kg）		
	0~10cm	10~20cm	20~30cm	0~10cm	10~20cm	20~30cm
CK	4.28±0.15ABb	3.29±0.11CDd	1.67±0.17Dde	93.67±3.16ABab	87.18±2.67Bbc	66.87±2.91 Aab
M1	3.44±0.46BCDbc	3.05±0.48CDd	1.55±0.32De	95.46±0.55 ABa	88.60±2.84 Bb	63.37 ±3.14ABbc
M2	3.97±0.17BCb	2.48±0.33Dd	2.13±0.32CDd	97.36±2.54 Aa	89.06±2.85 Bb	68.76 ±2.90Aa
M3	2.54±0.35Dd	3.55±0.38BCDcd	3.42±0.42Bb	89.12±2.77BCbc	97.22±3.11 Aa	63.53±2.92ABabc
M4	5.30±0.52Aa	7.06±0.77Aa	5.78±0.08Aa	94.03±2.99 ABa	82.12±3.30 BCcd	66.86±3.01 Aab
M5	2.93±0.41CDcd	4.90±0.96Bb	1.96±0.19Dde	87.11±2.66Cc	78.62±2.79 Cd	68.43±3.21 Aab
M6	5.21±0.96Aa	4.41±0.78BCbc	2.71±0.23Cc	93.64±3.16ABab	63.32±2.80 De	58.25±3.00 Bc

（二）草木樨光合能力

由表 4-6 看出，净光合速率（Pn）最大的是 M2，达到 26.98，极显著大于其他草木樨（$P<0.01$），其次为 M1，M5 的 Pn 最小，仅为 18.64。气孔导度（Gs）与蒸腾速率（Tr）较大的均为 M1、M2、M4，三者之间差异不显著，但显著大于 M6（$P<0.05$），极显著大于 M3 与 M5（$P<0.01$）。M1、M2 胞间 CO_2 浓度（Ci）也较高，二者之间无显著差异，但显著高于 M4 与 M6，极显著高于 M3 与 M5（$P<0.01$）。

表 4-6　不同草木樨光合特性的比较

种类	净光合速率（Pn $\mu molCO_2 \cdot m^{-2} \cdot s^{-1}$）	气孔导度（Gs $molH_2O \cdot m^{-2} \cdot s^{-1}$）	胞间 CO_2 浓度（Ci $\mu mol\ CO_2 \cdot mol^{-1}$）	蒸腾速率（Tr $mmolH_2O \cdot m^{-2} \cdot s^{-1}$）
M1	23.27±1.96Bb	0.700±0.05Aab	424.1±22.36Aa	7.04±1.35ABab
M2	26.98±1.95Aa	0.764±0.04Aa	423.7±20.23Aa	7.32±0.25Aab
M3	20.5±1.22BCc	0.563±0.08Bc	401.7±16.39Bb	6.25±0.57Bc
M4	22.01±1.54Bbc	0.734±0.04Aab	405.5±8.17ABb	7.53±0.45Aa

（续表）

种类	净光合速率（Pn $\mu molCO_2 \cdot m^{-2} \cdot s^{-1}$）	气孔导度（Gs $molH_2O \cdot m^{-2} \cdot s^{-1}$）	胞间 CO_2 浓度（Ci $\mu mol\ CO_2 \cdot mol^{-1}$）	蒸腾速率（Tr $mmolH_2O \cdot m^{-2} \cdot s^{-1}$）
M5	18.64±1.80Cd	0.483±0.08Bd	396.1±14.71Bb	4.91±0.22Cd
M6	21.56±2.10BCbc	0.695±0.0.11Ab	403.8±19.88ABb	6.91±0.37ABb

（三）草木樨生产性能

草木樨生产性能的测定（表 4-7），7 月 9 日第一茬草木樨刈割前，株高，M2 最高，达到 124.7cm，极显著高于 M3 与 M5（$P<0.01$），与其余草木樨差异不显著。在茎叶比方面，M2 最大，极显著大于其他草木樨（$P<0.01$），M4 的茎叶比最小（$P<0.01$）。叶面积方面，各不同草木樨之间，差异不显著。从分枝数看，M2 和 M6 分枝数最多，M1 相对其有所减少，极显著高于 M5（$P<0.01$）。草木樨属豆科作物，其根瘤可以固定空气中的氮气，M1 和 M2 的根瘤数极显著多余其他草木樨（$P<0.01$）。

表 4-7 不同草木樨生产性能的比较

	出苗期（月/日）	株高（cm）	茎叶比	叶面积（cm^2）	分枝数（个）	根瘤数（个）
M1	4/17	119.2±12.48Aa	1.98±0.04Bb	2.63±0.72Aa	17±2.11ABab	10.6±0.45Aa
M2	4/16	124.7±13.63Aa	2.20±0.01Aa	2.64±0.65Aa	18±1.56Aa	10.8±0.27Aa
M3	4/18	96.2±7.88Bb	1.97±0.02BCb	2.80±0.91Aa	16±2.20ABbc	8.4±0.17Bb
M4	4/17	121.7±9.94Aa	1.69±0.04Dd	2.66±0.57Aa	17±2.32ABabc	9.0±0.05 Bb
M5	4/17	94.4±17.84Bb	1.87±0.02Cc	2.71±0.73Aa	15±2.49Bc	8.2 ±0.03Bb
M6	4/18	118.4±6.09Aa	1.93±0.03BCbc	2.70±0.51Aa	18±2.23Aa	8.8 ±0.06Bb

草木樨干草产量及粗蛋白质产量（表4-8），全年干草产量为 M2 最高，其次为 M4，均极显著高于其他草木樨（$P<0.01$）。第一茬干

草产量最高的为 M2 与 M4，其次为 M1，均在 6 000kg/hm^{2}以上，显著或极显著高于其他三种草木樨（P<0.05）。第二茬干草产量最高的为 M2，M3 产量最低。草木樨不同茬次的干草产量不同，第二茬产量较第一茬有明显减少。全年干草产量最高的为 M2，极显著高于 M3 与 M5（P<0.01）。在全年内，M5 与 M6 不同茬次干草产量变异度较小，全年产量较为稳定。

6 种不同草木樨第一茬粗蛋白产量 M1 最高，其次是 M2、M4、M3，粗蛋白产量均在 1t/hm^{2}以上，最低的是 M5，低至 700kg/hm^{2}以下，极显著低于其他草木樨（P<0.01）。第二茬粗蛋白产量较第一茬明显降低，除 M5 外，其他草木樨的粗蛋白产量均不足第一茬的 50%。M1 与 M3 降幅最大，达到 65%以上。全年粗蛋白产量最高的为 M1，达到 1 729.18kg/hm^2，显著高于 M2（P<0.05），极显著高于其余草木樨（P<0.01）。

表 4-8　不同草木樨干草产量及粗蛋白产量的比较

	干草产量（kg/hm^2）			粗蛋白产量（kg/hm^2）		
	第一茬	第二茬	全年产量	第一茬	第二茬	全年产量
M1	6 350±70.71Aa	3 800±141.42Bc	10 250±212.13Cb	1 325.33±14.76Aa	403.85±14.64Bc	1 729.18±29.40Aa
M2	6 550±70.71Aa	4 900±70.71Aa	11 500±0.00Aa	1 137.54±12.28Bb	493.27±7.04Aa	1 630.81±5.24ABb
M3	5 400±141.42Bc	3 000±141.42Ce	8 500±282.84Dc	1 013.42±26.54Cc	311.40±14.21Cd	1 324.81±40.75Cd
M4	6 550±70.71Aa	4 500±141.42Ab	11 150±212.13ABa	1 130.31±12.20Bb	422.71±13.00Bbc	1 553.03±25.19Bc
M5	4 000±141.42Cd	3 300±141.42Cd	7 400±282.84Ed	649.11±22.95Ee	432.71±18.00Bbc	1 081.81±40.94De
M6	5 650±70.71Bb	4 700±70.71Aab	10 400±141.42BCb	923.49±11.56Dd	448.83±6.68ABb	1 372.31±18.24Cd

（四）草木樨营养成分

草木樨第一茬营养成分的比较（表 4-9），M1 的 CP 含量最高，达到 20.87%，其次是 M3，均显著高于其他草木樨（P<0.05），M5 的 CP 含量最低，显著低于 M2 与 M4（P<0.05），极显著低于 M1 与

M3（$P<0.01$），与 M6 差异不显著。M1 NDF 与 ADF 含量最高，NDF 含量最低的为 M5，较 M1 低 13.47%，其他四种草木樨 NDF 含量高低依次为 M6>M4>M2>M3，分别比 M1 低 4.82%、6.84%、9.87%、11.94%。ADF 含量最低的为 M3，极显著低于 M1（$P<0.01$）。M4 的 M3 的 Ca、P 含量最高，M3 的 Ca 含量最低（$P<0.05$），P 含量最低的为 M2，显著低于 M3（$P<0.05$），极显著低于 M4（$P<0.01$）。M3 与 M4 的 Ash 含量极显著高于其他草木樨（$P<0.01$），M6 最低。

表 4-9　第一茬草木樨营养成分的比较（% DM）

	CP	NDF	ADF	P	Ca	Ash
M1	20.87±0.58Aa	46.49±0.59Aa	38.28±1.51Aa	2.48±0.05ABb	1.08±0.03Bd	8.67±0.03Cc
M2	17.37±0.24BCc	41.90±0.90CDc	36.58±0.67ABCab	2.46±0.10Bb	1.19±0.04ABbc	8.66±0.06Cc
M3	18.77±0.08Bb	40.94±1.05DEcd	32.65±1.21Dc	2.68±0.06ABa	0.94±0.03Ce	9.56±0.11Aa
M4	17.26±0.40Ccd	43.31±0.34BCb	37.60±1.01ABa	2.71±0.08Aa	1.26±0.04Aa	9.56±0.07Aa
M5	16.23±0.64Ce	40.23±0.29Ed	34.78±0.22CDb	2.48±0.02ABb	1.17±0.02ABc	9.24±0.06Bb
M6	16.34±0.08Cde	44.25±0.26Bb	35.25±1.27BCDb	2.49±0.04ABb	1.24±0.01Aab	8.28±0.01Dd

草木樨第二茬营养成分的比较（表 4-10），6 种不同来源草木樨第二茬的养分较第一茬有所变化，其中 CP 含量较第一茬明显降低，NDF 与 ADF 含量较第一茬却有所增加。

表 4-10　第二茬草木樨营养成分的比较（% DM）

	CP	NDF	ADF	P	Ca	Ash
M1	10.36±0.33Bb	51.10±1.92BCb	37.62±0.85ABbc	1.75±0.07Cc	1.38±0.01Bb	8.22±0.05Bb
M2	9.97±0.32BCbc	47.55±1.63CDc	36.47±0.43Bcd	1.96±0.04Bb	1.49±0.01Aa	8.93±0.20Aa
M3	10.05±0.25BCbc	56.39±0.56Aa	38.98±0.97Aab	2.20±0.02Aa	0.61±0.01Ee	9.10±0.06Aa

（续表）

	CP	NDF	ADF	P	Ca	Ash
M4	9. 19± 0. 40Cd	54. 15± 1. 14ABa	36. 14± 0. 87Bd	2. 17± 0. 05Aa	1. 12± 0. 01Cc	8. 02± 0. 08Bb
M5	12. 73± 0. 24Aa	44. 87± 1. 02Dd	32. 63± 1. 20Ce	2. 14± 0. 06Aa	0. 85± 0. 03Dd	8. 03± 0. 03Bb
M6	9. 45± 0. 08BCcd	50. 37± 1. 81Cb	39. 41± 0. 19Aa	1. 83± 0. 01BCc	1. 10± 0. 04Cc	7. 37± 0. 08Cc

第二茬草木樨 CP 含量 M5 最高，极显著高于其他草木樨（$P<0.01$），其次为 M1，显著高于 M6 与 M4（$P<0.05$），与其余草木樨差异不显著。NDF 与 ADF 含量最低的均为 M5，说明 M5 第二茬较其他草木樨有较明显的优势。P 含量为 M3 最高，极显著高于 M2、M6、M1（$P<0.01$），Ca 含量为 M2 最高（$P<0.01$），M3 的 Ash 含量最高，其次为 M2，均极显著高于其他草木樨（$P<0.01$）。

对牧草品质的评价必须采用综合的评定指标。本试验通过比较不同草木樨的 GI 指数，对其营养品质进行客观、综合的评定。通过 GI 指数对第一茬 6 种不同草木樨的营养品质进行综合评定时，排序结果为 M3 的营养品质最好，其次是 M5>M2>M1>M4>M6（表 4-11）。

表 4-11　不同草木樨干物质随意采食量、产奶净能及分级指数预测值

	DMI（kg/d）	NEL（MJ/kg）	GI
M1	2. 58	5. 47	6. 33
M2	2. 86	5. 66	6. 72
M3	2. 93	6. 09	8. 18
M4	2. 77	5. 54	6. 12
M5	2. 98	5. 85	7. 04
M6	2. 71	5. 80	5. 81

二、种子处理

草木樨的种子很小，种皮较厚，硬实率较高，40%～60%，或更多，播种前需对种子进行处理，提高种子的发芽率，如碾破种皮、低温处理、稀 H_2SO_4 浸泡。初冬播种不需要处理，因种子在土壤中越冬，经过冬冻春消过程能够促进硬籽萌发。如碾破种皮、低温处理和硫酸浸泡可以提高发芽率，Süleyman 等研究了用砂纸磨破种皮和用浓 H_2SO_4浸泡两种方法打破种子休眠后对两种草木樨发芽率的影响，用砂纸磨破种皮后，两种草木樨种子的发芽率均显著升高（$P<0.05$），白花草木樨发芽率最高的处理组为用浓 H_2SO_4（95%～97%）处理 15～20min，黄花草木樨用浓 H_2SO_4处理 10～15min，发芽率超过 90%。将种子与沙子混合揉搓或将种子用磨米机碾磨一次，可使种子发芽率提高到 60%以上，可提前出苗 2～3d。用浓 H_2SO_4（95%～97%）处理时，15～20min 为最佳。

浓 H_2SO_4 浸泡 20min 和 30min 处理则极显著优于其他处理（$P<0.01$），硬实率分别降至 2.25%和 0.5%，正常种苗率提高到 88.25%和 92.25%（表 4-12）。草木樨种子硬实率高达 50%或以上，硬实种子可以在土壤中存活 20 年。商品种子已经做了破除硬实处理，种子可通过种皮孔隙吸收水分萌发。在北达科他州 6 年的田间试验中，破除硬实处理对萌发完全没有作用，硬实率高达 70%，与未脱荚的种子一样。

表 4-12　浓 H_2SO_4 处理对种子发芽率的影响

处理时间（min）	正常种苗（%）	不正常种苗（%）	死种子（%）	硬实（%）	新鲜未发芽（%）
0（CK）	4.50Dd	1.25Bb	0.75BCdc	93.50Aa	0.00
1	6.5Dd	0.75Bb	0.00Cd	92.50Aa	0.25
5	34.75Cc	6.50Aa	0.50ABab	54.50Bb	1.75
10	74.25Bb	5.25Aa	3.50Aa	15.50Cc	1.5
20	88.25Aa	6.00Aa	3.50Aa	2.25Dd	0.00
30	92.25Aa	5.50Aa	1.75ABCbc	0.50Dd	0.00

注：同列中不同大写字母间差异极显著（$P<0.01$），不同小写字间差异显著（$P<0.05$）

三、种植

草木樨适应性强，对土壤要求不严，但它性喜阳光，最适于在湿润肥沃的沙壤地上生长。Ghaderi-Far 等研究黄花草木樨发芽的基本温度、最适宜温度以及上限温度分别为 0、18.47℃和 34.6℃，在 pH 值为 5~6 时发芽率最高，达到 92%以上，当 pH 值降至 4.0，发芽率降至 80%，而当 pH 值为 9.0，发芽率仅为 42%。草木樨种子小，顶土力弱，整地要求精细，地面要平整，土块要细碎，才能保证出苗快，出苗齐。如利用撂荒地种草木樨，播前要耕翻耙压，在干旱地区播前镇压紧实极为重要。若适当施有机肥，则可提高产量，施 20kg/亩的磷肥，效果会更好。播后镇压使种子与土壤接触紧密，出苗快而整齐，是保苗关键措施。草木樨种子细小，应浅播，以 1.5~2cm 为宜。草木樨播种适宜的土壤温度为 18~25℃，播种深度为 2cm 时，出苗率最高达 87%。Gomm 研究在播种深度范围 0.64~5.08cm，株高为 86.36~93.98cm 不等，干草产量为 4 651.45~5 436.03kg/hm^2。

播种方法可条播、穴播和撒播。条播行距 20~30cm 为宜，穴播以株行距 26cm 为宜，播量通常受播种方法、机具、墒情、整地质量及利用方式等因素影响。条播播种量为 0.75kg/亩，穴播为 0.5kg/亩，撒播为 1kg/亩，田间实际保苗数一般为 10 万~15 万株/亩。为了播种均匀，可用 4~5 倍于种子的沙土与种子拌匀后播种。在美国玉米种植带，黄花草木樨单播条播播种量为 0.6~1.1kg/亩，撒播为 1.1~1.5kg/亩。在干旱、疏松或未覆土的情况下要加大播种量。在像北达科他州东部这种较干旱地区，针对不同播种量（0.15~1.5kg/亩）的试验发现，条播或撒播播种量仅 0.3kg/亩，就能形成足够致密的草木樨草层，实现高产。在北达科他州，与小粒谷物混播时推荐条播播种量为 0.3~0.45kg/亩，后撒播耙地播种量为 0.4~0.6kg/亩（有时在向日葵地里撒播），免耕撒播播种量为 0.45~0.75kg/亩。播种量过大会使茎秆细长、枝条和根系发育均不如正常播种。此外，植株易倒伏，增加了病害风险。因此，为最大程度发挥草木樨疏松底土或截留积雪作用，应减少播种量。最适宜的播种深度为 2cm，之后随播种深度的增加出苗率随之下降，当播种深度为 10cm，出苗率为 0。

质地中度到黏重土壤，播种深度为 0.6~1.3cm，沙质土壤为 1.3~2.5cm。播种过深通常会导致建植不佳。一年生白花草木樨的播种量为 1.1~2.3kg/亩。在排水良好，pH 值中性至碱性的黏壤土中预计能产5.3~6.8kg/亩的氮、302~378kg/亩的干物质。用一种配有禾本科种子箱和种子搅拌器的、带镇压轮的播种机，把草木樨播到坚实的苗床上。苗床土质过于松软，播种机不能调整播种深度，可以打开禾本科和豆科种子箱的下种口，使其在双圆盘开沟器之后镇压轮之前落种。稍加浅耙可以使苗床更坚实并为种子覆土。在加拿大北部平原区，通过播种箱软管直接使种子落在压轮的前面，建植又快又容易。如果镇压轮播种机没有豆科箱或禾本科种子箱，可以将豆科作物与小粒谷物种子混合，但是要经常搅和种子以避免沉降。首先播一部分保护作物来减少作物之间的竞争，然后以十字交叉法混播草木樨和谷物。

春播使黄花草木樨有足够的时间来发育根系，储存大量养分和碳水化合物以满足其越冬与春季茁壮生长之需。出苗后60d生长缓慢。刈割可以控制杂草的地方，春季直接播种到小粒谷物残茬中效果很好。在早春降雨量较大的地区撒播草木樨可成功建植单播草地，因为播种后的7~10d有充足的土壤水分。在小粒谷物残茬免耕播种效果好。在冬季谷物田顶凌播种，在草木樨的生长周期中至少能收获一种作物，并且播种草木樨有助于抑制杂草。在谷物快速拔节期之前播种草木樨。混播时谷物的播种量要减少1/3。

播期。草木樨播期较长，早春、夏季和初冬均可播种。播期要充分考虑当地的气候条件、土壤条件和利用方式。粮肥轮作中的草木樨是占一个生长季，应早播。二年生草木樨冬播比春播出苗率高，能提早10d出苗，产草量可提高20%左右。尤其是春旱地区，冬播是保证草木樨出苗的重要措施。与粮、棉和油料作物间作套种，要依栽培目的和要求而定。在早春风沙较大的北方地区，草木樨通常是夏播。夏播不晚于7月中旬，以利越冬。在长江北岸扬州地区，草木樨秋播以9月中旬为宜，迟于9月下旬产草量明显下降。北方地区冬播一般在土壤早晚微冻，中午化冻，地温低于2℃时播种。冬播是寄籽于水中，第二年早春出苗，播期宁晚勿早。在广西南部地区晚稻收后播种草木樨，以10月为宜。初花期正值3月中下旬，鲜草产量高，翻压后作早稻基肥。不同地区如果作短期绿肥用，可因用途决定播期。春播宜在3月中旬到4月初进行，无论春播或夏播，都会受到荒草的危害，秋播时墒情好，杂草少，有利出苗和实生苗的生长。冬季寄籽播种较好，既可省去硬实处理，又不争劳力，翌年春季出土后，苗全苗齐，且与杂草的竞争力强，可保证当年的稳产高产。

一般在早春顶凌播种，也可在春雨前后或晚秋播种（立冬前、地温低于2℃），条播行距30~50cm，播种量每亩1.0~2.5kg。在辽宁西部地区一般都是早春顶凌播种，犁播行距50cm，机播行距30cm或密植栽培（行距7.5cm或15cm）。作为压青用的于当年8月末或9月初翻压，第二年种粮食作物或利用收籽后的茬地轮作。

第三节　田间管理

草木樨适宜生长的土壤条件和苜蓿一样，最适宜pH值近中性的壤土。草木樨在排水不良的土壤上表现不佳。草木樨高产需要中到高水平的磷和钾，缺硫可能限制其生长。草木樨可以用苜蓿或草木樨根瘤菌接种，丛枝菌根真菌与豆科作物根系合作可能提高磷对草木樨有效性。建植当年，二年生黄花草木樨进行营养生长，株高可达61cm，干物质产量可达417kg/亩。第二年，植株高可达到2.4m。在处于休眠末期的早春，根量和根系深度（达1.5m）均达到最大值，然后随着生长季推进，逐渐分解消失。二年生白花草木樨更高，茎更粗，但耐旱性较差，且播种当年和第二年的植物量较低。据美国纽约州的试验报道，白花草木樨的建植速度更快、植株高、分枝多的品种改良土壤效果更好。

一年白花生草木樨（*M. alba* var. annua）不耐霜冻，谷物田中覆播或直接与春季谷物进行保护作物，经过一个夏天生长，干物质产量高达680kg/亩。最有名的一年生草木樨品种是HuBAM，以至于常常被用来泛指白花草木樨。虽然与二年生类型相比，它的主根短且纤细，但仍能起到疏松底土的作用。

第一年管理，通常不在播种年收获或切碎，因为第一年再生的能量直接来自于光合作用（由所剩不多的叶子提供），而不是根系储藏物。随着主根持续生长并变得粗壮，在夏季末地上部生长达到顶峰。第二年的生长从地表下2.5cm形成的根颈芽开始。避免在霜期之前

6~7周内对草木樨进行刈割或放牧，这时它在积累最后的冬季储备。在10月1日到初霜期之间，根产量几乎增加了1倍。在秋季与冬季谷物混播时，建植良好，但在湿润季节，草木樨长得比谷物高，给谷物收获带来麻烦。

第二年的管理，在打破冬季休眠之后，草木樨会急剧旺盛的生长。开花前，茎高可达到2.4m，如果在成熟前一直生长，那么茎会发生木质化并且非常难管理。植株会在降雨量高和气温适中的“草木樨年”长得极高。第二年几乎所有的生长都是地上部生长，似乎是通过根量下降为代价的方式实现的。在美国俄亥俄州，3月到8月的记录，在根量下降75%的同时，地上部生长增加了10倍。所有的根茎芽都在春季开始生长。如果刈割之后再生，留茬15~30cm，以保存大量的茎芽。在株高较低和（或）生长后期，尤其是在开花后，刈割草层致密的草木樨，会增加植株死亡的风险。在它打破休眠之前，草木樨能耐10d水淹，出苗率没有明显的下降。然而一旦它开始生长，水淹会使其死亡。

一、栽培密度

密度对草木樨单株重量的影响（表4-13），密度与单株鲜重呈高度负相关，是对增加密度提高产草量的限制因素。低密度下的单株重变异大，草木樨的单株重范围大；密度过高，单株重变异范围缩小，单株重也因植株密集，生长细弱而下降幅度大于密度增加的幅度。

表4-13　不同密度、草木樨的单株重标准差和范围

密度等级	样数（个）	平均单株重（g）	标准差	变异范围
<200株/m^2	19	6.9	2.7	3.4~14.4
200~400株/m^2	26	3.7	1.55	1.6~7.4
400~600株/m^2	21	2.1	0.8	1.3~1.4
>600株/m^2	11	1.4	0.32	1.1~2.2

二、水肥管理

水肥适当能够促进草木樨生长，一般播种后，施过磷酸钙15~

20kg/亩、尿素5~10kg/亩；根据土壤缺素情况可增施一些硼、钼等微量元素肥。

草木樨种子在发芽前一般需要吸足水分才能萌芽，因此，播种后应立即灌水促进种子发芽，幼苗长出后避免大水漫灌，草木樨耐旱不耐涝，特别是第一片真叶以前的幼苗期，因此，不宜在三叶期浇大水，小麦灌头遍水时，往往正值草木樨刚刚出苗，对草木樨保苗影响甚大。如果水量过大，积水过久，很容易大量被淹死；相反，如果灌水恰当，灌水后草木樨继续出苗，增加保苗数。与冬春麦混套播的小麦收割前草木樨生长缓慢，收割作物时要留不低于20cm，为不影响草木樨发枝生长，当小麦收割后要及时对草木樨灌水，单播的草木樨与混套播管理一致。

收麦前浇麦黄水，小麦浇最后一水时间在6月20日前后，而收麦时间在6月底7月初，这时土壤含水率在8%~10%，草木樨生长已经受到抑制，如果麦收后十多天浇不上水就会旱死，即使旱不死，恢复过来也需要较长时间，浇上麦黄水可以增加草产量。小麦收获后至草木樨生长旺期，一般灌水2~3次；草木樨生长旺盛期若追肥，可在灌第2水时追尿素2.5~4.0kg/亩，以促进生长，达到小肥换大肥、无机促有机的目的。单作的草木樨可产鲜草1 500~2 000kg/亩，高的可达3 000kg/亩以上，可产干草750~1 000kg/亩。在瘠薄干旱地上的草木樨，能产鲜草1 000kg/亩以上。

草木樨与其他豆科作物一样需磷肥较多。施磷肥能促进草木樨根系发育，提高耐旱能力，增加根瘤量及提高固氮能力，使产草量明显增加。草木樨生长第一年施1kg过磷酸钙，仅地上部分增加的鲜草，其含氮量就相当于1kg氮肥。如果再计算根系所增加的氮量，以及由于施磷肥增强根瘤固氮活性，则“以磷增氮”的作用就更大了。草木樨施磷应作种肥或基肥。过磷酸钙225~375kg/hm^2，磷矿粉375~750kg/hm^2。草木樨生育期长，吸磷能力强，因此，迟效性磷肥施给草木樨比较经济。在苗高13~17cm时，结合中耕除草和追肥进行匀苗。当草木樨高度长至50~60cm时就可以割第一茬草，留茬高度15~20cm，有利于草木樨再生。

（一）氮肥

1. 对生物学特性的影响

氮肥对草木樨生物学性状的影响结果（表4-14），草木樨株高、茎粗、侧枝数、茎叶比在0~400mg/kg施氮量呈先增后降趋势，分蘖数、根冠比均在施氮后有所增加。其中，200mg/kg施氮量时，株高显著高于其他各组（$P<0.05$），为67.30cm，较CK组增加15.56%，100mg/kg施氮量下草木樨生长最矮且与CK组无差异（$P>0.05$），为59.70cm；草木樨茎粗也在200mg/kg施氮量达最大（$P<0.05$），为3.51mm，较CK组增加14.33%，继续增加施氮量时茎粗没有继续增加，与200mg/kg时无显著差异（$P>0.05$），在100mg/kg施氮量时与CK组茎粗无差异（$P>0.05$）且最小（$P<0.05$），为3.07~3.25mm；100~300mg/kg施氮量对草木樨分蘖数没有显著提升作用（$P>0.05$），施氮量在400mg/kg时草木樨分蘖数最多（$P<0.05$），为1.93个，较CK组增加26.14%；施氮对草木樨侧枝数的影响中，300mg/kg施氮水平下草木樨侧枝数最多（$P<0.05$），为21.83个，较CK组增加37.30%，400mg/kg施氮量时草木樨侧枝数急剧下降，较300mg/kg降低31.97%；草木樨茎叶比在200mg/kg施氮水平时最高（$P<0.05$），为1.14，其余施氮水平下与CK组并无显著性差异。草木樨根冠比随着施氮量的增加而增加，在400mg/kg时最高为2.75g，较CK组增加88.36%；但在100~300mg/kg施氮水平下相互间差异并不显著（$P>0.05$）。

表4-14　施氮量对草木樨生物学性状的影响测定结果

施氮量（mg/kg）	株高（cm）	茎粗（mm）	分蘖数（个）	侧枝数（个）	茎叶比	根冠比
0	58.24±2.36c	3.07±0.25c	1.53±0.22b	15.90±2.38bc	0.98±0.07b	1.46±0.13c
100	59.70±1.48c	3.25±0.17bc	1.30±0.07c	14.23±0.87c	1.05±0.08ab	2.17±0.37b
200	67.30±2.22a	3.51±0.07a	1.50±0.12bc	16.13±0.69b	1.14±0.12a	2.11±0.09b
300	64.37±2.47b	3.31±0.08ab	1.47±0.18bc	21.83±1.01a	1.10±0.09ab	2.33±0.17b

（续表）

施氮量（mg/kg）	株高（cm）	茎粗（mm）	分蘖数（个）	侧枝数（个）	茎叶比	根冠比
400	63. 02±2. 27b	3. 31±0. 11ab	1. 93±0. 15a	14. 85±0. 48bc	0. 97±1. 15b	2. 75±0. 08a

注：同列不同行小写字母表示差异显著（P<0. 05）

在施氮对草木樨生物学性状的影响中，在不施氮肥的条件下，草木樨的生物学性状指标显著低于施氮肥后的水平。株高、茎粗是反映草木樨生长状况和决定产量的重要指标，本试验在草木樨施氮量在100mg/kg 时，草木樨生物学性状指标较 CK 组无明显提升或提升较少；施氮量增加至 200mg/kg，其株高、茎粗、草产量也随之增加到最高，且草木樨的分蘖数、侧枝数、地下生物量指标也较高。目前，在草木樨施肥研究领域的相关报道较少，在施肥对苜蓿生长特性的研究中，也发现适量施氮对其第一茬苜蓿的株高、茎粗、产量、侧枝数等均有一定的提高，本结果与其一致。300mg/kg 施氮量下，仅有草木樨的侧枝数最高，但其株高、茎粗有所下降，草产量并没有得到实质性提升，生物学性状较 200mg/kg 施氮量相比较也没有较大的变化，表明草木樨施氮水平在 300mg/kg 已经出现了过施氮肥现象，可能抑制了草木樨部分生长性能。李灿东等、刘佳等、崔红艳等在不同施氮量对大豆、花生、胡麻氮素吸收的影响中，也发现过量施氮肥会适得其反。综上，施氮水平在 200mg/kg 时，草木樨生物学性状整体上表现最好。

2. 对产量和品质的影响

草木樨干草产量及氮素产量测定结果（图 4-1、图 4-2），草木樨干草产量、氮素产量均在 0～200mg/kg 施氮量时，施氮后显著增加，其中施氮量 200mg/kg 时，草产量、氮素产量均达到最高水平（P<0. 05），分别为 1 573. 94kg/hm^2、41. 93kg/hm^2，较 CK 组分别增加 14. 05%、14. 63%；200～400mg/kg 施氮量时草产量及氮素产量不再增加，其相互间差异不显著（P>0. 05）。

施氮对草木樨营养品质的影响结果（表 4-15），草木樨中的粗灰分、酸性洗涤纤维、钙含量在施氮后分别增加了－1. 15%～9. 57%、

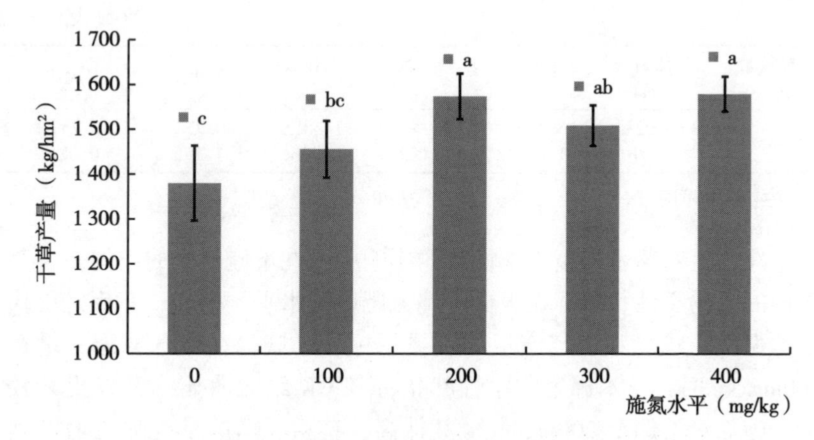

图 4-1 不同施氮量处理的氮素产出量

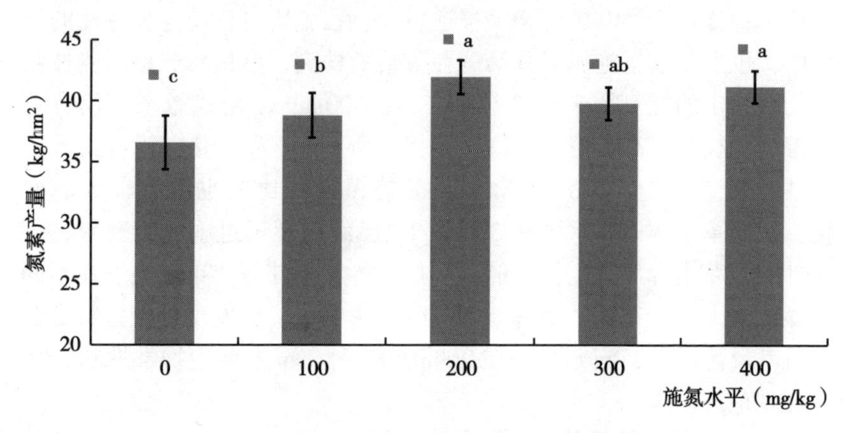

图 4-2 不同施氮水平对草木樨产量的影响

9.05%~19.36%、-2.56%~30.77%，其中在施氮量为100mg/kg时，含量较高，分别为10.94%、41.37%、0.42%，较CK组分别增加4.69%、10.50%、7.70%。此外，在400mg/kg施氮量时，粗灰分含量最高为11.45%（$P<0.05$），较CK组增加9.57%。酸性洗涤纤维在施氮量为200mg/kg、300mg/kg时最高，分别为44.69%、43.22%（$P<0.05$），较CK组增加19.36%、15.44%。钙含量在施氮量为300mg/kg时最高（$P<0.05$），为0.51%，较CK组增加30.77%；但

施氮对草木樨中粗蛋白、中性洗涤纤维、总磷、相对饲喂价值均无显著影响。

表 4-15　施氮水平对草木樨营养品质的影响（%DM）

施氮量（mg/kg）	干物质	粗灰分	粗蛋白	中性洗涤纤维	酸性洗涤纤维	钙	磷	相对饲喂价值
0	90.93±0.31	10.45±0.12bc	16.57±0.14	33.25±3.18	37.44±4.0b	0.39±0.05b	6.34±1.02	168.64±20.91
100	90.66±0.36	10.94±0.53ab	16.65±0.23	33.48±2.27	41.37±3.48ab	0.42±0.05ab	5.72±1.27	158.33±16.86
200	90.77±0.27	10.63±0.41bc	16.65±0.23	34.45±0.93	44.69±4.40a	0.42±0.06ab	5.95±1.07	146.05±8.85
300	91.23±0.13	10.33±0.09c	16.46±0.17	33.58±0.80	43.22±3.0a	0.51±0.08a	5.03±2.82	153.09±7.77
400	91.27±1.69	11.45±0.52a	16.27±0.47	32.64±6.68	40.83±3.04ab	0.38±0.13b	5.25±4.25	169.29±40.60

注：同列不同行小写字母表示差异显著（$P<0.05$）

施氮水平对草木樨产量及营养品质的影响，草木樨干草产量及氮素产量在施氮量低于200mg/kg时，随施氮量的增加显著增加，继续增加施氮量后并不能有效地增加其草产量及氮产量，肥料利用率下降，说明200mg/kg的施氮量已经是草木樨施氮的最高有效施氮量。韩思训在研究苜蓿施肥后的氮素累积量时，发现在160kg/hm^{2}以下施氮量时，增加氮素累积幅度在14%~34%，本结果与其基本相符。草木樨营养品质在施氮肥（100mg/kg施氮量）后仅对草木樨的灰分、酸性洗涤纤维、钙有显著提高，但是对粗蛋白没有显著提高。多数专家学者在研究草木樨施肥对其产量及品质的影响都是使用氮磷肥配施或氮磷钾肥配施为基础来研究。有国外学者Seguin P等发现施肥会有效地提高酸性洗涤纤维的含量，本试验结果与其一致。潘伟彬、韩建国等在研究草木樨配施氮磷肥时，发现草木樨的中性洗涤纤维、酸性洗涤纤维在初花期前均有所增加，韩建国等报道单施135~180kg/hm^{2}氮肥时，现蕾期干草产量增加69.97%~85.41%，其营养品质中粗蛋白、NDF分别增加17.08%~18.56%、3.65%~6.71%，ADF下降12.72%~20.45%，但在初花期和盛花期，其NDF、ADF均有所下降，适量施氮肥可以减缓草木樨初花期后中性洗涤纤维、酸性洗涤纤维的累积效应。本试验在刈割草木樨时在现蕾期之前，单施氮肥后酸性洗涤纤维有所增加与其结果一致。王丹、Carter D L 国内外学者发现单施氮肥对苜蓿全氮含量及粗蛋白无显著性差异，只增加草产量，本试验草木樨单施氮肥结果与其一致。

3. 对土壤理化性质的影响

不同施氮水平对草木樨土壤理化性质的影响（表 4-16）。土壤 pH 值在施氮肥后显著增加，其中施氮水平为 400mg/kg 时最高（$P<0.05$），其余依次为 200mg/kg、300mg/kg 和 100mg/kg 施氮量。同时，土壤有机质、全氮、有效磷均在施氮肥后增加且随施氮水平的增加而增加，但土壤全氮在施氮肥后差异不显著；有机质在施氮量为 400mg/kg 时含量最高（$P<0.05$），为 40.16g/kg。较 CK 组增加 199.40%～201.80%，其余依次为 300mg/kg、200mg/kg、100mg/kg；施氮水平在 200mg/kg、300mg/kg、400mg/kg 时土壤有效磷含量均较高且差异不显著（$P>0.05$）；土壤有效钾在 0mg/kg、100mg/kg 施氮水平下含量最高（$P<0.05$），且二者差异不显著，之后随施氮量继续增加（200mg/kg、300mg/kg、400mg/kg），土壤有效钾含量有所下降，但下降后差异不显著（$P>0.05$）。

表 4-16 草木樨土壤理化性质测定结果

施氮量（mg/kg）	水分（%）	pH	全盐（g/kg）	有机质（g/kg）	全氮（%）	碱解氮（mg/kg）	有效磷（mg/kg）	有效钾（mg/kg）
0	1.50±0.50	7.50±0.00d	2.66±0.03	13.36±0.01d	7.83±0.42b	192.45±0.01	11.50±0.11c	219.77±13.00a
100	1.48±0.42	7.95±0.01c	2.55±0.16	35.48±0.32c	8.63±0.02a	190.67±12.36	12.15±3.36bc	231.01±0.01a
200	1.23±0.10	8.00±0.01b	2.52±0.00	37.46±0.12b	8.61±0.22a	201.15±2.45	16.40±1.48abc	199.34±0.01b
300	1.52±0.64	8.00±0.01b	2.78±0.23	38.93±1.59b	8.63±0.15a	204.72±7.44	17.59±2.13a	202.41±4.33b
400	1.42±0.57	8.06±0.01a	2.59±0.01	40.16±0.16a	8.31±0.09ab	193.69±1.77	16.67±0.52ab	202.92±3.61b

注：同列不同行小写字母表示差异显著（$P<0.05$）

在施氮水平对草木樨土壤理化性质的影响中，土壤有机质随施氮量的增加持续增加，土壤全氮在施肥后较 CK 组显著增加，但在施氮后 100~400mg/kg 的全氮量无显著性差异，说明在施氮后草木樨吸收了土壤中的氮素，同时通过草木樨转化成了土壤有机质，随着全氮含量的增加，土壤中有机质含量也持续性累积。有学者研究也表明，施氮肥能有效的提高土壤氮库全氮储备量，增加土壤供氮能力，且在通过同位素示踪发现，给土壤供氮后，土壤中的腐殖质中的氮素含量占全氮含量的比例显著增加，其他氮素含量占比下降。随着施氮水平的增加土壤的 pH 值、有效磷含量也持续增加。在草木樨的研究报道中，在大田中种植草木樨，其根系会分泌大量的有机酸及其他酸性物质，可以有效降低土壤的 pH 值，且提高对土壤磷肥的利用率，与本试验研究结果相悖。而本文第二章在冬小麦套种草木樨对其土壤理化性质的影响中也发现土壤 pH 值随套种时间的增加，有所下降，这可能是盆栽体积较小，在氮肥过施的情况下，土壤中离子浓度过高，抑制了有效磷的吸收，同时 pH 值也有所增加，但其增加幅度仅为 0.5 左右。

草木樨株高、茎粗、侧枝数、茎叶比在 0~400mg/kg 施氮量呈先增后降趋势，其中 200mg/kg 施氮量下草木樨株高、茎粗、茎叶比已达最高水平，300mg/kg 施氮量时侧枝数最多；分蘖数、根冠比均在施氮后有所增加，400mg/kg 时最高。草木樨干草产量、氮素产量均在 0~400mg/kg 施氮量呈先增后降趋势，在 200mg/kg 时已达到高水平（$P<0.05$）；草木樨中粗灰分、酸性洗涤纤维、钙含量在施氮后有所增加，但粗蛋白、相对饲喂价值等均在施氮后无显著提升。

施氮对草木樨土壤理化性质的影响，土壤全氮在施肥后 100~400mg/kg 无显著性差异，土壤有机质、pH 值随施氮量的增加持续增加，施氮过多会导致土壤盐碱化程度增加。草木樨施氮量建议在 100~200mg/kg（163.88~327.76kg/hm^2）。

（二）磷肥

1. 对产量的影响

草木樨是一种喜磷作物，对磷肥很敏感，每千克标准过磷酸钙可增产鲜草 20~45kg，使植株含氮量提高 20%左右，具有以磷增氮的效益。每年冬、春小麦都施用（追肥或种肥）过磷酸钙 10~30kg/亩，同时促使了绿肥产量的增加。农垦九团的一项调查资料，磷肥对草木樨的增产效果（表 4-17）。

表 4-17　磷肥对草木樨农艺性状的影响

处理	株高（cm）	分枝数（个）	根粗（cm）	分根数（个）	植物量鲜重（g/株）		
					地上	地下	合计
过磷酸钙 30kg/亩	83	9	1.6	2.7	31.0	16.0	47.0
对照	59	7	0.7	1.8	7.6	3.5	11.1

商占果报道施磷肥对草木樨有显著增产作用，草木樨的体鲜重和根鲜重的增加都与施磷量呈显著对数相关，草木樨的产量随着施磷肥量的增加而增加，但增幅逐渐减小，草木樨粗蛋白的含量随施磷量的增加呈抛物线形状。此外，施磷肥后，草木樨的根量增加，根瘤的固氮作用增强，从而提高了草木樨植株体内的粗蛋白含量，使草木樨的品质优于对照。韩建国等研究了施肥对草木樨的影响后发现，初花期前施 $P_2O_5$270kg/hm^2，草木樨地上和地下生物量积累的增幅最大，分别提高 133.3%和 277.7%（表 4-18）。草木樨根系发达，深入地下，可以利用其他作物无法利用的土壤深层的磷和钾。

表 4-18　磷肥对草木樨生物量积累的影响

磷肥	4/20	5/5	6/6	6/26	7/6	7/26	8/15	9/5
肥量	（萌动）	（返青）	（缓慢生长）	（现蕾）	（初花）	（盛花）	（绿荚）	（黄熟）
地上部分（kg/hm^2）								
0（CK）	—	12.77	207.3Bc	842.5Cd	2 467.1Cd	5 497.3Dd	8 580.6Dd	6 447.8Ee
90	—	—	222.7Bc	1 317.3Bc	3 335.8Bc	6 200.5Cc	9 220.9Cc	7 029.0Dd
180	—	—	373.1Ab	1 524.6Bb	4 339.4Aa	7 094.0Bb	10 614.5Bb	8 449.7Bb
270	—	—	441.8Aa	1 965.9Aa	4 332.1Aa	7 777.8Aa	11 375.1Aa	9 425.6Aa
360	—	—	211.5Bc	1 394.2Bbc	3 623.6Bb	7 012.4Bb	10 519.2Bb	7 708.5Cc
最高增产（%）			113.1	133.3	75.9	41.5	32.6	46.2

（续表）

磷肥	4/20	5/5	6/6	6/26	7/6	7/26	8/15	9/5
肥量	（萌动）	（返青）	（缓慢生长）	（现蕾）	（初花）	（盛花）	（绿荚）	（黄熟）
			地下部分（kg/hm^2）					
0（CK）	50.55	36.90	52.19CDb	385.25Dd	206.00Dd	578.00Ee	435.00Dd	484.00Dd
90	—		53.40BCb	533.82Cc	473.62Cc	643.77Dd	546.79Cc	507.79Dd
180			55.21ABa	541.37Cc	534.55BCd	1041.10Aa	960.00Aa	953.00Aa
270			57.08Aba	868.71Aa	775.00Aa	975.00Bb	752.12Aa	854.00Bb
360			50.66Dc	659.72Bb	626.00Bb	809.50Cc	780.00Bb	791.00Cc
最高增产（%）			9.4	125.5	277.7	80.1	120.7	96.9

注：同一列凡标有不同大写字母者为差异极显著（$P<0.01$），凡标不同小写字母者为差异显著（$P<0.05$）

2. 对品质的影响

磷肥提高了草木樨的粗蛋白含量，盛花期前提高了草木樨的NDF和ADF含量，盛花期后减缓了草木樨的纤维化过程（表4-19）。4个施肥处理在各个物候期都不同程度地提高了草木樨的粗蛋白含量，其中又以施P_2O_5 180kg/hm^2处理最为突出，各物候期的粗蛋白含量均极显著高于对照（$P<0.01$）。

表4-19　磷肥对草木樨营养成分的影响

施磷肥量（kg/hm^2）	5/5	6/6	6/26	7/6	7/26	8/15	9/5
P_2O_5	（返青）	（缓慢生长）	（现蕾）	（初花）	（盛花）	（绿荚）	（黄熟）
			粗蛋白（CP）（%）				
0（CK）	32.72	21.72Dd	19.56Dd	19.13Dd	14.94Bb	11.31Cc	9.84Bb
90	—	24.29Bb	20.31Cc	21.31Bb	15.88ABab	12.25BCbc	10.50ABbc
180	—	28.50Aa	25.31Aa	25.13Aa	16.06ABab	12.56ABab	10.88ABabc
270	—	23.81Cc	21.31Bb	19.81Dd	17.75Aa	12.13BCbc	11.50Aa
360	—	23.25Cd	21.31Bb	20.50Cc	16.75ABab	13.19Aa	11.19ABab

（续表）

施磷肥量（kg/hm²）	5/5	6/6	6/26	7/6	7/26	8/15	9/5
P_2O_5	（返青）	（缓慢生长）	（现蕾）	（初花）	（盛花）	（绿荚）	（黄熟）
			中性洗涤纤维（NDF）（%）				
0（CK）	23.12	24.16Aa	28.77Cd	31.69Dd	40.72Dd	49.58Bb	55.76Aa
90	—	23.18Aab	32.77Bc	32.29Cc	41.93Cc	48.47Cc	50.62Cc
180	—	24.89Aa	34.70Aa	38.35Aa	43.79Bb	47.34Dd	50.18Cc
270	—	22.78Ab	33.77ABb	37.52Bb	48.65Aa	49.21Bb	50.32Cc
360	—	23.21Aab	33.75ABb	32.62Cc	39.09Ee	51.23Aa	54.32Bb
			酸性洗涤纤维（ADF）（%）				
0（CK）	13.91	20.97Aa	21.86Cc	22.83Dd	34.45Aa	38.36Aa	43.26Aa
90	—	22.17Aa	23.01Bb	24.13Cc	32.52Bb	35.47Bb	40.61Cc
180	—	21.36Aa	23.93Aa	25.91Aa	27.45Cc	33.18Ccd	39.32Dd
270	—	21.10Aa	23.89Aa	25.28ABb	27.14Cc	32.48Cd	38.64De
360	—	21.56Aa	22.89Bb	24.89BCb	33.25Dd	34.17Cc	42.17Bb

（三）氮磷肥

1. 对产量的影响

氮磷肥配施提高了草木樨的饲草产量，$N_{90}P_{180}$处理产量在多数物候期最高，最高比对照增产 188%，$N_{45}P_{270}$和 $N_{135}P_{360}$处理也获得较高产量，磷肥对产量的贡献率大于氮肥（表 4-20）。

表 4-20　氮磷肥配施对草木樨干草产量的影响

施肥量		5/5	6/6	6/26	7/6	7/26	8/15	9/5
N	P_2O_5	返青	缓慢生长	现蕾	初花	盛花	绿荚	黄熟
0	0（CK）	12.77	207.3Gh	842.5Gg	2 467.1Fg	5 497.3Ff	8 580.6Fg	5 447.81Hg
0	90	—	335.0Fg	1 308.8Ee	3 704.8Ee	6 569.0Dd	10 301.4De	7 166.4Fe
0	270	—	457.9BCd	1 787.4BCDcd	4 545.5Abab	7 061.6Cc	11 636.7ABab	8 080.5Ed
45	90	—	417.9Dc	1 843.6BCbc	3 867.2CDEde	7 078.4Cc	10 538.7DCd	9 206.4Bb

（续表）

施肥量		5/5	6/6	6/26	7/6	7/26	8/15	9/5
N	P_2O_5	返青	缓慢生长	现蕾	初花	盛花	绿荚	黄熟
45	270	—	575.3Ab	2 082.9ABab	4 341.1ABabc	7 378.5ABb	11 782.7Aba	9 206.4Bb
90	180		596.8Aa	2 258.8Aa	4 615.5Aa	7 650.1Aa	11 516.6Bb	9 988.0Aa
90	360		456.1Cd	1 713.4BCDcd	4 268.7ABCbc	6 237.7Ee	11 821.5Aa	8 703.1BCDc
135	0		376.8Ef	1 562.1CDEde	2 772.0Ff	6 246.2Ee	9 607.3Ef	6 437.9Gf
135	360		480.7BCc	1 864.7BCbc	4 144.8BCDdc	7 070.0Cc	11 771.9Aba	8 954.7Bbc
180	0		337.1Fg	1 432.0DEe	2 673.3Ff	6 750.6Dd	9 669.5Ef	8 133.5DEd
180	180		483.3Be	1 709.9CDcd	3 847.1DEde	7 086.8BCc	10 779.4Cc	8 782.5BCc
最高增产（%）			188	168	87	39	38	83

2. 对品质的影响

在氮磷肥配施中，氮肥施用量高的处理提高了草木樨的粗蛋白含量，氮磷肥配施在初花期以前提高了草木樨饲草的 NDF 和 ADF 含量，之后减缓了草木樨 NDF 和 ADF 含量增加（表 4-21）。

表 4-21　氮磷肥对草木樨营养成分的影响

施肥量		5/5	6/6	6/26	7/6	7/26	8/15	9/5
N	P_2O_5	返青	缓慢生长	现蕾	初花	盛花	绿荚	黄熟
				粗蛋白（CP）（%）				
0（CK）	0	32.72	21.72	19.56Ef	19.13DEdef	14.94Bbc	11.31	9.84
0	90			20.50De	18.06Dedf	13.46Hh		
0	270			18.88Fg	18.96Ef	14.76BCc		
45	90			20.59De	19.16Dede	13.93Gg		
45	270			22.01Cd	19.32Dde	14.24Efef		
90	180		22.23	22.33BCdc	19.42 CDd	13.08Ii	11.25	10.61
90	360			22.49BCbc	19.97BCc	14.41Dede		
135	0			23.19Aa	20.49ABb	15.20Aa		
135	360			22.39Bdc	20.56Aab	14.53DCd		

（续表）

施肥量		5/5	6/6	6/26	7/6	7/26	8/15	9/5
N	P_2O_5	返青	缓慢生长	现蕾	初花	盛花	绿荚	黄熟
180	0			22.90ABab	20.93Aa	15.00Abb		
180	180			22.22Cdc	20.61Aab	14.10FGfg		
				中性洗涤纤维（NDF）（%）				
0（CK）	0	23.12	24.16	28.77Hh	31.69BCDbc	40.72Bb	49.58	55.76
0	90			32.76Ee	34.29Dc	38.77Ff		
0	270			37.30Aa	39.97Aa	36.74Hh		
45	90			34.92Bb	36.90ABCab	39.25Ee		
45	270			31.20Gg	32.20ABCDbc	37.91Gg		
90	180		26.34	32.61Ee	34.70ABCDab	39.30Ee	45.08	54.99
90	360			37.25Aa	39.21ABa	40.25Cc		
135	0			28.82Hh	32.04ABCDbc	36.16Ii		
135	360			33.61Dd	36.99ABCab	43.64Aa		
180	0			30.70Ff	21.15CDbc	36.79Hh		
180	180			34.09Cc	36.09ABCab	39.85Dd		
				酸性洗涤纤维（ADF）（%）				
0（CK）	0	13.91	20.97	21.86Ef	22.83Hh	34.45Bb	38.36	43.26
0	90			25.33Dd	27.27Cc	33.61Dd		
0	270			27.21Bb	28.99Aa	33.93Cc		
45	90			25.13De	26.70Dd	31.80Ff		
45	270			26.16Cc	27.32Cc	32.10Ee		
90	180		19.32	21.60Fg	24.27Ff	38.50Aa	30.59	41.54
90	360			27.88Aa	28.47Bb	34.43Bb		
135	0			19.08Hi	22.06Ii	29.65Hi		
135	360			21.02Gh	23.56Gg	30.34Gg		
180	0			17.39Ij	24.26Ff	28.36Ij		
180	180			19.18Hi	24.57Ee	29.86Hh		

（四）微量元素肥料

1. 对产量的影响

3 年田间试验结果表明，每亩单施 1kg 硫酸锌或硫酸锰，对草木樨鲜草产量均有一定的增产效果。但草木樨对硫酸锰的反应比硫酸锌更敏感，与对照相比，施硫酸锰增产幅度比硫酸锌高 1 倍多（表 4-22）。草木樨施锌、锰肥的作用，均不及亩施 25kg 过磷酸钙的增产效果。

表 4-22　施锌、锰肥对草木樨产量的影响（田间试验）

处理代号	鲜草产量（kg/亩）			平均鲜草产量（kg/亩）	增产（%）
	1983	1984	1985		
0	316.5	837.5	984.0	712.7	—
P_{50}	389.0	1 138.0	1 184.0	900.0	26.3
Zn_1	305.5	931.5	1 034.0	757.0	6.3
Mn_1	383.5	956.0	1 084.0	807.8	13.3

草木樨施锌和锰肥作为基肥均有增产效果，一般增产 6.2%～17.3%。锰肥效果好于锌肥。每亩施用 1kg 为宜。锌或锰肥与过磷酸钙混合，其效果更好，一般增产 46.0%～49.2%。锰肥能增加草木樨植株中磷、锌、铜和锰的含量，而锌肥能增加铜、铁和锰的含量。锌肥肥效最好，使草木樨鲜草产量增加了 11.5%。锌或锰肥与磷肥配合施用，对草木樨增产效果均分别大于单独施用。锌或锰不同用量与磷肥配合施用的增产效果，与对照相比其增产幅度 29.9%～49.2%，比亩施 25kg 过磷酸钙还增产 2.8%～18.1%。将 5g 钼酸铵溶于 0.5kg 水中，拌 1kg 种子，浸泡 10h，可使草木樨鲜草产量提高 40%～60%。

2. 对品质的影响

施磷肥和锰肥均能增加草木樨植株中磷的含量，而施锌肥对磷素含量无影响（表 4-23）。

表 4-23　施微量元素肥料对草木樨植株中磷和钙含量的影响（%DM）

试验处理	磷（P_2O_5）	钙（Ca）
不施肥-对照	0.382	1.22

（续表）

试验处理	磷（P_2O_5）	钙（Ca）
25kg/亩过磷酸钙	0.415	1.06
1kg/亩硫酸锌	0.383	1.25
1kg/亩硫酸锰	0.384	2.28

三、除草

草木樨幼苗生长缓慢，易受杂草危害。在苗高5~6cm时需要进行中耕，可提高鲜草产量20%左右。如果在苗期每公顷用“毒草安”2.25kg，可杀死90%以上的禾本科杂草，鲜草产量可提高64%~67%，效果显著。

四、病虫害防治

抗病性与其他多年生豆科牧草相比，草木樨具有较强的抗病性，但草木樨最易感染白粉病。黄花草木樨抗白粉病的能力最强，其感病程度不超过1~3级。

（一）病害

1. 草木樨白粉病

草木樨白粉病（Sweet clover powdery mildew）分布广泛，在所有草木樨种植区均可造成危害。我国新疆、甘肃、陕西、山西、河北、北京、内蒙古、辽宁、吉林等省（自治区、直辖市）均有报道，在较干旱的地区或较干旱年份发病严重。

【症状】主要发生在叶部，严重时茎秆、花梗和荚果上也会出现症状。初期受害植株的叶部、茎秆、花梗和荚果上出现小的白粉状病斑，后不断扩大最后相互汇合，使整个叶片被白粉覆盖。这些白粉为病原菌的菌丝、分生孢子梗和分生孢子等。后期在白粉状霉层上出现许多黄色至黑色小点，为病菌的闭囊壳。

【病原菌】草木樨白粉病的病原菌主要为两种。

① 豌豆白粉菌（*Erysiphe pisi* DC.），此菌在我国寄生于多种草木

樨上。同时，还为害苜蓿、红车轴草、黄芪、豌豆和蚕豆等。属子囊菌门，白粉菌属。异名为蓼白粉菌（*E. polygoni* DC）。菌丝体表生于寄主表面，只以吸器进入寄主细胞吸取养分，分生孢子梗从菌丝上长出，直立，无色，顶端串生分生孢子。分生孢子桶形，或两端钝圆的圆柱形，单胞无色，大小（25.4~38.1）μm×（12.7~17.8）μm。闭囊壳扁球形，暗褐色，直径92~120μm，个别达150μm。附属丝多根，菌丝状，长为闭囊壳直径的1~3倍，基部褐色，向顶部逐渐变淡至无色。子囊多个，卵形或椭圆形，少数近球形，具短柄，个别无柄，内生2~6个子囊孢子。子囊孢子单胞，淡黄色，卵形或椭圆形。

② 三叶草白粉菌（*Erysiphe trifolii* Grev.），异名为普生白粉菌［*Erysiphe communis*（Wallr：Fr.）Link］；山黧豆白粉菌（*E. lathyri* Grev）；马特白粉菌（*E. martii* Lev）；蓼白粉菌（*E. polygoni* DC）和三叶草叉丝壳［*Microsphaera trfolii*（Grev.）Braun］。此菌在形态上难与豌豆白粉菌相区别，但该菌附属丝较豌豆白粉菌的附属丝长，可达闭囊壳直径的8倍，并在个别附属丝顶端呈双叉状分支1~3次，这一特征使该菌介于白粉菌属（*Erysiphe*）与叉丝壳（*Microsphaera*）两属之间。

【寄主范围】在豆科植物中寄生范围较广。寄主除草木樨属，还包括三叶草属、苜蓿属、黄芪属、野豌豆属、胡枝子属（*Lespedeza*）、山黧豆属（*Lathyrus*）、扁蓿豆属和豌豆等豆科植物。

【发生规律】病原菌主要以休眠菌丝在寄主体内越冬，在大多数草木樨种植区，分生孢子阶段（*Oidium* sp.）是主要致病菌，如在我国贵州，红三叶草就不产生有性阶段的闭囊壳，在新疆野生的白三叶草也很少形成闭囊壳。

分生孢子借风传播，生长季节可进行多次的再侵染，造成病害流行。潮湿并日间热、夜间凉爽和多风的条件有利于此病菌的流行。多雨或过于潮湿则不利于病害的发生，过量施氮肥或磷肥，加重病害的发生，增施钾肥有助于抑制菌丝的生长。

【防治】该病可采用如下方法防治。

① 选育抗病品种。

② 合理利用草地，如春季刈割一次可减少侵染源。在白粉病发

生期有计划地分阶段分区轮牧，适牧或适当增加刈割次数可有效防治病害的发展蔓延。

③ 药剂防治。科研地或种子繁育地，可用多菌灵、甲基托布津、粉锈宁等药剂拌种防治。另据贵州试验，上述药剂与防病高脂膜剂进行复混配方，可显著提高防效。

2. 草木樨锈病

草木樨锈病（Sweet clover rust）是白花草木樨（*M. albus*）上最常见的病害之一，也为害其他种草木樨。分布广泛，各产区均有发生。我国吉林、辽宁、内蒙古、河北、陕西、河南、湖北、四川都有分布。在内蒙古的中、东部地区严重为害白花草木樨，黄花草木樨也常发病。

【症状】主要发生于叶部和茎秆上。在受害的叶片和茎秆上产生肉桂色或深褐色的小病斑，直径 0.5～1.0mm。随着病情扩展，小型病斑互相汇合呈不规则形，病部隆起呈疱状，随后表皮破裂露出铁锈色粉末，即病菌的夏孢子堆和夏孢子。夏孢子堆肉桂色，后期，病斑颜色变为黑褐色，为病原菌的冬孢子堆和冬孢子，冬孢子堆多生于叶片背面。

【病原菌】博伊单孢锈菌（*Uromyces baeumlerianus* Bub.）。夏孢子卵形至球形，单细胞，黄褐色，大小为（22～33）μm×（17～22）μm，壁有微刺，有 3～4 个芽孔。冬孢子单胞，近球形或卵圆形，胞壁褐色，厚 2～3μm，有小瘤，顶部有不明显的乳突状突起，大小（20.0～27.5）μm×（17.5～21.2）μm，柄短，4.5～6.2μm，无色。

【寄主范围】该菌的寄主范围主要是草木樨属植物。白花草木樨（*Melilotus albus*）、细齿草木樨（*Melilotus dentatus*）、印度草木樨（*Melilotus indicus*）等。

【发生规律】该病借冬孢子在病残体上越冬，也可借潜伏侵染的乳浆大戟等地下器官内的菌丝体越冬，在冬季较温暖的地区夏孢子也能越冬。在美国，认为该锈病是以夏孢子在温暖的南部地区越冬，春暖之后孢子随风向北方传播，因此，美国中部地区 7 月中旬以前，很少看到该病。在我国北方地区，该病发生的菌源除来自南方温暖地区的夏孢子，当地越冬菌源的作用不容忽视。如内蒙古呼和浩特地区，在草木樨田内及附近常可见到许多遭受侵染的乳浆大戟，于5月中下旬产生锈子器和锈孢子，传到附近植株上，6月上旬该病开始发生。我国北方广大地区7月以前多为干旱天气，不利于锈病的流行，所以病害流行期也多在7月中下旬之后。生长季节，以夏孢子进行多次再侵染，造成田间病害流行。夏孢子发芽和侵入的适温为15~25℃，最低温度2℃，超过30℃虽能萌发，但出现芽管畸形，到35℃夏孢子便不能萌发。夏孢子发芽要求相对湿度不低于98%，以水膜内的萌发率最高。在北方较干旱的地区，只有在雨季来临的7—8月，才能满足夏孢子发芽侵入的湿度条件。在灌水频繁或灌水量过大的地区，也可造成有利锈菌夏孢子发芽的田间湿度条件，锈病也会严重发生。过施氮肥，草层稠密和倒伏，利用过迟或不足均可使此病加重。

【防治】草木樨锈病的防治可参考以下防治方法。

① 选育和使用抗病品种。选育和使用抗病品种是该锈病防治的最主要措施。国外有切罗克（Cherokee）和蒂坦（Teton）等品种对此病高抗。

② 草地管理措施。科学地利用和管理草地，是锈病防治的基础。勿过施氮肥，增施磷、钾肥，能提高抗病性。适时刈割即可保障牧草的高产优质，又可起到控制病害流行。严重发生锈病的留种草地，不宜再留种，应及时刈割。同一草地不宜连续几年用于采种，以减少病原菌在田间积累。合理灌、排水，勿使田间积水或过湿，预防锈病流行。一旦锈病发生较重，应考虑适当增加灌溉，防止牧草萎蔫和减产。铲除田间、地边和附近的大戟属转主寄主。冬季用焚烧或耙地等措施，消灭病体和株体，减少越冬菌源。

③ 药剂防治。科研用地和种子田需进行化学保护时，可考虑使用以下药剂：波尔多液；0.5~1.0%波美度石硫合剂；氧化萎锈灵-百菌清混合剂0.6kg/hm^2，或选用前者，继之使用后者；代森锰锌0.2kg/hm^2；15%粉锈宁可湿性粉剂0.75kg/hm^2。

3. 草木樨壳二孢叶斑病（轮纹病）

草木樨壳二孢叶斑病（Sweet clover *Ascochyta* leaf spot）在我国甘肃榆中发生严重。此外吉林、内蒙古、陕西等地也发现有不全壳二孢引致的草木樨叶斑病，在内蒙古还发现由草木樨壳二孢引起的轮纹叶斑病。

【症状】不全壳二孢主要为害草木樨叶片，引致叶斑病，常发生于叶缘。病斑近圆形至不规则形，直径2~5mm，淡褐色或灰褐色，微具轮纹。病斑上生小黑点，为病菌的分生孢子器，周围组织常枯死。由草木樨壳二孢引起的病斑呈褐色，且中部颜色较外围深，病斑上具深褐色的小点，即为病菌的分生孢子器，有时病斑外缘具1mm的灰绿色晕圈，整个病斑呈轮纹状。

【病原菌】不全壳二孢（*Ascochyta imperfect* PK.）分生孢子器叶两面生，散生或聚生，球形至扁球形。器壁淡褐色至褐色，直径93~160μm；分生孢子圆柱形，中央有1个隔膜，双细胞，上部细胞较尖细，细胞大小（8.0~12.0）μm×（2.5~3.0）μm，无色透明。

草木樨壳二孢（*Ascochyta meliloti* Trussova）。分生孢子器直径95~215μm，孔口明显，直径20~30μm。分生孢子长圆形，有一个隔膜，个别有2个隔膜，大小（12.5~20.0）μm×（3.3~5.2）μm。

【发生规律】病原菌以分生孢子器在病株残体内或在根茎部越冬，也可以菌丝在种子上越冬。来年春季降雨、结露时，大量分生孢子由孢子器内溢出，随风雨和昆虫传播而侵染新生植株。

【防治】该病可采用以下方法防治。

① 培育和选用抗病品种。

② 栽培管理措施。主要包括：加强种子管理。不从重病区调运种子；播种时选择健康饱满种子。清除田间病残组织，减少来年春季的初侵染源，减轻发病。合理利用。病害发生普遍的应尽早刈割发病的头茬草木樨，以减少损失和控制后茬草木樨的病情。草木樨和禾本科牧草混播。适量增施磷、钾肥。

③ 药剂防治。试验地或种子田可选用氯苯嗪、代森锰锌或福美双等喷雾防治，或用福美双、苯莱特、甲基托布津等进行种子处理。

（二）虫害

1. 苜蓿籽象（*Tychius medicaginis*）

【为害特征】

成虫可为害嫩叶、花蕾，幼虫蛀食苜蓿、草木樨等种子，常使受害种子仅剩种皮。成虫在苜蓿、草木樨的营养生长时期主要取食其叶片，尤其喜食心叶和幼嫩叶，在叶背面啃食表皮和叶肉，而不取食上表皮，形成条状透明斑，为害严重时，整株叶片呈现下枯黄网状斑，严重影响牧草的生长。随牧草的生长，在孕蕾时期，成虫便转到花蕾上取食补充营养，在花蕾基部钻食或花蕾顶部咬食花器，导致花蕾不能正常开放，极少数也能在茎秆表面取食，形成深浅不一的缺刻。初孵幼虫咬破种皮，并向内蛀食，随着幼虫生长取食量增加，最后仅残留种皮，排出的黑色粪便留在内部。

【形态特征】

成虫：体长1.5~3.0mm，体红褐色，头部有淡黄色的鳞片，触角膝状兼球杆状，触角沟直与复眼正对，未达复眼下部，鞭节部分膨大，上具刚毛。复眼圆形，略微突起。腹部第二腹片两侧向后延伸为三角形，完全盖住第三腹片的两侧部分，鳞片淡黄色，腹面鳞片略带白色，单鳞片长椭圆形。跗节为4节，爪双支式。

卵：长椭圆形，大小（0.1~0.2）mm×（0.5~0.6）mm。初产卵乳白色，随发育颜色渐变为黄色，具有光泽，卵壳薄。

幼虫：体乳白色、弯曲，成长幼虫4.0~4.5mm，头壳近圆形，棕褐色。

蛹：裸蛹，刚化蛹为白色，后渐变为黄色，进而呈现褐色。

【发生规律】

苜蓿籽象甲在新疆呼图壁1年发生1代，以成虫在种子田地下土室中滞育越夏、越冬。第二年早春3月底，寄主刚萌发，越冬成虫脱离蛹室迁移到离地面1~2cm硬土层下或根丛中，但不出土活动。在日平均温气为12℃时开始出土活动，随着气温的逐渐升高，活动虫数也逐渐增加，其发生为害加剧，每年在4月下旬到5月上旬为害严重。当寄主生长至现蕾期，成虫转向花蕾取食，继续补充营养，当雌虫卵巢发育逐渐成熟。在6月初，田间出现嫩荚，成虫开始在豆荚上产卵，6月中下旬幼虫严重为害期，6月底7月初老熟幼虫脱荚入土作土室，7月上中旬化蛹，7月下旬成虫羽化，但不出土，直至第二年。

【防治方法】

农业防治

（1）疏松土壤促进生长。春季植株再生萌发前耙地疏松地表土壤，减少水分蒸发，加速其增长。

（2）轮作。干草与留种用地交替种植，或者将二茬草木樨作留种用，可减轻受害。

（3）早割。受害严重地块，可提前底茬收割，留茬不超过 5cm，刈割可破坏幼虫生存环境，割下的草木樨及时运出田外，以消灭幼虫和卵。

化学防治

（1）药剂防治的适期：在早春成虫出蛰尚未产卵，天敌还未活动之前施药；或秋天最后一茬草木樨收割后，在茬地上施药，以降低越冬虫口。另外，应避免在花期喷药，必要时清晨传粉昆虫不活动期间施药，减少杀伤传粉昆虫。

（2）防治指标：每网（捕虫网）8~10 头，或植株的芽和叶子受害率达 25%~30%时，应采取化学防治措施。

（3）施药方法：1. 8%阿维菌素乳油 2 000~ 3 000倍液喷雾防治。

2. 苜蓿籽蜂（*Bruchophagus roddi*）

【为害特征】

苜蓿籽蜂以幼虫在种子内蛀食为害，严重影响苜蓿、草木樨种子产量，主要取食胚芽、子叶，使种子失去发芽能力。种子被害初期，在种皮内可见一个褪白区域，为初龄幼虫取食所致；被害中期，幼虫达 3 龄时，种子一半以上被蛀空，可见透明种皮及黄褐色斑块排泄物；末龄（4 龄）幼虫可将种子蛀空，在其内部化蛹。被害种子表面多皱褶，略鼓起，重者仅剩一空壳。

【形态特征】

雌蜂成虫：体长 1. 2~2. 2mm，体宽 0. 4~0. 6mm。全体黑色，头大，有粗刻点。复眼酱褐色，单眼 3 个，着生于头顶呈倒三角形排列。触角 10 节，长 0. 55~0. 65mm，共柄节最长，索节 5 节，棒节 3 节。胸部特别隆起，具粗大刻点和灰色绒毛。前胸背板宽为长的两倍以上，其长与中胸盾片的长度约相等，并胸腹节几乎垂直。足的基节黑色，腿节黑色下端棕黄色，胫节中间黑色两端棕黄色。胫节末端均有短距一根。翅无色，前翅缘脉和痣脉几乎等长。平均翅展 3.2~3.7mm。腹部近卵圆形，有黑色反光，末端有绒毛。产卵器稍突出。

雄蜂成虫：体黑色，体型略小。形态与雌蜂相似。体长 1.4~1.8mm，体宽 0.4~0.6mm。触角 9 节，长 0.82~0.95mm，第 3 节上有 3~4 圈较长的细毛，第 4 至第 8 节各为 2 圈，第 9 节则不成圈。平均翅展 2.8~3.2mm。腹部末端圆形。

卵：卵长椭圆形，卵透明，有光泽。卵长 0.17~0.24mm，卵宽 0.09~0.12mm，一端具细长的丝状柄，卵柄长为 0.30~0.52mm，卵宽为长的 1.5~3.0 倍。

幼虫：幼虫无足，头部有棕黄色上颚 1 对，其内缘有 1 个三角形小齿。共 4 龄，初孵幼虫未取食体色透明，取食后体色开始变绿，发育至 3 龄、4 龄时体色逐渐转为白色。

蛹：为裸蛹，初化蛹为白色，1~2d 后体变为乳黄色，复眼变为红色，羽化时变黑色。蛹长 1.7~1.9mm，蛹宽 0.6~0.8mm。

【发生规律】

苜蓿籽蜂在新疆呼图壁地区 1 年可发生 3 代，各龄幼虫可以在苜蓿、草木樨等种子内越冬，其中 3 龄越冬幼虫最多，占总越冬幼虫数的 60%左右。越冬场所有田间残株、路旁或田边自生植株的苜蓿、草木樨种荚内，种子脱落场地以及储存种子的仓库内。第二年 4 月下旬，平均温度达 14.3℃时，越冬幼虫开始化蛹，成虫于 5 月上旬开始羽化，5 月下旬为羽化盛期，直到 6 月中下旬都有少量越冬代羽化。5 月下旬开始出现第 1 代幼虫，盛期在 6 月下旬。第 1 代成虫于 7 月上旬开始羽化，盛期在 7 月中旬。第 2 代幼虫在 7 月中旬开始出现，盛期在 7 月下旬至 8 月上旬。第 2 代成虫 7 月底开始出现，盛期在 8 月中旬。第 3 代幼虫于 8 月上旬开始出现，多内发育至 2 龄、3 龄开始滞育越冬。

【防治方法】

农业防治

（1）铲除田边或路边的自生苜蓿、草木樨等植物，以减少越冬虫源。

（2）轮作。同一块草木樨地不易连续 2 年留种，收草和留种应交替进行，严重地块及时翻耕，改种非寄主作物。

（3）将第一茬草木樨作留种用。在种荚75%呈棕褐色时收割，小心收割，防止掉粒，尽快脱粒，打场后的一切残屑、秸秆要及时利用或烧毁，减少越冬数量。

（4）适时早播或播种早熟品种，以提早刈割，减轻虫害。

（5）种子处理

盐水选种：把种子浸泡在15%～20%的食盐水中，将上浮的种子清除销毁。选好的种子用清水冲洗后备用。

杀虫处理：开水烫种30s，杀死种子内的幼虫，而不影响种子萌发；或用50℃的热水烫种30min，或50℃下干热处理种子1～3d。

入库防虫：种子入库后加一层合成樟脑，也可用具有熏蒸作用的敌敌畏进行种子处理。

药剂防治

苜蓿籽蜂世代重叠严重，并且幼虫在种子内蛀食，给化学防治造成困难；药剂防治也会影响传粉昆虫及天敌，导致草木樨授粉不足、结实率下降。因此，要慎用药剂防治。一般在草木樨结荚成虫大量出现时，用80%敌敌畏2 000倍液或90%敌百虫1 000倍液喷雾。

3. 绿芫菁（*Lytta caraganae*）

【为害特点】

绿芫菁等芫菁科昆虫，成虫为害豆科牧草叶片，甚至可以为害树木叶片，而幼虫是捕食蝗虫卵为生。成虫为害时只留叶脉，整株叶片啃食完会迁移为害，甚至附近的葵花、小麦、玉米、果树等作物都成为害对象。

【形态特征】

成虫：全身绿色或蓝绿色，有紫色金属光泽。体长11～25mm，体宽3～6mm。头略三角形，蓝紫色，复眼小，微突出，前额复眼间具3个凹陷横裂，额前部中央具1橘红色斑纹。触角念珠状、11节，约为体长的1/3，5～10节膨大且呈念珠状，末端渐尖。鞘翅两侧平行，个别鞘翅上具铜色或金绿色，翅面具3条不明显纵脊，具皱状刻点构造。体背光亮无毛，前胸背板光滑，并有小刻点及刻纹。足细长，雄虫前足、中足第一跗节基部较细，腹面凹入，端部膨大，呈马蹄形；雄性中足腿节基部腹面各有 1 根尖齿。

卵：长椭圆形，体长 2.5~3.0mm，体宽 0.9~1.2mm。出产时白色，后变为黄白色，卵常几粒黏在一起。

幼虫：初孵幼虫为衣鱼型，行动非常活泼，也称为“三爪蚴”，在土中寻找喜欢食物，如地下蝗虫卵块、蜂巢等。2 龄幼虫形态似步甲幼虫型，营寄生生活。3~5 龄幼虫为蛴螬型。越冬型幼虫，身体表皮变厚、色深，也称假蛹。

蛹：体长 8~18mm，体宽 2.0~3.5mm，体黄白色，复眼黑色。

【发生规律】

在阿勒泰地区 1 年发生 1 代，以幼虫或假蛹在土中越冬。第二年蜕皮化蛹，5—6 月间出现成虫，有假死性和群集性，产卵于土中，幼虫生活于土中，以蝗虫卵等为食物，部分幼虫也为害寄主叶片。成虫早晨群集食叶为害，有假死性，飞翔能力较强。受惊时足部分泌黄色液体，该液体对人体有毒。阿勒泰地区 5—7 月为成虫为害期，成虫为害叶片，成缺刻或孔洞；严重时把叶片吃光，一般 5—8 月都可以见成虫，羽化后 3~10d 交尾，交尾后 5~10d 产卵，一般产卵 40~240 粒不等，多产于湿润微酸性土壤中。

【防治方法】

农业防治

秋收后深翻农田，冬季低温能杀灭部分越冬幼虫，蛹期结合中耕除草，深翻土地，杀死蛹和成虫或破坏化蛹和成虫越夏场所。秋翻、春灌可改变老熟幼虫生活环境。利用成虫具有的群集性、假死性或卵的聚产特点，人工捕捉成虫或摘除卵块，以减少虫源。

物理防治

成虫活动期间，设置诱虫灯诱杀成虫，或用粘贴黄板防治成虫，该虫也有一定的趋光性，利用诱虫灯诱杀成虫，减少成虫密度。

化学防治

喷施 2.5%溴氰菊酯乳油 8 000~ 10 000倍液等灭杀成虫。

4. 草地螟（拉丁文）（*Loxostege sticticalis*）

【为害特征】

为杂食性害虫。1~3 龄幼虫常群集在寄主心叶部位，吐丝结网，在网内取食叶肉。幼虫在3龄后期由网内向外扩散为害。4~5龄为幼虫进入暴食期，可昼夜取食。在虫口密度大时可吃掉整株植物的枝叶及花器、果实，以致仅剩下木质化的茎基部。除了草木樨等豆科植物外，还可以为害甜菜、向日葵、胡麻、油菜等农作物。在食料缺乏时也取食禾本科和榆树叶等。幼虫也有一定迁移性，低龄幼虫多喜好在杂草上取食，随后向作物上转移为害。

【形态特征】

成虫：体色灰褐，体长8~10mm，翅展18~22mm。前翅灰褐色，其边缘有1条黄白色的波状条纹，翅前缘近顶角处和中央近前缘处各有1个黄白色的斑纹和短剑状纹；后翅灰褐色，外缘有1条黄白色波状纹，近外缘处2条黑色波状纹明显。

卵：长椭圆形，长0.9~1.1mm。初产时为灰白色，后渐变为浅黄色、黄色至黄褐色，孵化前幼虫黑色头壳可见。

幼虫：初孵幼虫体长1.0~1.3mm，淡黄色，后渐呈浅绿色；老熟幼虫体长16~20mm，体色褐绿，头及前胸盾板为黑色，前胸盾板上有3条黄白色的纵向斑纹，体侧纵带呈黄白色或鲜黄色。

蛹：长30~35mm，黄褐色，尾端尖削，有薄丝层盖住茧口。

【发生规律】

草地螟在我国多数地区每年发生2代，昆仑山区草场每年发生1代，未见世代重叠现象。以老熟幼虫在地表下5cm左右处作土茧越冬。越冬代成虫在河西地区于5月下旬始见，6月中旬为成虫高峰期，卵始见于6月上旬，6月中旬为越冬代成虫产卵高峰期；卵经5~6d孵化于6月中旬初始见幼虫，6月中旬末为幼虫出现高峰期。初孵幼虫经20~25d入土化蛹，蛹期约20d，1代成虫于7月中旬始见，8月中旬达到高峰，经10~15d即可产卵。2代幼虫取食活动55d左右后以老龄幼虫于9月上、中旬入土作茧越冬。昆仑山区幼虫始见期6月中旬至7月初，与各地草场降水量有很大关系，幼虫发育至老熟则入土越冬。

草地螟成虫具有高度的群集性，其取食、交尾、产卵、栖息、迁飞等活动均表现为大量的个体高密度地群集，给防治带来一定的困难。

【防治方法】

化学防治

以幼虫为主，其在田间常呈不均匀的核心分布，在查明幼虫分布及发育状况的基础上，采用化学农药在 3 龄前进行防治，迅速压低虫口密度。

在被保护的草场一侧或周围喷洒 3~5m 药带，或挖 0.5m×0.3m 的防虫沟，沟内施用粉剂杀虫剂以阻隔幼虫迁移。

草地螟 1~3 龄幼虫食量较小，仅占全幼虫期总食量的 5%，对牧草为害不大。而 4~5 龄幼虫食量大，占幼虫期总 95%的食量，高密度时造成严重为害。同时，随着虫龄的增加，因此，防治幼虫的时期，应掌握在幼虫 3 龄前阶段。

物理防治

成虫盛发期利用其迁飞、趋光的习性，设置高压汞灯、频振杀虫灯等进行诱杀，每天 16：00 时至 4：00 时开灯诱杀。

5. 苜蓿蚜（*Aphis medicaginis*）

【为害特征】

苜蓿蚜也称豆蚜，和豆无网长管蚜（*Acyrthosiphon pisum*）、三叶草彩斑蚜（*Therioaphis trifolii*）等牧草蚜虫相似，呈点片发生为害，再向全田扩散蔓延。集中发生于蚕豆的嫩茎、嫩梢及花序上刺吸汁液，也加害幼嫩荚果，群体密度较小时造成枝梢萎缩，开花至结荚期天气干旱，植株从顶端向下逐渐枯死。

【形态特征】

有翅胎生成蚜：体长 1.5~1.8mm，黑绿色，有光泽。触角 6 节黄白色。第三节较长，有感觉圈 4~7 个。翅痣、翅脉皆橙黄色。各足褪节、胫节、跗节均暗黑色，其余部分黄白色。腹部各节背面均有硬化的暗褐色横纹，腹管黑色，圆筒状，端部稍细，具覆瓦状花纹。尾片黑色，上翘，两侧各有 3 根刚毛。若虫体小，黄褐色，体被薄蜡粉，腹管、尾片均黑色。

无翅胎生成蚜：体长 1.8~2.0mm，黑色或紫黑色，有光泽，体被蜡粉。触角 6 节，第一至第二节、第五节末端及第六节黑色，其余部分尾黄白色。腹部体节分界不明显，背面有一块大型灰色骨化斑。

若虫体小，灰紫色或黑褐色。卵长椭圆形，初产为淡黄色，后变草绿色，最后呈黑色。

卵：长椭圆形，初产为淡黄色，后变为草绿色，最后呈黑色。

【发生规律】

年发生世代不同地区有较大差异，可达20多代。山东主要以无翅成蚜和若蚜在苜蓿、野豌豆等植物的心叶及根茎处越冬，少数以卵越冬。新疆、甘肃以卵在豆科牧草根茎处、枯叶、土表、干裂的荚壳内越冬。

在山东，越冬蚜3月上中旬开始活动，4月下旬气温14℃时，产生大量有翅蚜，向豌豆、槐树等春季寄主上迁飞。5月中下旬，有的春季寄主枯萎或老化，又产生大量有翅蚜，向已出土的花生及其他寄主上迁飞。6月底7月初，花生盛花期，为害最严重。苜蓿蚜喜欢在茎上取食，有时在苜蓿绿荚果上群集取食。10月份产生有翅蚜迁飞至越冬寄主上为害繁殖后越冬。少数则产生性蚜，交配产卵，以卵越冬。

在甘肃省，苜蓿蚜4月中旬苜蓿返青后，越冬卵孵化繁殖为害，5月下旬至6月上旬扩散蔓延。10月下旬交尾产卵越冬。苜蓿蚜在北方的发育起点温度为17℃，完成1代的有效积温为136℃，月均温在8~9℃时，完成1代需20d左右，22~23℃时，仅需5d。一般在下部叶片上比较多，上部叶片较少。喜欢在茎上取食，特别是在苜蓿种子田。在兰州4月中旬，苜蓿开始返青，苜蓿蚜越冬卵孵化，幼虫开始活动，5月上旬苜蓿分枝期蚜量猛增。6月底7月初，花生盛花期，为害盛期。

7月中下旬集中在种子田茎秆上取食，7月上旬苜蓿进入结荚期，叶渐枯老，田间出现大量有翅蚜向外迁飞，苜蓿地蚜虫数，苜蓿返青时，卵孵化，以卵越冬。在甘肃，繁殖为害，有时在苜蓿绿荚果上群集取食。10月份产生有翅蚜迁飞至越冬寄主上为害繁殖后越冬。少已出土的花生及其他寄主上迁飞。苜蓿蚜喜欢在茎上取豆、槐树等春季寄主上迁飞。5月中下旬，有的春季寄主枯萎或老化，又产生大量有翅蚜，越冬。

【防治方法】

生物防治

天敌主要是瓢虫类和蚜茧蜂，瓢虫几乎与蚜虫在田间同时发生，蚜茧蜂后期寄生率高达40%以上，在进行化学防治前要调查益害比，注意保护天敌。

化学防治

可选用40%乐果乳油1 000倍液、50%抗蚜威可湿性粉剂3 000倍液或2.5%三氟氯氰菊酯1 500~2 500倍液进行喷雾。

6. 牧草盲蝽（*Lygus pratensis*）

【为害特征】

成虫和若虫均可为害草木樨等植物，以刺吸口器穿刺或吸食嫩芽、幼叶及叶片汁液，幼嫩组织受害后伤口呈黑褐色小点，后变黄至枯萎，受害较轻的嫩芽，展叶后出现穿孔、破裂或皱缩变黄色。

【形态特征】

成虫：体长约6.5mm，宽约3.2mm。全体黄绿色至枯黄色，春夏青绿色，秋冬越冬虫态呈现棕褐色。头部略呈三角形，头顶后缘隆起，复眼黑色突出，触角4节丝状，喙4节。前胸背板上有橘皮状点刻，两侧边缘呈黑色，后缘有2条黑色横纹，背面中前部具黑色纵纹2~4条，小盾片三角形，中央黑褐色略下陷。

若虫：5龄若虫体黄绿色，体背可见5个黑色圆斑，前胸背板和小盾片两侧各一个；第三腹节的腺囊口也呈黑色圆斑。

卵：长约1.1mm，卵盖中央稍凹陷，边缘有1个向内弯曲的柄状附属物。

【发生规律】

在北方一年发生3~4代，新疆库尔勒、莎车发生都是4代。以成虫在杂草、落叶、土块下越冬。第二年春天寄主发芽后出蛰活动，喜欢在嫩叶、嫩茎、花蕾上刺吸汁液，取食补充营养后开始交尾，卵多产在嫩茎、叶柄、叶脉或芽内，卵期约10d。若虫共5龄，发育历期30d左右，成虫寿命较长。成、若虫喜白天活动，早、晚取食最盛，活动迅速，善于隐蔽。有世代重叠现象，在6月会迁入周边农田为害。

【防治方法】

在新梢展叶期，用40%氧化乐果乳油1 000倍液，或2.5%溴氰菊酯乳油3 000倍液进行喷药防治。

7. 草木樨根瘤象甲（*Sitonia* sp.）

【为害特征】

草木樨根瘤象甲，属象甲科根瘤象属，当地群众叫草木樨象鼻虫。具有活动时间长，分布范围广、种群数量大等特点，是为害草木樨等豆科牧草严重的害虫之一。主要为害嫩芽、嫩叶，致使草木樨生长缓慢，甚至摧毁整个植株。除为害草木樨外，尚能为害多年生豆科牧草和杂草，对高粱、谷子、大豆等大田作物也有轻度为害。对草本樨的为害盛期为 4 月下旬至 6 月上旬 。长期轮作可以减少其为害，这对依赖草木樨提高其有机农场土壤肥力、改良土壤结构的农场主来说是一项重要措施。据北达科他州，象甲连续繁衍了 12~15 年，最糟糕的年份，田里的所有草木樨都被毁了，然后象甲种群开始衰退，在随后的几年中它们都不会构成威胁，然后它们的数量又开始增加。栽培措施改变不了象甲的繁殖周期，但是提早与非竞争性保护作物（亚麻或小粒谷物）混播是提高草木樨存活率（受害后）的最好方法，国内在辽宁分布广泛，为害严重。

【形态特征】

成虫体长 3. 7~4. 2mm（雌虫略大于雄虫），体色暗黑，密被褐色茸毛。头前伸，触角膝状。复眼黑色，圆形，稍突出。前胸背板略呈梯形，有暗褐色纵沟。鞘翅长卵圆形，末端稍尖，翅面上有很多细腻的点刻组成纵沟。后翅膜质折叠于鞘翅下。腹部灰褐色，有金属光泽，尾端稍向内弯曲。卵椭圆形，直径长约 0. 5mm。初产白色，后渐变为淡黄色。幼 虫体长 3~5mm，头及前胸硬皮板黄色，体乳白色，向尾端渐细，末节略呈管状突出。接近化蛹时虫体由白色逐渐变为浅黄色。蛹为裸蛹，长椭圆形，体长 3~4mm。初化蛹体软，乳白色，接近羽化时头足变为浅黄色，复眼明显变黑。

【发生规律】

草木樨根瘤象甲在朝阳地区每年发生一代 。随着气温升高，每年 4 月上中旬草木樨返青时即到地面为害其幼芽及嫩叶，时间长达 60d 左右。随着草木樨长高，为害程度逐渐减退，以取食叶片为主，直到 6 月下旬至 7 月上旬；草木樨开花期其地上部仍遭为害。根瘤象甲在到地面上活动以前，主要聚集在草木樨的根瘤处为害根瘤。成虫在地面取食 10d 左右即可进行交尾，5 月上旬产卵，卵产在草木樨叶片及根茎处，产卵期 20 多天。幼虫成熟后在 2~3cm 深的土壤中化蛹，秋末羽化为成虫，在 30~40cm 深的土壤中越冬。

【防治方法】

80%氯丹乳剂 1 000倍液进行喷雾。此外，有条件的地方早春灌水，也可减轻根瘤象甲的为害。

第五章 草木樨适应性

草木樨适应性强，抗旱、抗寒、耐瘠薄和耐盐碱。在黄土地区荒山荒坡、沟壑、河滩各种土壤都能种植，而以石灰性黏质土壤生长最好。在海拔 2 400m 的高寒山地能生长，同样也能适应夏季酷热的地区。草木樨是最耐旱的豆科牧草，可以从土壤中吸收并释放磷、钾和其他微量元素，供作物利用。草木樨对遮阴较为敏感，但对局部遮阴有一定的适应性，在局部遮阴的条件下，草木樨可以通过提高自身的光饱和点和光补偿点来适应外界光强，气孔导度、胞间 CO_2浓度和蒸腾速率等均无明显变化。草木樨的光合作用在逆性条件下也会受到一定影响，铅浓度达 800mg/L 以上时，光合速率显著下降，铅处理浓度与叶绿素含量变化呈明显正相关（$R^2=0.9077^{**}$）。

第一节 耐 旱

草木樨根系发达，入土深，根幅大，抗旱性特别强，尤其幼苗抗旱力很强，当沙壤土 20cm 土层含水量降至时 5.0%，叶片凋萎，但生长点却处在“休眠”状态，可持续 30d 不死。在轻壤质土壤上，当含水量为 3.0%时草木樨种子只吸水不萌动。含水量为 4.0%~5.0%时能吸水萌动，含水量为 9.0%时即可发芽，含水量达 11.8%时发芽率为 85%；在质地黏重的红土上，含水量为 13.9%时，草木樨种子能吸水萌动，含水量达到 15.8%时进入发芽阶段，含水量达到 19.0%时发芽率为 92.0%以上。草木樨发芽期对干旱胁迫较为敏感，土壤含水量为 10.0%~12.0%时，种子即可萌芽，在年降水量 300~500mm 的地区也能生长良好，Ghaderi-Far F 等的研究指出，黄花草木樨发芽期喜潮湿环境，随水势由 0MPa 降低至-0.1MPa，黄花草木樨的发芽率由 92%下降至 5%，当水势降至-1.2MPa 时就可以完全抑制发芽。

草木樨在幼苗期耗水量极少，平均耗水 1.037~1.148g/（株/日）。草木樨临界凋萎湿度因土壤质地和生育阶段不同而异。在轻壤质土上第一片真叶期临界凋萎湿度为 8.6%；第二片复叶期为 6.9%，3~5 片三出复叶期为 5.0%~5.7%，分枝期（株高 10~34cm）为 4.65%。在沙土上，草木樨分枝期（株高 20cm）耕层土壤含水量降到 5.8%时仍可正常生长，土壤含水量降到 2.1%才凋萎。草木樨在土壤含水量处于凋萎系数范围内仍可生活，在长久干旱时全株叶片脱落，生长点呈休眠状态，停止生长，可维持 30d 左右。在有足够水分后可恢复生长，重生新叶。草木樨耐旱主要是因主根入土深和具有庞大的根系，能吸收土壤深层水分。如白花草木樨第一年生长结束时，0~30cm 土层含水量比休闲地只减少 1.8%，30~50cm 土层减少 2.1%，50~75cm 减少 11.6%，75~100cm 减少 12.6%。

草木樨耐旱是指它对缺水环境有相当的忍耐力，并非它不需要适当的水分条件，草木樨旺盛期耗水量较多，因此，要获高产，在沙壤质土上含水量应达田间持水量的 70%~80%。草木樨蒸腾系数为 570~770，比紫花苜蓿（615~844）低。尽管如此，在年降水量 350mm 地区，生育期遇到干旱会影响鲜草和籽实产量。在年降水量不足 300mm 的干旱地区，草木樨的生长比较困难。

草木樨与油菜混播，油菜不能忍受干旱而大部分死亡，草木樨生长稍受抑制（表 5-1）。

表 5-1　草木樨油菜混播植株生长情况

作　物	株/m^2	高度（cm）	死亡数/m^2	备　注
油　菜	88	9	77	混播，砂土地 0~20cm 含水为 3%，20~30cm10%，30cm 以下 15%
草木樨	67	7	0	

第二节　耐　寒

草木樨耐寒能力强，在高纬度的阿拉斯加也能越冬，出苗后能耐短暂的-4.0℃低温，越冬芽能耐-30.0℃的严寒。草木樨种子在平均地温3~4℃就能萌动发芽。第一片真叶期能忍耐-4.0℃的短期低温，甚至地表温短期降至-6.7℃时也无冻害表现。第一年发育健壮的植株，在冬季-30.0℃的严寒下能完全越冬。如在甘肃省天水海拔1 600m的高寒地区和内蒙古呼和浩特地区（最低温度-28.0℃），都能安全越冬。甚至在我国最北的黑河地区，在-40.0℃的严寒下越冬率也能达70%~80%。草木樨越冬前根中贮藏了大量的营养物质，特别是大量的糖分；冬季埋藏在土里的越冬芽处于休眠状态，代谢活动低，这些都是草木樨具有较强抗寒性的主要原因。但是，草木樨越冬芽在早春萌动后抗寒力相对降低，在辽宁西部地区当3月初0~5cm土温突然降到-8℃时，受冻死亡率达30%~60%，生产实践中通常采用冬前培土来防止越冬芽因受冻而死亡。一般是覆土厚者死亡率低，不覆土或覆土浅者死亡率高，阳坡气温变化剧烈受冻则死亡率高，阴坡气温变动较小受冻则死亡率低。

第三节　耐贫瘠

草木樨对土壤的适应性很广，黏性土、沙土、砂砾土以及一般绿肥作物生长不良的贫瘠土，都能较好地生长。草木樨由于根系发达，吸收营养面积大，且根瘤能固定空气中氮素，因此，非常耐贫瘠，从自然分布来看，它能首先占领被荒弃的坡耕地、荒山、沟堑、路旁、河滩及沙丘地带。1960年，宁夏灵武县白家滩林场在5m高的沙丘上种植草木樨，1963年已占据丘间低地面积的60%以上，最高达90%。生长第一年株高可达41cm，第二年可达115cm。辽宁省彰武县群众在沙蛇上种植草木樨，当年株高也能达到30~40cm；辽宁省农业科学院土壤肥料研究所用砂墙试验同样证明，在含氮量为0.034%的沙土上种植草木樨，当年株高为55cm，单株鲜重达30g。

第四节　耐盐碱

草木樨耐盐碱能力较强，高于紫花苜蓿，在土壤含盐量不超过0.30%的条件下可正常生长，苗期能够忍耐0.73%~1.06%的盐，成为改良盐碱化土壤的理想牧草，黄花草木樨的脱盐率为13.30%~95.40%。0~20cm土层内含盐量为0.14%~0.30%时，草木樨生育良好；含盐量为0.49%~0.52%时，生长受到严重抑制，甚至不能出苗。草木樨在含氯盐为0.20%~0.30%的土壤上以及在苏打盐土上（0~30cm土层全盐量为0.20%，pH值9.7，碱化度35.70%），都能生长良好。二年生白花草木樨在黑龙江省的苏打型碱化土壤上，耕层含盐为0.25 3%时可以出苗。Marañón等研究了3种草木樨在NaCl胁迫下的发芽，西西里草木樨（*M. messanensis*）具有较强的耐盐性，在各处理浓度下（0.01mol/L、0.05mol/L、0.10mol/L、0.20mol/L）均保持较高的发芽率，与对照组无显著差异（$P>0.05$）。Ghaderi-Far F等研究报道NaCl浓度为0.09mol/L时，草木樨的发芽率不受影响，与对照组无显著差异，但发芽率随盐浓度的升高而呈“S”形下降，当NaCl浓度升至0.3mol/L时，可完全抑制发芽。而Wang等研究报道NaCl浓度为0.3mol/L时，黄花草木樨的发芽率为49.0%，可能是不同品种的草木樨对盐分的适应性存在差异，而此时草木樨幼苗的超氧化物歧化酶（SOD）、过氧化氢酶（CAT）活性分别较对照降低23.3%和42.9%，抗坏血酸过氧化物酶（APX）、过氧化物酶（POD）与谷胱甘肽还原酶（GR）活性分别较对照增加175.0%、48.0%、35.7%，丙二醛（MDA）含量较对照增加33.3%。

穆俊丽报道草木樨品种对低浓度（0.10mol/L NaCl）盐胁迫有一定的适应性，随盐浓度的增加其受抑制程度加剧；白花草木樨>和林格尔草木樨>赤峰草木樨>宁夏草木樨>呼和浩特草木樨>黑龙江草木樨>伊盟准格尔草木樨。

内蒙古的白花草木樨耐盐极限值为1.8%，甘肃的黄花草木樨和白花草木樨与吉林的黄花草木樨耐盐极限值为1.5%。在白花草木樨种子发芽期用4种不同钠盐对其进行胁迫处理，发现白花草木樨对4种钠盐的耐性强弱顺序为 Na_2SO_4>NaCl>$NaHCO_3$>Na_2CO_3，适应范围分别为 Na_2SO_4=1.4%，NaCl=0.8%，$NaHCO_3$=0.4%，Na_2CO_3=0.2%。

一、草木樨发芽期耐盐性

（一）不同浓度盐溶液对草木樨相对发芽率的影响

6份不同来源的草木樨种质材料及其种子发芽率（表5-2）。

表5-2 材料编号及来源

编号	拉丁文名	中文名	发芽率（%）	来源
M1	*Melilotus officinalis*	黄花草木樨	89	甘肃（原产地）
M2	*Melilotus albus*	白花草木樨	88	甘肃（原产地）
M3	*Melilotus officinalis*	黄花草木樨	93	吉林（吉林省农科所徐安凯教授赠送）
M4	*Melilotus albus*	白花草木樨	65	内蒙古
M5	*Melilotus indicus*	印度草木樨	33	江苏（原产地）
M6	*Melilotus officinalis*	黄花草木樨	61	宁夏（购于宁夏农垦茂盛草业公司）

随着NaCl浓度的升高，不同草木樨品种的相对发芽率总体上均呈逐渐降低的趋势（表5-3）。NaCl浓度为0.3%时，M3的相对发芽率最高，为101.69%，显著高于M4（$P<0.05$），极显著高于M5（$P<0.01$）。NaCl浓度为0.6%时，M6的相对发芽率最高，达到106.43%，显著高于M5（$P<0.05$），M4、M5和M6的相对发芽率较0.3% NaCl浓度时分别增加6.3%、11.5%、14.7%。当NaCl浓度达到1.2%时，M2、M1与M4的相对发芽率仍保持在50%以上，说明其对1.2%的NaCl浓度有较强的适应性。NaCl浓度为1.5%时，M1、M2、M3的发芽率仅为对照发芽率的2.21%、5.27%、3.10%，显著低于M6（$P<0.05$），极显著低于M4和M5（$P<0.01$）。NaCl浓度为1.8%时，M5与M6发芽率仍保持对照发芽率的15%以上。

表 5-3　不同浓度盐溶液草木樨相对发芽率的影响（%）

NaCl	0.3	0.6	0.9	1.2	1.5	1.8
M1	98.12±3.12 Aab	95.99 ±2.22Aab	82.69±2.09 Aab	57.88 ±1.70ABab	2.21±0.03 Cc	2.23±0.09 Cb
M2	93.38±2.24 ABab	84.66±2.14 Aab	89.11±3.70 Aa	68.92±1.55 Aa	5.27 ±0.06Cc	0.41 ±0.01Cb
M3	101.69±4.55Aa	75.58±1.79 Aab	36.15±0.23 Cc	26.49 ±0.11Cc	3.10±0.05 Cc	5.57±0.04 BCb
M4	77.93±2.11 ABbc	85.31±2.08 Aab	65.70±1.54 ABb	58.44±0.55 ABab	35.67 ±1.24Aa	7.77 ±0.02BCb
M5	63.14 ±2.01Bc	70.56±2.12 Ab	43.15±0.78 BCc	36.90 ±0.59BCbc	26.24±1.00 ABab	25.20±0.59 Aa
M6	91.98±3.66 ABab	106.43±3.11 Aa	77.36±2.30 Aab	42.76±1.04 ABCbc	17.78 ±0.78BCb	17.61 ±0.08ABa

注：同列肩标相同字母表示差异不显著（$P>0.05$），不同小写字母表示差异显著（$P<0.05$），不同大写字母表示差异极显著（$P<0.01$）。下同

（二）不同浓度盐溶液对草木樨相对发芽势的影响

草木樨的相对发芽势随着 NaCl 浓度的升高，总体均呈现逐渐降低的趋势（表 5-4）。NaCl 浓度为 0.3%时，M1 的相对发芽势最高，为 93.20%，其次为 M2，为 90.06%，二者差异不显著，但极显著高于 M5（$P<0.01$），M5 的相对发芽势仅为 43.43%。NaCl 浓度为 0.6%时，M3 的相对发芽势最低，仅为 53.97%，显著低于其他草木樨（$P<0.05$）。NaCl 浓度超过 0.6%之后，随着 NaCl 浓度逐渐升高，发芽势急剧下降。当 NaCl 浓度为 0.9%时，除 M2 之外，其他各种草木樨的相对发芽势均降至 50%以下，M2 与 M1 差异不显著，但显著高于 M4 与 M6（$P<0.05$），极显著高于 M3 与 M5（$P<0.01$）。但当 NaCl 浓度升高至 1.2%时，M5 的相对发芽势最高，显著高于 M1 与 M3（$P<0.05$）。NaCl 浓度升高至 1.5%时，M5 的相对发芽势在 20%以上，NaCl 浓度升至 1.8%时，M5 仍保持在 15%以上，显著高于 M6（$P<0.05$），极显著高于其他草木樨（$P<0.01$）。说明其具有耐受高浓度盐的潜力，此时 M2 和 M3 的相对发芽势均为 0。

表 5-4 不同浓度盐溶液对草木樨相对发芽势的影响（%）

NaCl	0.3	0.6	0.9	1.2	1.5	1.8
M1	93.20 ± 3.27Aa	84.66 ± 2.34Aa	49.32± 1.03 Aab	9.08 ± 0.07Abc	0.00± 0.00 Cd	0.76 ± 0.01Bc
M2	90.06± 3.68Aa	66.21± 2.75 Aab	54.44± 1.08 Aa	20.43± 1.00 Aab	3.87 ± 0.23BCcd	0.00± 0.00 Bc
M3	76.47± 2.62 ABab	53.97± 1.72 Ab	20.15± 0.45 Bc	6.68± 0.06 Ac	0.81± 0.03 Ccd	0.00 ± 0.00Bc
M4	62.05± 3.09 ABab	78.24± 2.75 Aab	40.65± 1.01 Ab	21.94 ± 0.78Aa	5.97 ± 0.05BCbc	2.12± 0.01 Bbc
M5	43.43± 1.44 Bb	66.35± 1.98 Aab	13.97± 0.06 Bc	23.17± 0.95 Aa	20.80± 0.06 Aa	17.49 ± 0.06Aa
M6	81.58± 2.94 ABa	78.38± 1.03 Aab	40.58± 1.08 Ab	19.90± 0.34 Aab	10.24± 0.03 Bb	8.46± 0.09 ABb

（三）不同浓度盐溶液对草木樨相对发芽指数的影响

发芽指数可以反映植物发芽期耐盐性的强弱，植物的耐盐性与发芽指数呈正相关（表 5-5）。当 NaCl 浓度为 0.3%时，M1、M2 和 M6 的相对发芽指数均保持在 85%以上，显著高于 M5（$P<0.05$），与 M3 和 M4 差异不显著（$P>0.05$）；当 NaCl 浓度为 0.6%时，M6 的相对发芽指数较 0.3%NaCl 浓度时有所升高，此时其相对发芽指数显著高于 M3（$P<0.05$），与其他草木樨差异不显著（$P>0.05$）。NaCl 浓度为 0.9%时，M1、M2 与 M6 的相对发芽指数均保持在 50%以上，当 NaCl 浓度为 1.2%时，各种草木樨相对发芽指数急剧下降，M3 的降幅最大，与其他草木樨差异达极显著水平（$P<0.01$）。当 NaCl 浓度继续升高为 1.5%时，M5 的相对发芽指数仍保持在 20%以上，M4 与 M6 的相对发芽指数保持在 15%以上。NaCl 浓度升至 1.8%时，MI-NOO1 与 M6 的相对发芽指数依然在 10%以上，证明它们对高浓度的盐耐性较强。其他草木樨的相对发芽指数均降至 5%以下，受盐害程度较为严重。

表 5-5　不同浓度盐溶液对草木樨相对发芽指数的影响（%）

NaCl	0.3	0.6	0.9	1.2	1.5	1.8
M1	89.35 ± 1.22Aa	84.61± 1.32 Aa	55.49± 1.11 ABa	26.09 ± 0.78Ab	1.05 ± 0.01Bb	1.61± 0.01 Cb
M2	88.18± 1.56 Aa	63.89± 1.65Aab	55.94 ± 1.09ABa	35.88± 0.64 Aa	3.42± 0.03 Bb	0.24± 0.00 Cb
M3	69.80± 1.09 Aab	50.33± 1.45 Ab	19.49± 0.56 Dc	11.73 ± 0.05Bc	1.51± 0.01 Bb	1.74± 0.03 Cb
M4	66.29± 1.05 Aab	73.03± 0.98 Aab	40.84 ± 0.73BCb	32.09± 0.04 Aab	16.70± 0.07 Aa	3.81± 0.02 BCb
M5	56.99± 0.98 Ab	63.66± 1.04 Aab	30.57± 0.59 CDbc	32.02 ± 0.82Aab	21.47± 0.08 Aa	19.56± 0.34 Aa
M6	89.05± 1.22 Aa	90.64± 2.23 Aa	58.86 ± 1.07Aa	32.02± 0.71 Aab	15.00± 0.03 Aa	14.09± 0.58 ABa

（四）不同浓度盐溶液对草木樨相对活力指数的影响

种子活力即种子的健壮度，是种子发芽和出苗率、幼苗生长的潜势、植株抗逆能力和生产潜力的总和，是种子品质的重要指标。

随着 NaCl 浓度的升高，草木樨种子的相对活力指数逐渐降低，M3 的下降幅度最大（表 5-6）。当 NaCl 浓度为 0.3%时，M1 与 M6 的相对活力指数均保持在 90%以上，证明它们对低盐浓度的耐受性较强，M5 的相对活力指数最低，显著低于 M1 与 M6（$P<0.05$）。NaCl 浓度为 0.6%时，除 M4 外，其他各种草木樨相对活力指数较 0.3%浓度下进一步降低，M3 的降幅最大，达 40%。但当 NaCl 浓度超过 0.6%以后，各种草木樨活力指数快速下降，当 NaCl 浓度为 0.9%时，各种草木樨相对活力指数均降至 50%以下。当 NaCl 浓度为 1.2%时，M2 的相对活力指数最大，显著高于除 M6 以外的其他草木樨（$P<0.05$），此时 M3 种子的相对活力指数不足 5%。当 NaCl 浓度达到 1.8%时，M6 种子的活力指数最高，其次是 M5，其他草木樨活力指数接近于 0。

表 5-6　不同浓度盐溶液对草木樨相对活力指数的影响（%）

NaCl	0.3	0.6	0.9	1.2	1.5	1.8
M1	93.34 ± 2.84Aa	73.38± 1.28 Aab	37.59 ± 0.47Aab	15.18± 0.25 Ab	0.43± 0.00 Cb	0.23 ± 0.00Aab
M2	69.88± 1.74 Aab	56.44± 0.15 Aab	43.72± 0.52 Aa	22.63± 0.68 Aa	0.55± 0.00 Cb	0.01 ± 0.00Ab
M3	66.23± 1.28 Aab	39.73 ± 0.85Ab	10.85± 0.05 Bd	3.15± 0.01 Bc	0.18 ± 0.00Cb	0.11± 0.00 Ab
M4	60.92± 1.08 Aab	61.26± 1.35 Aab	26.52± 0.02 ABbc	14.07± 0.04 Ab	1.71± 0.01 BCb	0.19 ± 0.00Aab
M5	49.80 ± 0.72Ab	45.40 ± 1.02Aab	15.92 ± 0.96Bcd	14.39 ± 0.07Ab	4.38 ± 0.01ABa	1.05 ± 0.01Aab
M6	91.75± 2.74 Aa	82.17 ± 2.38Aa	42.47 ± 1.53Aa	18.74 ± 0.14Aab	5.09 ± 0.01Aa	1.64 ± 0.01Aa

（五）对各种草木樨发芽期耐盐性的综合评价

通过模糊数学隶属函数法对6种不同来源草木樨相对发芽率、相对发芽势等4个指标进行综合分析（表5-7），M6的耐盐综合评价最高，在0.7以上，耐盐性较强，M1与M2综合评价值在0.5~0.6，属于中度耐盐品种，M6的耐盐综合评价值仅为0.132，耐盐性较弱。

表 5-7　不同来源草木樨在各指标下隶属函数值及综合评价值

品种	隶属函数值				综合评价值	耐盐性排序
	相对发芽率	相对发芽势	相对发芽指数	相对活力指数		
M1	0.551	0.510	0.572	0.568	0.550	2
M2	0.545	0.559	0.557	0.489	0.537	3
M3	0.229	0.143	0.083	0.073	0.132	6
M4	0.567	0.526	0.531	0.370	0.499	4
M5	0.349	0.567	0.575	0.393	0.471	5
M6	0.678	0.666	0.872	0.954	0.793	1

二、草木樨苗期耐盐性

（一）不同浓度盐溶液对草木樨相对生长高度的影响

随着 NaCl 浓度的升高，6 种不同草木樨的生长高度逐渐降低（图 5-1）。NaCl 浓度为 0.3%时，M1 的株高为对照的 100.67%，显著高于 M3（95.20%，$P<0.05$），极显著高于 M6（89.28%，$P<0.01$），说明在此浓度下，其不受盐害作用，而 M3 受轻微盐害，M6 受盐害作用较大。M2、M4、M5 的相对生长高度分别为 96.12%，98.35%，96.82%，也极显著高于 M6（$P<0.01$）。NaCl 浓度为 0.6% 时，相对生长高度进一步减小，均降至 90% 以下，其中 M6 降至 78.19%，显著低于 M3（82.92%，$P<0.05$），极显著低于其他草木樨。当 NaCl 浓度升至 0.9%时，M4 相对生长高度最大，为 79.25%，其次为 M1、M2、M5、M3、M6，生长高度分别为对照的 78.07%、75.18%、73.68%、72.96%、67.83%。在各盐浓度下，受盐害程度最大的均为 M6。

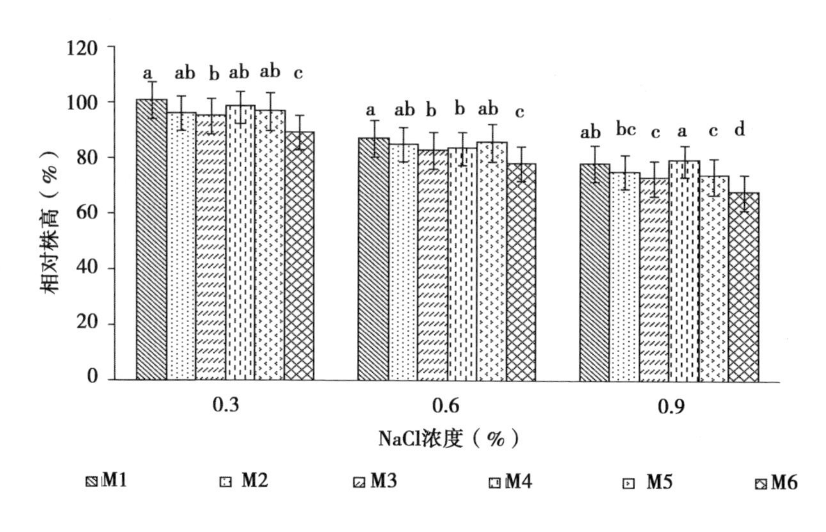

图 5-1　6 种草木樨在不同盐浓度下的相对生长高度

(二) 不同浓度盐溶液对草木樨可溶性糖含量的影响

随 NaCl 浓度的升高，草木樨的可溶性糖含量呈升高趋势，M6 虽整体呈现升高趋势，但在 NaCl 浓度为 0.3%时较对照大幅降低（图 5-2）。

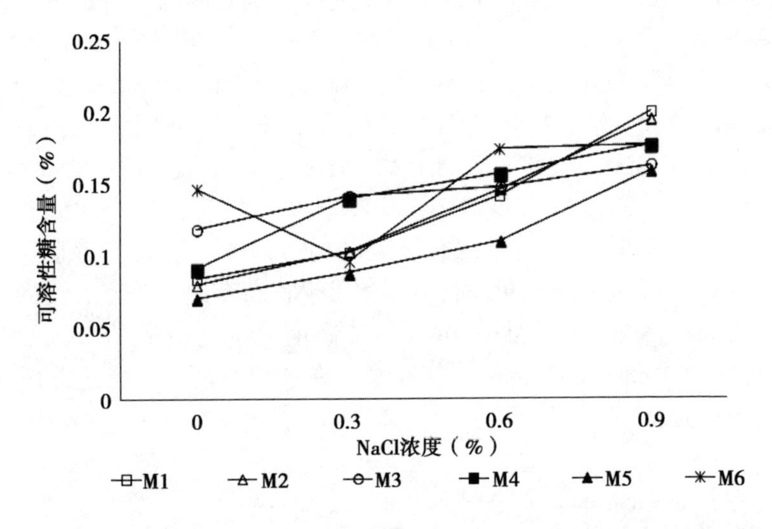

图 5-2　6 种草木樨在不同盐浓度下的可溶性糖含量

NaCl 浓度为 0.6%时，M6 可溶性糖含量最高，极显著高于其他草木樨（$P<0.01$），但其较对照仅升高了 19.07%，其次为 M4，较对照升高了 72.75%，也极显著高于其余草木樨（$P<0.01$），往后依次为 M3、M2、M1、M5，分别较对照升高了 24.77%、82.54%、68.29%、55.81%。NaCl 浓度为 0.9%时，可溶性糖含量最高的是 M1，其次为 M2，均极显著高于其他草木樨（$P<0.01$），含量最低的为 M5，与 M3 差异不显著（$P>0.05$），但均极显著低于 M4 与 M6（$P<0.01$）。在此盐浓度下，与对照相比，M2 的可溶性糖含量升高了 142.52%，M1 升高了 137.41%，M5 升高了 124.93%，M4 升高了 94.62%，M3 与 M5 的上升幅度较小，分别较对照升高了 37.53% 和 20.44%。

（三）不同浓度盐溶液对草木樨可溶性蛋白含量的影响

随着 NaCl 浓度的升高，各种不同草木樨的可溶性蛋白含量均逐渐增加，但增加幅度各有不同（图 5-3）。

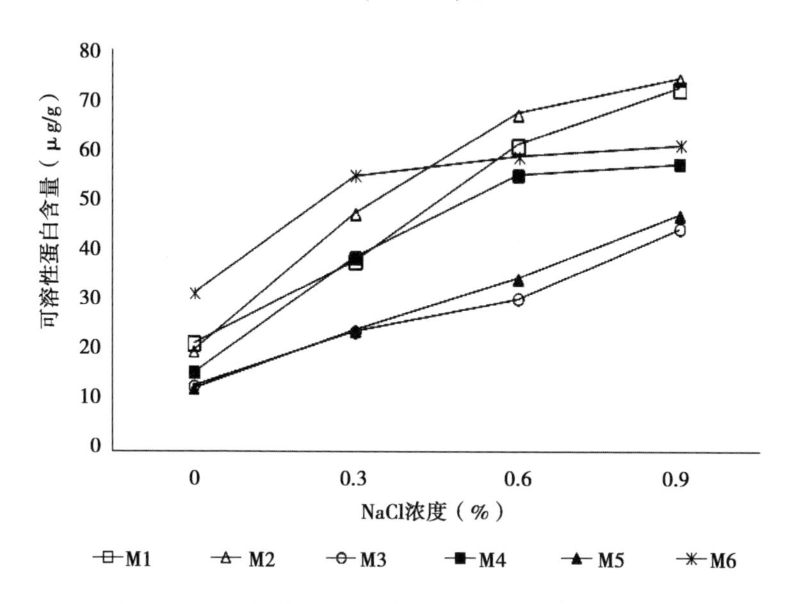

图 5-3　6 种草木樨在不同盐浓度下的可溶性蛋白质含量

NaCl 浓度为 0.3%时，M6 的可溶性蛋白质含量最高，其次为 M2，差异极显著（$P<0.01$），二者同时极显著大于其余四种草木樨（$P<0.01$）。M1 与 M4 极显著大于 M3 与 M5（$P<0.01$）。此时增长幅度最大的是 M4 与 M2，分别较对照增加了 143.12%和 134.63%。NaCl 浓度为 0.6%时，M2 的可溶性蛋白质含量最高，与其他草木樨差异极显著（$P<0.01$），其次为 M1 与 M6，二者差异不显著（$P>0.05$），但极显著高于 M2、M5 与 M3，后三者之间差异均达极显著水平（$P<0.01$）。此时除 M6 外，其余 5 种草木樨的可溶性蛋白含量均高于对照 120%以上。NaCl 浓度升至 0.9%时，与对照相比，除 M6 以外，其他草木樨的可溶性蛋白质含量均增加 200%以上。

（四）不同浓度盐溶液对草木樨游离脯氨酸含量的影响

当 NaCl 浓度为 0.3%时，除 M5 的游离脯氨酸含量较对照降低外，其他均升高，幅度最大的为 M3（65.54%），其次为 M1（50.42%），游离脯氨酸含量最高的 M4 较对照仅增加了 19.60%。NaCl 浓度为 0.6%时，6 种草木樨的游离脯氨酸含量均较对照增加，此时含量最高的为 M6，其次为 M2，往后依次为 M1、M4、M5、M3，分别较对照增加 495.46%、211.96%、195.84%、67.13%、26.45%、213.70%。当 NaCl 浓度升至 0.9%时，游离脯氨酸的含量出现更大幅度的升高，其中，升高幅度最大的为 M6，其次为 M4，分别较对照升高 21.95 倍和 10.21 倍。M1、M2 与 M3 较对照升高 4 倍以上，而 M5 与对照相比仅升高了 71.88%（图 5-4）。

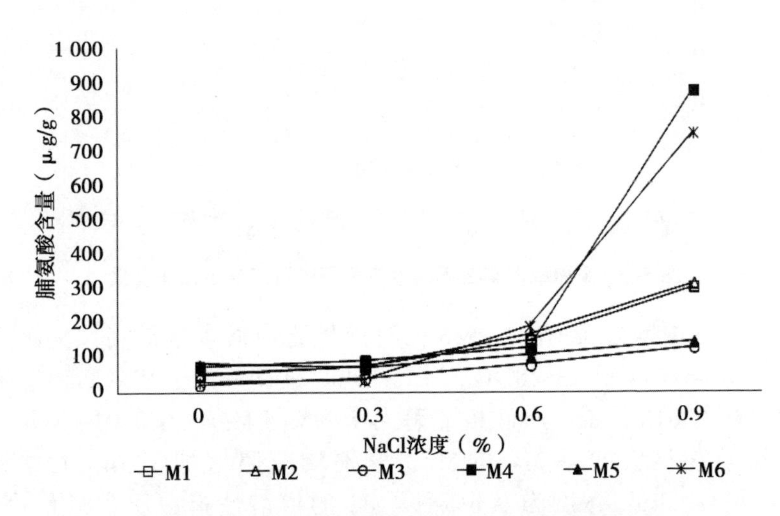

图 5-4　6 种草木樨在不同盐浓度下的游离脯氨酸含量

（五）不同浓度盐溶液对草木樨丙二醛含量的影响

NaCl 浓度为 0.3%时，6 种草木樨的丙二醛含量均呈现不同程度的增加，其中 M6 与 M3 的增加幅度最大，分别为 68.24%和 52.03%。当 NaCl 浓度为 0.6%时，M6 与 M3 的丙二醛含量继续增加，极显著高于其他草木樨（$P<0.01$），二者之间差异不显著（$P>0.05$），其余 4 种草木樨的丙二醛含量呈现降低趋势，均较对照降低 35%以上。当

NaCl 浓度升至 0.9%时，M6 的丙二醛含量呈现更急剧的升高趋势，M3 则继续平稳升高，二者之间差异达极显著水平（$P<0.01$），同时其余 4 种草木樨的丙二醛含量出现轻微回升，但仍低于对照 25%以上（图 5-5）。

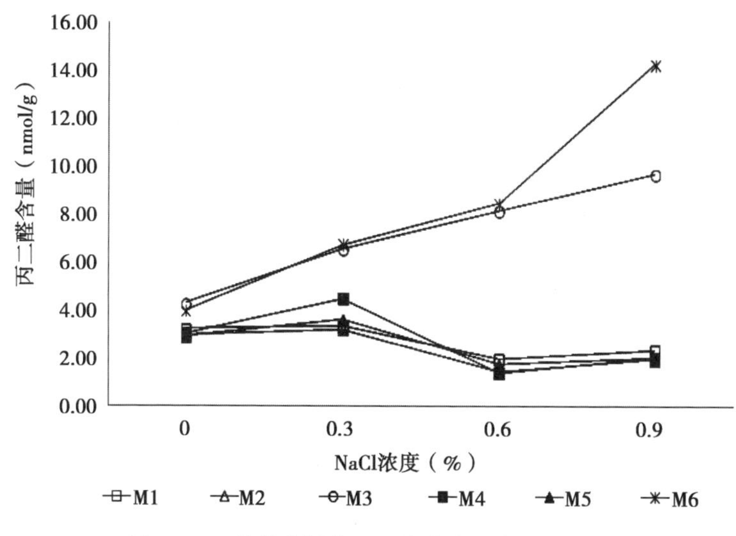

图 5-5　6 种草木樨在不同盐浓度下的丙二醛含量

（六）对不同草木樨苗期耐盐性的综合比较

通过模糊数学隶属函数对 6 种不同来源草木樨幼苗相对株高、可溶性糖含量、可溶性蛋白含量和丙二醛含量 4 个指标进行综合分析（表 5-8），M1 与 M2 的耐盐综合评价值都在 0.8 以上，耐盐性较强，M4 和 M5 综合评价值在 0.4~0.8，属于中度耐盐品种，M3 与 M6 耐盐性较弱。

表 5-8　不同草木樨在各指标下隶属函数值及综合评价值

品种	隶属函数值				综合评价值	耐盐性排序
	相对株高	可溶性糖	可溶性蛋白	丙二醛		
M1	0.965	0.583	0.825	0.952	0.831	1
M2	0.665	0.570	1.023	0.999	0.814	2

（续表）

品种	隶属函数值				综合评价值	耐盐性排序
	相对株高	可溶性糖	可溶性蛋白	丙二醛		
M3	0. 497	0. 558	0. 000	0. 155	0. 303	6
M4	0. 799	0. 713	0. 595	0. 878	0. 746	3
M5	0. 669	0. 000	0. 083	0. 945	0. 424	4
M6	0. 000	0. 529	0. 851	0. 000	0. 345	5

第六章　草木樨根瘤菌

根瘤菌（rhizobia）是一类广泛分布于土壤中的无芽孢、能运动、好气或微好气的小杆状革兰氏阴性细菌，大小一般为（0.5～0.9）μm×（1.2～3.0）μm，鞭毛周生、端生或侧生。它能够侵染豆科植物的根部或茎部形成共生体—根瘤（或茎瘤），并在其中将空气中的游离氮气转化成植物可以利用的化合态氮，为宿主植物生长提供必需的氮素营养。根瘤菌与豆科植物的共生固氮约占生物固氮总量的65%；不同豆科植物及其共生体系每年能够固定氮素200～300kg/hm^2，甚至更多。据测定，一年生豆科植物大豆、菜豆等的固氮量为50～100kg N_2/hm^2/y，多年生豆科植物三叶草、苜蓿等的固氮量可以达100～500kg N_2/hm^2/y。固氮体系在农业的可持续发展中占有重要的地位，吸引了世界各国的研究学者对根瘤菌资源调查和分类、根瘤菌及其宿主之间信号交流等基础研究工作。根瘤菌属和慢生根瘤菌属两属细菌都能从豆科植物根毛侵入根内形成根瘤，并在根瘤内成为分枝的多态细胞，称为类菌体。类菌体在根瘤内不生长繁殖，却能与豆科植物共生固氮，对豆科植物生长有良好作用。在新的根瘤菌分类系统中，现有的根瘤菌包括64个种，分布在13个属。草木樨根瘤菌为中华根瘤菌属（*Sinorhizobium*）草木樨中华根瘤菌（*S. meliloti*）。韦革宏、闫爱民等人分离鉴定了草木樨植物根瘤菌在系统发育地位上属于中华根瘤菌属，草木樨属植物对根瘤菌的染色体背景及共生基因背景均有选择，与其共生的根瘤菌范围很可能较窄；草木樨属植物上寄生的根瘤菌比较专一，与根瘤菌的共生关系受其地理环境影响较小。欧盟在2001年完成了草木樨根瘤菌（*S. meliloti*）全部基因序列测定，揭示了根瘤菌固氮（空气中的氮）并传输给植物的机理，草木樨根瘤菌基因组与其他根瘤菌一样，根瘤菌基因组由三大部分构成：一个 370 万碱基对染色体；两个 megaplasmides（pSyma 和 pSymb），其中 pSyma 有 1 638 332个碱基对，pSymb 有 1 354 226个碱基对。该基因组拥有 6 204个蛋白质标记基因，比 *S. cerevisiaes* 酵母菌多，占基因序列的 87%，而且很少重复（约 2.2%）。草木樨根瘤菌在基因构成上具有较强新陈代谢和调节功能。

第一节　根瘤菌的资源调查与分布

豆科植物中的根瘤菌能将空气中氮素转化为植物所需的氮素，减少氮肥用量，降低耕地污染风险，减少对土壤生态环境的破坏及土壤养分失衡的危害，有利于农业的可持续发展。豆科植物接种根瘤菌，能显著改善土壤理化性质，增加土壤肥力，提升产量和改善品质。另外，通过增施肥料或改善土壤物理性状也可提升根瘤菌数量及固氮效率，优质土壤更利于根瘤菌的增殖和固氮。调查 4 至 9 月份冬小麦套种草木樨样地中根瘤菌的分布情况，草木樨在子叶期就有根瘤菌出现。随着叶片数的增多和根系的生长，根瘤菌逐渐增多，特别是 3 片真叶以后增长很快。

以磷增氮的重要生物学基础是磷肥对草木樨根瘤固氮活性的提高，宋明芝等对吉林几种不同土壤施磷的研究，根瘤鲜重最多可提高 9 倍以上。以施 P_2O_5 270kg/hm^2 处理根瘤鲜重增加最显著（236.07%）（表 6-1），施 P_2O_5 180kg/hm^2 和 360kg/hm^2 处理分别达到 121.31%和 178.69%。

表 6-1　磷肥对草木樨根瘤的影响

测定项目	施磷肥量（kg/hm^2）				
	0（CK）	90	180	270	360
根瘤数（个/株）	54.0	68.0	159.3	199.0	123.7
根瘤鲜重（g/株）	0.61	0.71	1.35	2.05	1.70
鲜重比对照增加（%）	—	16.39	121.31	236.07	178.69

一、土壤根瘤菌数量动态变化

冬小麦套种草木樨根瘤菌数量动态变化（图 6-1），0~20cm 土层中 7 月根瘤菌数量达到最大值为 6.89lg · cfu/g（$P<0.05$）；20~40cm 土层中 6—8 月根瘤菌数量较多，其中 8 月达到最大值为 6.46lg · cfu/g（$P<0.05$），0~10cm 土层中 6、9 月间根瘤菌数量差异不显著，10~20cm 土层中 5、6 月间根瘤菌数量差异不显著，其余各剖面土层在时间上根瘤菌的数量差异显著（$P<0.05$）；整体上 0~20cm 土层中的根瘤菌数量多于 20~40cm 土层，其中 10~20cm 土层根瘤菌数量最多，6—8 月各土层根瘤菌数量变化幅度较小。

冬小麦套种草木樨 4—6 月为共生期，7—9 月为非共生期，0~40cm 土壤根瘤菌数量非共生时期均高于共生期（图 6-2），0~10cm、10~20cm、20~40cm 土层根瘤菌分别增长了 7.33%、8.68%、10.63%，其中 20~40cm 土层增长最多。

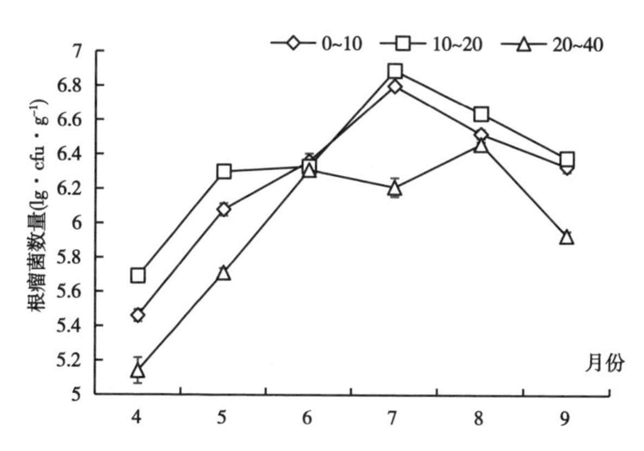

图 6-1　冬小麦套种草木樨 0~40cm 土壤中根瘤菌数量的变化

二、土壤理化性质的变化规律

冬小麦套种草木樨土壤理化性质的变化（表 6-2），从草木樨播种到收获时期 0~40cm 土层土壤含水量呈“V”形变化，4 月土壤水分最高（$P<0.05$），在 7 月水分最低，正是冬小麦的收获期。土壤容重在 0~40cm 土层从整体上呈上升趋势；共生时期 20~40cm>10~

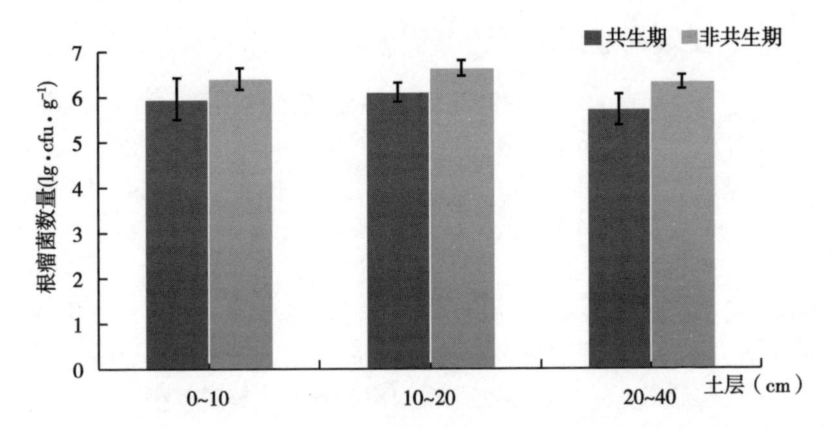

图 6-2 冬小麦套种草木樨共生期与非共生期 0~40cm 土壤根瘤菌数量

20cm>0~10cm；在非共生期高于共生期，其中 20~40cm 土层较 0~20cm 土层下降；9 月较 8 月 0~10cm 土层土壤容重下降 4.36%。土壤 pH 值为 8.54~8.67，非共生期较共生期下降了 0.70%；9 月较 4 月 pH 值下降 0.23%~1.40%。土壤全盐在 0~40cm 土层呈下降趋势，0~20cm 非共生期较共生期下降了 10.66%~17.61%；9 月含盐量较 4 月降低 3.45%~37.69%。有机质在非共生期较共生期下降 12.01%~23.43%，全氮下降 24%~49.29%；0~20cm 土层中有机质、全氮含量在 5 月最高（$P<0.05$）；20~40cm 土层有机质、全氮含量均在 4 月最高（$P<0.05$）；在草木樨收获时，9 月较 8 月有机质增加 7.65%~26.98%、全氮增加 16.67%~44.12%，得到一定的补充。碱解氮含量 0~40cm 土层整体呈下降趋势；4—8 月持续下降，8 月较 4 月下降 52.67%~81.96%；但在 9 月草木樨收获时 0~20cm 土层较 8 月含量增加了 20.27%~160.68%；有效磷含量整体呈下降趋势，9 月草木樨收获时较 4 月下降 8.02%~24.29%。0~40cm 土层土壤有效钾含量在共生期提高了 6.30%~17.78%，其中 20~40cm>10~20cm>0~10cm，且共生期较非共生期高 4.31%~24.46%；非共生期 0~20cm 土层在草木樨收获时有效钾含量提高 10%，20~40cm 土层降低 18.21%。

表 6-2　冬小麦套种草木樨土壤理化性质测定结果

土层（cm）	月份	水分（%）	容重（g/cm）	pH 值	全盐（g/kg）	有机质（g/kg）	全氮（g/kg）	碱解氮（mg/kg）	有效磷（mg/kg）	有效钾（mg/kg）
0~10	4	20. 65±1. 36a	1. 16±0. 14b	8. 59±0. 01	2. 68±0. 16a	18. 21±0. 11c	0. 41±0. 04cd	74. 63±0. 08b	3. 93±0. 03a	215. 45±0. 92b
	5	18. 83±0. 52b	1. 16. ±0. 14b	8. 54±0. 06	1. 56±0. 10bc	22. 07±0. 08a	0. 88±0. 02a	85. 01±0. 08a	2. 96±0. 03c	207. 73±1. 20c
	6	12. 85±0. 17d	1. 26±0. 15b	8. 58±0. 01	1. 44±0. 05c	20. 58±0. 78b	0. 71±0. 05b	70. 78±0. 06c	0. 63±0. 01f	220. 84±1. 65a
	7	6. 26±0. 50e	1. 46±0. 05a	8. 55±0. 01	1. 51±0. 07bc	18. 22±0. 11c	0. 69±0. 04b	56. 53±0. 11d	3. 20±0. 02b	175. 30±1. 47d
	8	15. 22±0. 70c	1. 53±0. 07a	8. 62±0. 01	1. 50±0. 03bc	13. 15±0. 11e	0. 34±0. 01d	35. 32±0. 01f	0. 98±0. 01d	148. 09±0. 19f
	9	18. 98±0. 49b	1. 47±0. 03a	8. 54±0. 06	1. 67±0. 06b	15. 23±0. 12d	0. 49±0. 04c	42. 48±0. 08e	0. 79±0. 01e	163. 12±0. 18e
10~20	4	21. 8±0. 71a	1. 26±0. 05d	8. 61±0. 02	2. 38±0. 04a	14. 06±0. 07d	0. 61±0. 014b	81. 95±0. 09a	2. 08±0. 04b	159. 28±1. 48d
	5	20. 28±0. 56ab	1. 27±0. 04d	8. 59±0. 01	1. 78±0. 01d	19. 54±0. 08a	0. 86±0. 043a	60. 18±0. 08b	3. 42±0. 04a	177. 82±2. 60c
	6	11. 76±0. 87d	1. 41±0. 05bc	8. 67±0. 09	2. 03±0. 03b	19. 64±0. 09a	0. 64±0. 03b	53. 06±0. 07c	1. 11±0. 06c	187. 60±1. 00b
	7	6. 96±0. 77e	1. 53±0. 07a	8. 59±0. 15	1. 53±0. 03e	19. 06±0. 08b	0. 37±0. 03c	49. 50±0. 13d	2. 12±0. 01b	216. 46±1. 87a
	8	17. 15±1. 91c	1. 34±0. 06cd	8. 59±0. 02	1. 95±0. 03c	11. 64±0. 09e	0. 30±0. 01d	17. 65±0. 08f	0. 31±0. 03e	132. 88±2. 81f
	9	19. 25±0. 30b	1. 47±0. 07ab	8. 59±0. 02	2. 05±0. 03b	14. 78±0. 08c	0. 40±0. 01c	46. 01±0. 06e	0. 83±0. 06d	146. 51±1. 94e
20~40	4	20. 74±2. 07a	1. 45±0. 01c	8. 57±0. 01c	2. 32±0. 02a	17. 45±0. 08a	0. 78±0. 01a	98. 34±0. 05a	1. 61±0. 04b	191. 35±1. 39e
	5	18. 87±0. 51a	1. 43±0. 01c	8. 64±0. 01b	1. 71±0. 05c	15. 49±0. 1c	0. 67±0. 03b	32. 31±0. 79d	1. 30±0. 05c	199. 50±0. 11d
	6	12. 74±0. 21b	1. 54±0. 01b	8. 67±0. 00ab	1. 24±0. 04d	15. 95±0. 1b	0. 46±0. 01c	67. 23±0. 04b	2. 58±0. 01a	208. 60±0. 55a
	7	8. 61±1. 14c	1. 26±0. 04a	8. 71±0. 01a	1. 81±0. 04b	15. 59±0. 06c	0. 27±0. 04e	35. 40±0. 06c	0. 81±0. 01d	201. 68±0. 78c
	8	20. 69±1. 20a	1. 36±0. 03d	8. 54±0. 01c	1. 68±0. 03c	13. 21±0. 12e	0. 36±0. 00d	17. 74±0. 04e	0. 66±0. 04e	204. 59±0. 37b
	9	18. 94±0. 93a	1. 445±0. 05c	8. 45±0. 04d	2. 24±0. 03a	14. 22±0. 07d	0. 42±0. 01c	14. 17±0. 01f	0. 57±0. 01f	167. 33±0. 65f

注：同列不同行小写字母表示差异显著（$P<0.05$）

三、土壤理化性质与根瘤菌数量的相关性分析

土壤理化性质与根瘤菌数量进行相关性分析（表6-3），0~40cm土层的根瘤菌数量与全盐相关性高（$P<0.05$），与水分、碱解氮的相关性中等，与容重、全氮的相关性较弱。在0~10cm土层中根瘤菌数量与水分、全盐相关度高（$P<0.05$），与容重、碱解氮、有效钾呈中等相关，容重与根瘤菌数量相关性高（$P<0.05$），与有效磷相关性较弱；10~20cm土层中根瘤菌数量与全盐相关性高（$P<0.05$），与水分、容重、全氮、碱解氮呈中等相关，水分与根瘤菌数量相关性高（$P<0.05$），与有效钾的相关性较弱；20~40cm土层中根瘤菌数量与全氮相关性高（$P<0.05$），与全盐、有机质、碱解氮中等相关，与水分、有效钾的相关性较弱。

表6-3　根瘤菌数量与土壤理化性质的相关性分析

土层（cm）	水分	容重	pH值	全盐	有机质	全氮	碱解氮	有效磷	有效钾
0~10	-0.80*	0.78*	-0.13	-0.87*	-0.26	0.18	-0.56	-0.47	-0.59
10~20	-0.73*	0.72	-0.26	-0.87*	0.19	-0.53	-0.75*	-0.23	0.33
20~40	-0.45	-0.24	0.18	-0.70	-0.71	-0.88*	-0.61	-0.12	0.39
平均	-0.66	0.42	-0.07	-0.81*	-0.26	-0.41	-0.64	-0.27	0.04

注：相关系数R的绝对值在0.3以下是无线性相关，0.3以上是线性相关，0.3~0.5是低度相关，0.5~0.8是显著相关（中等程度相关），0.8以上是高度相关。“*”表示差异显著（$P<0.05$）

土壤理化性质对根瘤菌数量分布的通径分析（表6-4），全盐、有机质、全氮对根瘤菌数量的直接作用较大（$P_4=-0.64$，$P_5=0.56$，$P_6=-0.5$），其余次为容重（$P_2=0.45$）、水分（$P_1=-0.4$）、有效钾（$P_9=0.39$）、有效磷（$P_8=-0.29$）对根瘤菌数量的间接作用；水分、全盐、有机质、全氮、碱解氮、有效钾通过容重、有效磷对根瘤菌数量的影响均有促进作用，但作用较小（P：0~0.07）；全氮、碱解氮、有效磷、有效钾通过有机质对根瘤菌数量的影响相对较大（P：0.31~0.39）。在最优回归方程中（$R=0.9399$ $Y=15.36-0.66X_3-0.76X_4+0.09X_5-1.16X_6$决定系数=0.8833 剩余通径系数=

0.341 6)，全氮对根瘤菌数量的影响最大，其次为全盐、pH 值、有机质。

表 6-4　土壤理化性质对根瘤菌数量分布的通径分析

因子	直接通径系数	间接通径系数									
		X_1	X_2	X_3	X_4	X_5	X_6	X_7	X_8	X_9	总和
X_1	-0.23		0.04	0.03	-0.34	-0.15	-0.09	-0.03	0.00	0.14	-0.40
X_2	-0.13	0.07		0.00	0.23	-0.20	0.14	0.10	-0.04	0.15	0.45
X_3	-0.09	0.08	0.00		0.10	0.01	0.08	-0.04	0.00	-0.09	0.14
X_4	-0.64	-0.12	0.05	0.01		-0.09	0.03	-0.05	0.01	0.11	-0.05
X_5	0.56	0.06	0.05	0.00	0.10		-0.34	-0.19	0.06	-0.35	-0.61
X_6	-0.50	-0.04	0.04	0.01	0.04	0.39		-0.19	0.05	-0.13	0.17
X_7	-0.30	-0.02	0.04	-0.01	-0.11	0.36	-0.32		0.07	-0.20	-0.19
X_8	0.11	0.00	0.04	0.00	-0.05	0.31	-0.22	-0.18		-0.19	-0.29
X_9	-0.54	0.06	0.04	-0.01	0.13	0.36	-0.12	-0.11	0.04		0.39

注：X_1：水分 Soil；X_2：容重；X_3：pH 值；X_4：全盐 T；X_5：有机质 r；X_6：全氮；X_7：碱解氮；X_8：有效磷；X_9：有效钾

研究发现，4—6 月 0~40cm 土层的草木樨根瘤菌数量持续增加，到 7 月前后根瘤菌数量达到最高值，之后根瘤菌数量开始减少，但土壤根瘤菌的总体水平较高为 10^5~10^6 数量级。王海霞等在宁夏苜蓿土著根瘤菌的研究中发现根据地域性、气候条件、土壤结构及理化性质的差异性，根瘤菌的数量为 10^3~10^4 数量级。师尚礼等在苜蓿根瘤菌的有效性及影响因子的研究表明，气候条件、土壤墒情、结构及理化性质等组合条件对土壤根瘤菌数目产生影响。4—6 月土壤根瘤菌数量持续增加可能与土壤墒情及温度有一定的相关性，冬小麦及草木樨根系在春季活动旺盛，根系分泌物开始积累，对根瘤菌的增殖有促进作用；7 月冬小麦刈割对草木樨的荫蔽作用减弱，生长抑制解除，草木樨迅速生长，草木樨支细根扩散部大部分分布在 0~20cm 土层，有机质、热交换条件较下层好，根瘤及根系分泌物也较多，因此，该土层根瘤菌数量最多（0~20cm>20~40cm）；8 月 20~40cm 土层根瘤菌数量达到最高值，在草木樨根系结瘤的相关研究中发现，8 月草木樨主根系向下延伸，支细根扩散，深土层结瘤数目增加，但根系结瘤量与土壤根瘤菌数量是否有直接关系，还有待进一步证实；9月气温转凉，光照变短土壤根瘤菌生长条件变差，可能导致了根瘤菌数量下降。因此，根瘤菌数量在4—9月呈单峰曲线分布。Mahler等发现国外土壤中根瘤菌在气温低时数量多，夏末秋初数量最少；本研究与周智彬等在国内的相关研究根瘤菌数量动态变化结果一致，闫晓宁研究发现根瘤的分布也与本试验结果一致（0~20cm>20~40cm），吕秀华等在东北天然草原的相关研究中也发现其呈单峰曲线。

在共生期土壤受上年留茬及植物根系的腐烂分解及根瘤菌固氮作用的影响，增加了土壤氮素余量及有机质含量，从而减少了草木樨根部土壤区域的氮阻遏效应，并为根瘤菌的增殖提供了优良的物质条件。在非共生期生长抑制解除，固氮作用达到最大化，小麦根系对根瘤菌的阻遏作用消失，腐烂的冬小麦根系也提供了一定的养分，提升了根瘤菌生长的环境，故而在非共生期根瘤菌数量较高。

土壤水分含量的高低直接影响植物及其微生物的生长。4月气温低，植物需水量少，又受冬、春灌水影响，所以此时土壤含水量最高；6月底7月初冬小麦开始收获，气温升高，地表覆盖度降低，灌水减少引起土壤含水量低；7月以后进入草木樨管理期，补充了灌水，地表覆盖度增加，水分损失减少，此时含水量较高。共生期0~40cm土层土壤容重由浅到深持续增加，与赵亚丽等的研究结果一致；非共生期0~20cm土层较高，草木樨主根系主要分布在该土层，对土壤的束缚和挤压作用比20~40cm土层强，且冬小麦在刈割时还受机械的碾压；刘慧等发现7—9月草木樨容重增加，但0~20cm、20~40cm规律不突出。草木樨根系还能分泌部分酸性物质，引起土壤pH值在非共生期较共生期下降0%~0.7%。土壤全盐在0~20cm土层非共生期较共生期降低10.66%~17.61%，相关研究也表明冬小麦套种草木樨能有效降低0~40cm土层土壤含盐量，全盐受灌溉水对土壤的冲洗作用及生物排盐作用的影响，草木樨在8、9月气温降低时生长放缓，为便于刈割，灌溉水减少，所以没有完全将20~40cm土层中的盐分冲洗到下层，但9月较4月土壤全盐仍下降3.45%。上一年留在土壤中的植物根系20~40cm土层比0~20cm土层少，且20~40cm

土层易腐烂分解，所以该土层的有机质、全氮含量在4月最高；浅土层根系健壮，在春灌后才完全腐败分解，且在4月有机质、全氮消耗量较分解量少，5月0~20cm土层中有机质、全氮含量达到了最高；全氮、碱解氮、速效磷、速效钾随着冬小麦、草木樨生长持续下降（除20~40cm土层有效钾含量）。草木樨在9月刈割时较8月有机质提高7.65%~26.98%、全氮提高16.67%~44.12%、碱解氮（0~20cm土层）提高20.27%~160.68%、有效钾（0~20cm土层）提高10%左右；从4、9月含量变化中，冬小麦及草木樨生长消耗了土壤有机质、全氮、碱解氮、有效磷、有效钾。相关研究中一致发现套种草木樨能提升土壤基础肥力。养分还没有释放出来。

不同土层土壤理化性质与根瘤菌数量的相关性分析中，全盐（$R=-0.81$，$P<0.05$）在0~40cm土层中对根瘤菌数量的影响最大；0~20cm土层水分易损失，又因该地区盐碱含量较高，所以根瘤菌数量受水分（$-0.81=R=-0.73$，$P<0.05$）、全盐（$R=-0.87$，$P<0.05$）影响较大；20~40cm土层透水透气性能较上层差，但植物对氮素的吸收利用最多（46.15%），土壤全氮（$R=-0.88$，$P<0.05$）含量供给不足间接地影响了根瘤菌的增殖，成为制约根瘤菌数量的主要因素，牛红榜等发现植物对养分的消耗会制约土壤微生物的生长繁殖，彭冠初等发现该地区土壤中严重缺乏有机质、有效氮和有机磷，肥料的施量不足阻碍了作物产量的提高。

在通径分析中，土壤理化性质对根瘤菌数量的影响主要取决于全盐、有机质的直接作用及容重、水分、有效钾、有效磷的间接作用；有机质、有效磷对根瘤菌数量不仅有较强的直接影响，而且还辅助其他性质促进根瘤菌增殖；全氮、碱解氮、有效磷、有效钾指标对根瘤菌数量的影响正负不一，可能是因为施肥不足、施肥比例不适、植物消耗土壤养分未及时补充，造成了土壤理化性质对根瘤菌数量影响出现差异。最优回归方程也表明全氮、全盐、有机质对根瘤菌数量的影响较大。

土壤全氮、全盐、有机质是影响根瘤菌数量最重要的因素。其中，根瘤菌数量与有机质呈正相关（$P5=0.56$），与全氮、全盐呈负相关（$P6=-0.5$，$P4=-0.64$）。有机质是促进根瘤菌的主要因子，全氮、全盐是制约的主要因子。因此，在栽培过程中应该增加有机肥，适当减少氮肥施量，降低土壤盐分，改善根瘤菌的土壤环境，促进根瘤菌增殖，提高固氮量，同时还给土壤输送了植物及根瘤菌所需的能源物质，土壤肥力也得到提升，冬小麦、草木樨生长越好，其根系就越发达，根瘤菌的数量就会越多。

冬小麦与草木樨套种根瘤菌数量在垂直方向上10~20cm土层中分布最多，在水平方向上0~20cm土层在7月最高，20~40cm土层8月最高；非共生期数量高于共生时期，非共生时期20~40cm土层的根瘤菌数量增长最多。土壤有机质、全氮、碱解氮、有效磷、有效钾在4—8月份均有不同程度的下降，9月草木樨刈割时较8月有所增加。土壤理化性质对根瘤菌数量的影响中，整体上0~40cm土层全氮、全盐、有机质与根瘤菌数量相关性最高，其中与有机质呈正相关，与全氮、全盐呈负相关；有机质、有效磷还辅助全氮、碱解氮、有效磷、有效钾促进根瘤菌的增殖，0~20cm土层中水分与根瘤菌数量相关性较高，20~40cm土层中全氮的相关性最高。

第二节　根瘤菌分离鉴定与分类

一、草木樨根瘤细菌的分离

在西北地区（陕西、甘肃、宁夏）草木樨（白香草木樨、细齿草木樨）根瘤菌资源的调查中发现，根瘤菌与豆科植物共生关系受地理环境差异较小。从陕西省凤县草木樨（*M. suaveolens* ns）中分离出豌豆根瘤菌［*R. leguminosarum*（USDA2370）］在草木樨根瘤菌资源研究中较为少见，从陕西、甘肃、宁夏不同地区的草木樨和白香草木樨均分离出草木樨中华根瘤菌（*Sinorhizobium meliloti*）。阚凤玲，陈文新在青海地区研究香甜草木樨（*M. suaveolens* Ledeb）、白花草木樨（*M. albus* Desr）、黄花草木樨［*M. officinalis.*（L）Desrs］、细齿草木樨（*M. dentatus* Ders）根瘤菌的数值分类时发现，其草木樨根瘤菌均为草木樨中华根瘤菌（*S. meliloti*）。闫爱民在新疆的草木樨根瘤菌调查中也分离出草木樨中华根瘤菌（*S. meliloti*）。刘晓云等在河北省豆科绿肥作物的根瘤菌研究中发现，宿主为草木樨的根瘤菌菌株为草木樨中华根瘤菌（*S. meliloti*）。闫伟从内蒙古西部地区黄花草木樨［*M. officinalis*.（L）Desrs］、白花草木樨（*M. albus* Desr）分离出苜蓿中华根瘤菌属根瘤菌（*S.* spp.），但有学者指出苜蓿中华根瘤菌与草木樨中根瘤菌只是命名不同。草木樨属的不同种的根瘤菌类型较为单一，可能是草木樨对根瘤菌的筛选能力较强引起。

从草木樨根瘤中分离的50株菌中，菌株所属根瘤形体特征信息见表6-5，其中拜城县老虎台乡分离出11株菌，察尔齐镇7株，大宛其镇5株，阿克苏市5株，阿拉尔市22株。草木樨根瘤形态特征中棒状居多，占总数的66%，球状占18%，掌状占12%，不规则状占2%；根瘤的颜色以粉红色居多，其中粉红色根瘤占总数的66%，粉白色占24%，褐红色占10%；菌株形状呈杆状居多，比例为80%，短杆状为20%；分离的菌株在改良的YMA培养基上长出的菌落大部分都为半透明状或乳白色菌落，通过革兰氏染色发现，根瘤内革兰氏阳性菌居多，占总菌数70%、革兰氏阴性菌为30%；通过BTB试验发现有2株（BX1C3、TB2844）革兰氏阴性菌呈黄色，1株（TH2833）呈蓝色，且通过淀粉培养基培养后加卢戈氏碘液后，菌落周围均出现无色透明圈。

表6-5　草木樨根瘤资源信息

菌　株	品　种	生育期	根瘤特征		革兰氏染色		来　源
			形状	颜色	形态	性状	
BH2Z11	两年生黄花	花期	棒状	粉红色	短杆状	G+	拜城县老虎台乡
BH2Z31	两年生黄花	花期	棒状	粉红色	杆状	G+	拜城县老虎台乡
BH2Z2	两年生白花	花期	棒状	粉红色	杆状	G+	拜城县老虎台乡
BB2Z1	两年生白花	花期	球状	粉白色	杆状	G+	拜城县老虎台乡
BB2Z72	两年生白花	花期	棒状	粉红色	杆状	G+	拜城县老虎台乡
BH2Z10	两年生黄花	花期	棒状	粉红色	杆状	G+	拜城县老虎台乡
BB2Z70	两年生白花	花期	棒状	粉红色	短杆状	G+	拜城县老虎台乡
BH2Z71	两年生黄花	花期	球状	粉红色	杆状	G+	拜城县老虎台乡
BH2Z12	两年生黄花	花期	棒状	粉白色	短杆状	G+	拜城县老虎台乡

（续表）

菌　株	品　种	生育期	根瘤特征		革兰氏染色		来　源
			形状	颜色	形态	性状	
BB2Z6	两年生白花	花期	球状	褐红色	杆状	G+	拜城县老虎台乡
BB2Z32	两年生白花	花期	棒状	褐红色	杆状	G+	拜城县老虎台乡
BX1C3	一年生未知	花期	球状	粉红色	杆状	G+	拜城县察尔齐镇
BX1C5	一年生未知	营养期	棒状	粉红色	杆状	G−	拜城县察尔齐镇
BX1C8	一年生未知	营养期	棒状	粉白色	杆状	G−	拜城县察尔齐镇
BX1C1	一年生未知	营养期	不规则状	粉红色	杆状	G+	拜城县察尔齐镇
BX1C18	一年生未知	营养期	球状	褐红色	杆状	G+	拜城县察尔齐镇
BX1C10	一年生未知	营养期	掌状	粉红色	杆状	G+	拜城县察尔齐镇
BX1C7	一年生未知	营养期	棒状	粉红色	短杆状	G+	拜城县察尔齐镇
BB2D5	两年生白花	花期	棒状	粉红色	杆状	G+	拜城县大宛其镇
BB2D2	两年生白花	花期	棒状	粉红色	杆状	G+	拜城县大宛其镇
BB2D20	两年生白花	花期	棒状	粉红色	短杆状	G+	拜城县大宛其镇
BB2D3	两年生白花	花期	球状	粉白色	杆状	G+	拜城县大宛其镇
BB2D1	两年生白花	花期	棒状	粉红色	杆状	G+	拜城县大宛其镇
AB271	两年生白花	花期	棒状	褐红色	杆状	G+	新疆阿克苏市
AB273	两年生白花	花期	棒状	粉红色	杆状	G+	新疆阿克苏市
AH273	两年生白花	花期	掌状	粉红色	杆状	G+	新疆阿克苏市
AH271	两年生黄花	花期	棒状	粉白色	杆状	G+	新疆阿克苏市
AH279	两年生黄花	花期	棒状	粉红色	杆状	G−	新疆阿克苏市
TB273	两年生白花	花期	棒状	粉白色	杆状	G+	新疆阿拉尔市
TB274	两年生白花	花期	棒状	粉红色	杆状	G+	新疆阿拉尔市
TB272	两年生白花	花期	掌状	粉红色	杆状	G+	新疆阿拉尔市
TH271	两年生黄花	花期	掌状	粉白色	杆状	G+	新疆阿拉尔市
TH276	两年生黄花	花期	掌状	粉红色	杆状	G+	新疆阿拉尔市
TH274	两年生黄花	花期	球状	粉红色	杆状	G+	新疆阿拉尔市
TH275	两年生黄花	花期	棒状	粉红色	杆状	G+	新疆阿拉尔市
TH272	两年生黄花	花期	棒状	褐红色	杆状	G−	新疆阿拉尔市

（续表）

菌 株	品 种	生育期	根瘤特征		革兰氏染色		来 源
			形状	颜色	形态	性状	
TH173	一年生黄花	花期	球状	粉红色	杆状	G+	新疆阿拉尔市
TH281	两年生黄花	营养期	棒状	粉白色	杆状	G-	新疆阿拉尔市
TH284	两年生黄花	营养期	棒状	粉红色	杆状	G-	新疆阿拉尔市
TH2815	两年生黄花	营养期	棒状	粉红色	杆状	G-	新疆阿拉尔市
TH2816	两年生黄花	营养期	掌状	粉白色	杆状	G-	新疆阿拉尔市
TH2819	两年生黄花	营养期	棒状	粉红色	短杆状	G-	新疆阿拉尔市
TH2823	两年生黄花	营养期	球状	粉红色	短杆状	G-	新疆阿拉尔市
TH2829	两年生黄花	营养期	棒状	粉白色	短杆状	G+	新疆阿拉尔市
TH2832	两年生黄花	营养期	掌状	粉红色	短杆状	G-	新疆阿拉尔市
TH2833	两年生黄花	营养期	棒状	粉红色	短杆状	G-	新疆阿拉尔市
TB2836	两年生白花	营养期	棒状	粉红色	杆状	G-	新疆阿拉尔市
TB2839	两年生白花	营养期	棒状	粉白色	杆状	G+	新疆阿拉尔市
TB2844	两年生白花	营养期	棒状	粉红色	杆状	G-	新疆阿拉尔市
TB2852	两年生白花	营养期	棒状	粉白色	杆状	G-	新疆阿拉尔市

二、草木樨根瘤菌分子生物学鉴定

从草木樨根瘤中分离的菌株，使用 TAKARA 细菌基因组提取试剂盒（NO：9763）提取菌株基因组 DNA，电泳结果显示菌株目的条带清晰，DNA 样品纯度较高，菌株基因组目的片段大小在 23 000bp 左右，目的片段完整性好，可满足后续 16S rDNA、*nod*A、*nif*H 基因 PCR 扩增试验的要求。

根瘤菌 PCR 扩增，根瘤中分离的菌株提取细菌 DNA 基因组后，使用 p1p6 引物进行 16S rRNA PCR 扩增，扩增结果（图 6-3）。得到的目的片段位于约为 1 500bp，该位置符合预期目的片段位置，且条带比较清晰，无非特异性的扩增片段，该结果满足测序要求。

根瘤菌 *nod*A gene 和 *nif*H gene 的 PCR 扩增：根瘤中分离的菌株使用 *nod*A gene、*nif*H gene 扩增结果（图 6-4）。使用 *nod*A-F 和 *nod*A-R 引物对菌株提取的总 DNA 进行扩增，其中菌号为 BX1C8、

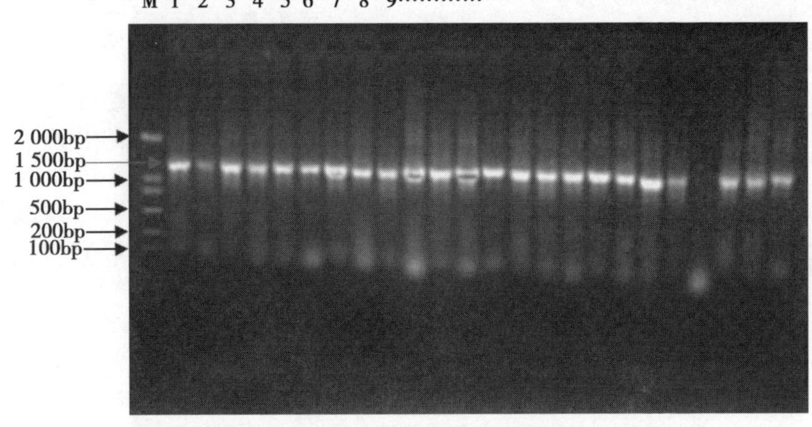

图 6-3　菌株 16S rDNA PCR 产物琼脂糖凝胶电泳图谱

TB2844、TH2833 的三株所得片段位于 666bp 出现清晰明亮条带，与 *nod*A gene 目的片段相符，并无非特异性扩增现象；使用 *nif*HF 和 *nif*HI 引物对其扩增结果同样出现菌号为 BX1C8、TB2844、TH2833 的三株所得片段位于 780bp 左右的位置出现清晰明亮条带，与 *nif*H gene 目的片段相符，无非特异性扩增；通过 *nod*A gene 和 *nif*H gene 的 PCR 扩增结果，基本确定 BX1C8、TB2844、TH2833 为根瘤菌并着重观察这三株菌的 16S rDNA PCR 扩增产物测序结果，进一步确定根瘤菌的种属特异性。

草木樨根瘤中菌株分离鉴定结果（表 6-6），在新疆阿克苏地区拜城县老虎台乡共分离出 11 株杆状细菌，经过与标准菌株比对后，相似度均在 99%以上。其中杆菌属（*Bacillus*）较多，所占比例为 72.73%，短杆菌属（*Brevibacterium*）占 27.27%；拜城县察尔齐镇一年生草木樨（花形未知）中共分离出 7 株杆状细菌，相似度均在 98%以上，其中杆菌属（*Bacillus*）占 42.86%，不动杆菌属（*Acinetobacter*）、剑菌属（*Ensifer*）、短芽孢杆菌属（*Brevibacillus*）和短杆菌属（*Brevibacterium*）均占 14.29%；在拜城县大宛其两年生白花草木樨根瘤中共分离出 5 株杆状细菌，相似度均在 98%以上，杆菌属（*Bacillus*）4 株，短杆菌属（*Brevibacterium*）1 株；阿克苏市区共分

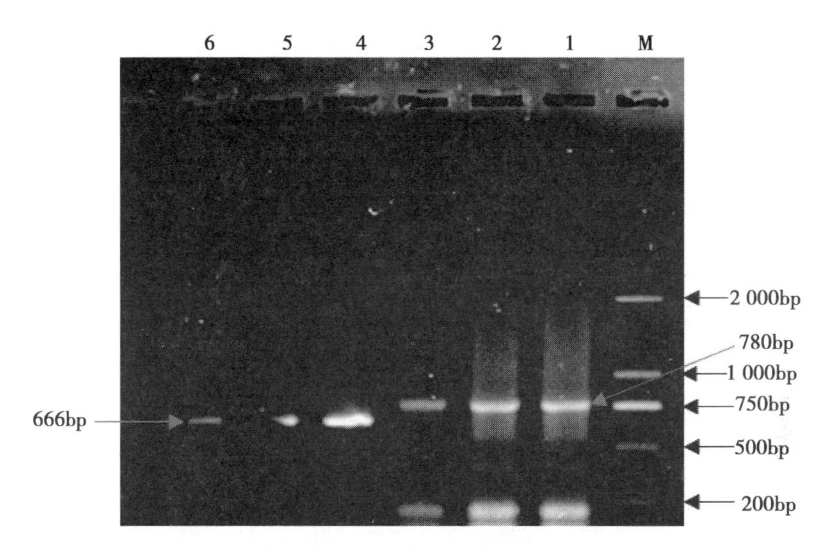

图 6-4 根瘤菌 *nod*A gene、*nif*H gene PCR 产物琼脂糖凝胶电泳图谱

注：1、2、3 分别为 *nif*H gene，4、5、6 分别为 *nod*A gene

离出 5 株菌，相似度均在 99%以上，其中黄花、白花草木樨中各得到 2 株杆菌属（*Bacillus*）细菌，黄花草木樨根瘤中还得到 1 株为假单胞菌属（*Pseudomonas*）。

阿拉尔市分离到 22 株细菌，经过与标准菌株比对后，相似度在 98%以上菌株共计 16 个，在 95%～89%的菌株有 4 个，77.74%的菌株和 82.22%的菌株各有 1 个，其中芽孢杆菌（*Bacillus*）占比最高为 72.73%，金黄杆菌（*Chryseobacterium*）和鞘氨醇杆菌（*Sphingobacterium*）占比为 13.6%，假单胞菌（*Pseudomonas*）和剑菌属（*Ensifer*）占比为 9.1%，其余为短芽孢杆菌（*Brevibacillus*）、类芽孢杆菌（*Paenibacillus*）、寡养单胞菌（*Stenotrophomonas*）、副球菌属（*Paracoccus*）、细菌（*Bacterium*）、溶杆菌（*Lysobacter*）、节细菌属（*Arthrobacter*）占比为 4.5%。

表 6-6 草木樨根瘤中菌株分离鉴定结果

菌 株	属 名	种 名	相似度（%）
BH2Z11	*Brevibacterium*	*frigoritolerans*	99.66

（续表）

菌　株	属　名	种　名	相似度（%）
BH2Z31	*Bacillus*	*thuringiensis*	99.59
BH2Z2	*Bacillus*	*toyonensis*	99.59
BB2Z1	*Bacillus*	*toyonensis*	99.52
BB2Z72	*Bacillus*	*Cereus*	99.59
BH2Z10	*Bacillus*	*megaterium*	99.73
BB2Z70	*Brevibacterium*	*frigoritolerans*	99.52
BH2Z71	*Bacillus*	*Cereus*	99.23
BH2Z12	*Brevibacterium*	*frigoritolerans*	99.65
BB2Z6	*Bacillus*	*altitudinis*	99.52
BB2Z32	*Bacillus*	*thuringiensis*	99.25
BX1C3	*Bacillus*	*Cereus*	99.66
BX1C5	*Acinetobacter*	*Oryzae*	98.95
BX1C8	*Ensifer*	*Meliloti*	99.57
BX1C1	*Brevibacillus*	*formosus*	99.10
BX1C18	*Bacillus*	*altitudinis*	99.38
BX1C10	*Bacillus*	*toyonensis*	99.38
BX1C7	*Brevibacterium*	*frigoritolerans*	99.37
BB2D5	*Bacillus*	*toyonensis*	99.38
BB2D2	*Bacillus*	*megaterium*	99.45
BB2D20	*Brevibacterium*	*frigoritolerans*	99.11
BB2D3	*Bacillus*	*Cereus*	99.52
BB2D1	*Bacillus*	*thuringiensis*	98.63
AB271	*Bacillus toyonensis*	*toyonensis*	99.66
AB273	*Bacillus*	*Cereus*	99.25
AH273	*Bacillus*	*toyonensis*	99.66
AH271	*Bacillus*	*Cereus*	99.04
AH279	*Pseudomonas*	*hunanensis*	99.79
TB273	*Arthrobacter*	*Pascens*	99.44

（续表）

菌　株	属　名	种　名	相似度（%）
TB274	*Bacillus*	*toyonensis*	99.45
TB272	*Brevibacillus*	*formosus*	99.45
TH271	*Bacillus*	*thuringiensis*	99.39
TH276	*Paenibacillus*	*Terreus*	99.04
TH274	*Bacillus*	*Circulans*	99.52
TH275	*Bacillus*	*Cereus*	99.38
TH272	*Pseudomonas*	*hunanensis*	99.79
TH173	*Bacillus*	*megaterium*	99.59
TH281	*Pseudomonas*	*Putida*	99.24
TH284	*Chryseobacterium*	*Lactis*	98.31
TH2815	*Chryseobacterium*	*Lathyri*	95.31
TH2816	*Stenotrophomonas*	*Pavanii*	77.74
TH2819	*Paracoccus*	*aestuariivivens*	98.36
TH2823	*Sphingobacterium*	*bambusae*	97.78
TH2829	*Bacterium*	*AM6*	82.22
TH2832	*Sphingobacterium*	*pakistanense*	96.21
TH2833	*Ensifer*	*Meliloti*	98.6
TB2836	*Chryseobacterium*	*Elymi*	98.99
TB2839	*Lysobacter*	*antibioticus*	98.69
TB2844	*Ensifer*	*Meliloti*	99.40
TB2852	*Sphingobacterium*	*multivorum*	97.00

通过对3株根瘤菌的16S rDNA PCR产物测序，经NCBI blust比对，将已鉴定的根瘤菌与已知模式根瘤菌菌株建立进化树（图6-5），BX1C8与TB2844间亲缘关系较近（相似度达100%）二者与柯斯梯中华根瘤菌（*S. kostiense*）、草木樨中华根瘤菌（*S. meliloti*）、苜蓿中华根瘤菌（*S. medicae*）、木本中华根瘤菌（*S. arboris*）、撒哈拉中华根瘤菌（*S. saheli*）的相似度为99%以上，

可以认为BX1C8、TB2844是草木樨根瘤菌（*S. meliloti*）；TH2833与胡特兰根瘤菌（*R. huautlense*）亲缘关系最好，且相似度达100%，TH2833为胡特兰根瘤菌。

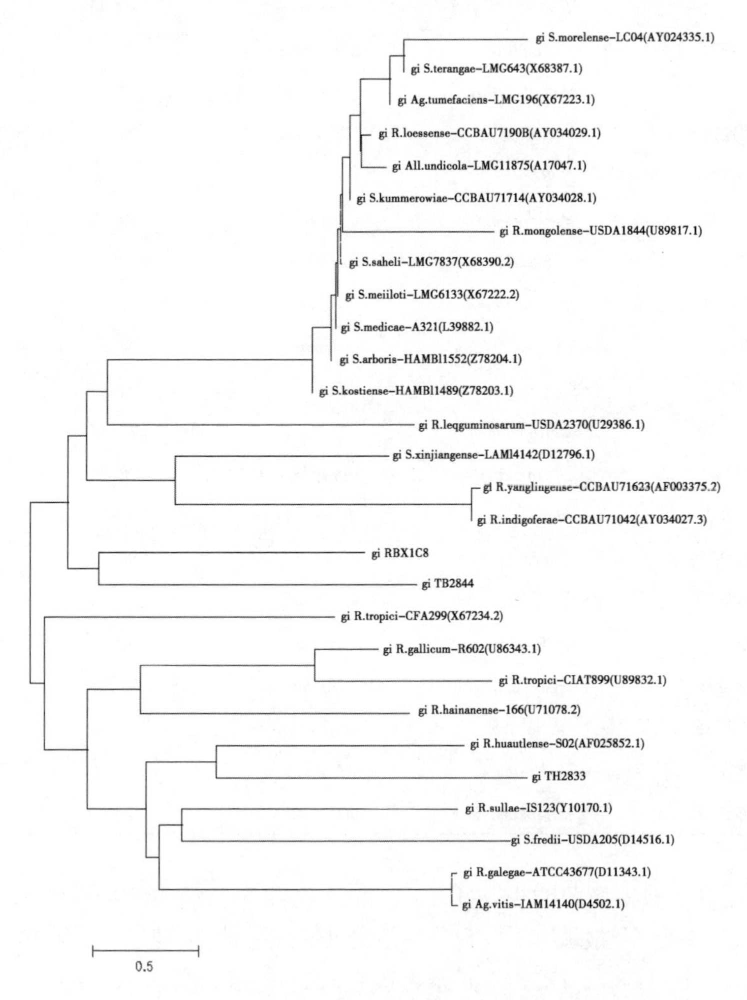

图6-5 根瘤菌16S rDNA序列生物系统分类进化树

从新疆阿克苏地区（阿克苏市、阿拉尔市以及拜城县察尔齐镇、大宛其镇、老虎台乡）草木樨根瘤中分离的50株杆状细菌调查发现，由于杆菌属（*Bacillus*）细菌生长快，数量多，1~3d长出较大菌落，初期均为透明或半透明状且有黏液，与根瘤菌在菌落形态上有较高的相似性，较难区分。且在1~3d这些菌落在培养皿上占据了较大面积，分离出的根瘤菌及其他菌株较少。在草木樨根瘤中杆菌属（*Bacillus*）分离出的数量最多，属于优势种群，相关学者在研究豆科植物根瘤内生细菌时，也分离到了杆菌属（*Bacillus*）、寡食单胞菌属（*Stenotrophomonas*）；分离出的溶杆菌属（*Lysobacter*）在国外学者研究玉米的根系内生菌中也有发现。Zakhia F等在突尼斯研究野生豆科植物的根瘤内生菌时，分离出的内生菌属于假单胞菌属（*Pseudomonas*）、杆菌属（*Bacillus*）、副球菌属（*Paracoccus*），在本次调查中也有这三类菌。试验中分离得到的*Bradyrhizobium*，国外学者在研究阿根廷花生根瘤中的内生细菌时，发现*Bradyrhizobium*回接时不仅可以入侵根瘤，还有增产增收的效果。在拜城县察尔齐镇BX1C5中分离得到不动杆菌属（*Cinetobacter*）菌株，在国外学者通过联合伯克氏菌属（*Burkholderia*）、泛菌属（*Pantoea*）、沙雷氏菌属（*Serratia*）、杆菌属（*Bacillus*）及根瘤菌接种时可以致瘤，可能还存在有溶磷的能力。还分离出鞘脂杆菌属（*Sphingobacterium*）、金黄杆菌属（*Chryseobacterium*），目前报道较少。豆科植物根瘤内生细菌种类多、种群复杂，同时还受到宿主植物、土壤环境、外源接种菌等的影响，这些根瘤内生细菌和根瘤菌的相互作用、协同机制比较复杂，其作用机理目前还没有明确。但根瘤内生细菌对豆科植物及其根瘤菌固氮的意义重大。调查草木樨根瘤中的细菌，也为今后相关研究提供一些基础性数据。

获得的3株根瘤菌都属于剑菌属（*Ensifer*），分别是从一年生白花草木樨、两年生白花、黄花草木樨中分离获得，经比对相似度均达到95%以上，可判定与标准菌株为同种菌；通过系统发育进化树分析，BX1C3、TB2844均为草木樨中华根瘤菌；TH2833为胡特兰根瘤菌。马霞等在调查新疆苜蓿根瘤菌资源时，也分离得到草木樨中华根瘤菌。胡特兰根瘤菌在新疆地区的报道较少。

阿克苏地区采集的草木樨根瘤中，棒状、球状、掌状、不规则状根瘤分别占总数66%、18%，90%、12%、2%，根瘤颜色为粉红色、粉白色、褐红色分别占总数的66%、24%、10%。经革兰氏染色，阳性菌占总菌数70%、阴性菌占30%，其中杆状居多占总菌数80%，短杆状占20%。

分离获得的50株菌经鉴定，有3株根瘤菌都属于剑菌属（*Ensifer*），BX1C3、TB2844为草木樨中华根瘤菌（*Sinorhizobium meliloti*）；TH2833慢生型根瘤菌为胡特兰根瘤菌（*Rhizobium huautlense*）。此外，本试验获得的鞘氨醇杆菌属（*Sphingobacterium*）和金黄杆菌属（*Chryseobacterium*）在草木樨根瘤内生菌的调查报道较少。

第三节　草木樨固氮能力

草木樨根系庞大且含有根瘤，可以固定空气中的氮素，增加土壤肥力。研究报道，白花草木樨可生产干物质约6 200kg/hm^2，而每吨干物质约含氮素28.6kg，白花草木樨一个生长周期可固定氮素109kg/hm^2。美国中西部区的北部，在普遍应用氮肥之前，草木樨是一种传统的绿肥作物，产氮量通常为7.5kg/亩，土壤肥沃，雨水充足时产氮量高达15.2kg/亩。在俄亥俄州，至3月15日，产氮量为9.5kg/亩，至6月22日，产氮量可达11.7kg/亩。伊利诺伊州研究人员报道的产氮量则高达21.9kg/亩。

施氮对草木樨根瘤菌固氮能力的影响（表6-7），草木樨地上干物质中^{15}N原子百分超在0~400mg/kg施氮量呈先增后降趋势，在0~200mg/kg施氮量时，随施氮量的增加而增加，在200mg/kg时达到最高为0.44%（$P<0.05$）；300~400mg/kg时有所下降，较200mg/kg分别下降4.55%、15.91%；固氮百分率及固氮量均在300mg/kg施氮量后呈显著下降趋势（$P<0.05$），在0~200mg/kg施氮量时差异不显著（$P>0.05$）且含量最高，为17.44%~17.98%、375.17~386.58 kg/hm^2，其中100mg/kg施氮量下草木樨固氮量较CK组增加2.05%，200mg/kg较100mg/kg施氮量草木樨固氮量下降3.98%，草木樨固氮百分率、固氮量在300mg/kg较0~200mg/kg施氮量分别下降28.96%~31.09%、30.46%~32.51%，400mg/kg较300mg/kg又分别下降111.22%、112.49%。

草木樨施氮量与固氮量的相关性分析（图6-6），二者的线性相关性为 $y=-9.101x+268.072$，$R^2=0.634$，二次相关性为 $y=0.175x^2-14.157x+273.481$，$R^2=0.563$，其线性相关性较二次相关性高，草木樨的施氮量与固氮量的中等相关。

表6-7　草木樨地上干物质^{15}N含量和总固氮量测定结果

施氮量（mg/kg）	^{15}N原子百分超（%）	固氮百分率（%）	总固氮量（kg/hm^2）
0	0.01±0.01d	17.78±1.51a	378.64±33.46a
100	0.21±0.01c	17.98±1.64a	386.58±29.89a
200	0.44±0.02a	17.44±1.35a	375.17±29.95a
300	0.42±0.01a	12.39±4.81b	260.90±100.50b
400	0.37±0.02b	−1.39±4.64c	−32.59±97.20c

注：同列不同行小写字母表示差异显著（P<0.05）

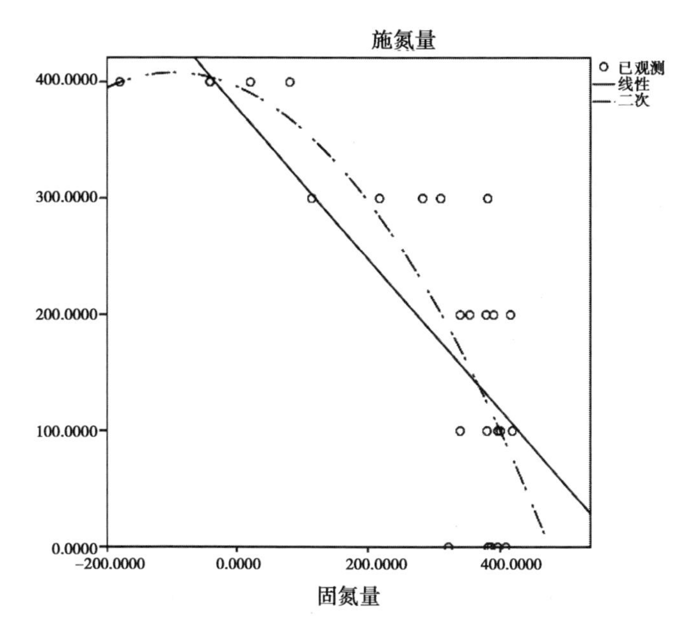

图6-6　草木樨施氮量与其根瘤菌固氮量的相关性

在草木樨根瘤菌固氮的相关研究中，王卫卫等使用乙炔还原法对甘肃、陕西地区草木樨根瘤固氮活性进行了研究报道，但目前国内对草木樨根瘤菌的固氮量的研究报道较少。本试验结果表明，在草木樨全株全氮含量差异不显著的条件下，施氮量在 200mg/kg 以下时，草木樨固氮百分率、固氮量差异不显著且含量均在最高水平，其中在 100mg/kg 时，草木樨固氮百分率、固氮量已经达到最高水平；^{15}N 原子百分超在 200mg/kg 施氮水平下达到最高，但其固氮百分率及固氮量开始下降，300mg/kg 时开始显著性下降。表明氮肥含量过高抑制了草木樨根瘤菌的固氮能力，草木樨施氮量在 200mg/kg 以下时，对草木樨根瘤菌的固氮能力影响甚微，同时从土壤中吸收的氮素含量也达到最高水平。在 ^{15}N 同位素稀释法对豆科植物固氮量的相关研究中，于佰双使用此方法研究发现不同品系的大豆固氮百分率差异较大，在 38%~72%，本试验结果中草木樨固氮百分率最高约为 18%，相对较低，这可能是盆栽草木樨生长周期较短，累积的固氮量较少，其固氮系统效率也没有达到最大化。谢开云在紫花苜蓿与无芒雀麦的混播研究中发现施氮量在 150kg/hm^2 时紫花苜蓿的固氮百分率为 16.28%，其盆栽试验结果比本试验结果稍低。其原因有可能是草木樨生长速度较苜蓿快，同一生长周期内需要的氮素含量更高，因此草木樨固氮百分率可能较苜蓿稍高。马霞等在新疆研究施氮对紫花苜蓿固氮量的影响中，发现施氮水平在 50kg/hm^2 时，固氮百分率为 35.5%~84.6%，接种根瘤菌的紫花苜蓿已达到最佳施氮量，但韩思训在河北研究发现苜蓿施氮量为 100kg/hm^2 时最宜，可能与其试验地生境、苜蓿品种、土壤中土著根瘤菌数量及种类、根瘤菌接种条件以及生长年限等试验条件有很大关系。

本试验在研究无变异株豆科植物（不固氮株）固氮量时选择与多数专家学者方法一致，使用禾本科植物做对照。^{15}N 同位素稀释法测定豆科植物固氮量精度非常高，但是也存在选择合适参比植物的难题。本试验选择鸭茅做为对照植物研究草木樨根瘤菌固氮量，发现施氮量在 100mg/kg（163.88kg/hm^2）时，草木樨根瘤菌固氮量最大为（386.58±29.89）kg/hm^2，其固氮能力最强。与此同时，结合草木樨农艺性状指标在 200mg/kg 时最好。综上，草木樨施氮量建议在 100~

200mg/kg（163. 88～327. 76kg/hm^2）。

草木樨地上干物质中^{15}N原子百分超在0～400mg/kg施氮量呈先增后降趋势，在200mg/kg时已达最高；草木樨根瘤菌固氮百分率及固氮量均在0～200mg/kg施氮量时较高，其中100mg/kg时最高；草木樨施氮量与根瘤菌固氮量二者线性相关性呈中等水平。草木樨农艺性状在200mg/kg时最好，根瘤菌固氮能力在100mg/kg施氮量时最高，因此，草木樨施氮量建议在100～200mg/kg（163. 88～327. 76mg/kg）。

草木樨第一年生长的根瘤菌固氮能力强，固氮时间长，固定的氮素多，草木樨出苗后30d左右开始形成根瘤，一直到10月上旬尚未发现衰退现象，固氮活动时间长达100多天，固氮量520～800mg/盆，折合固氮量6. 85～10. 7kg/亩（表6-8）。

表6-8　草木樨第一年固氮作用（g/盆）

处理	干物质		吸收N量		砂液中剩余N量	总N量	加入N量	固定的N量	折合每亩固N量
	茎叶	根	茎叶	根					
不施N接种	13. 9	19. 9	0. 3668	0. 6140	0. 0081	0. 9889	0. 1680	0. 8045	21. 4
400mg/kg氮接种根瘤菌	15. 0	20. 1	0. 4078	0. 6131	0. 3906	1. 4115	0. 9189	0. 5151	13. 7
400mg/kg氮不接种根瘤菌	14. 3	21. 0	0. 3690	0. 6422	0. 1957	1. 2072	0. 9189	0. 2883	7. 1

第七章　草木樨加工与利用

第一节　干　草

干草是指利用（在适宜时期）收割的天然草地或人工种植的牧草及禾谷类饲料作物，经自然或人工干燥调制的能长期保存的草料。干草的特点是营养性好、容易消化、成本比较低、操作简便易行、便于大量贮存。干草生产时间短，季节性强，面积广、生产量大，必须实行机械化作业。干草调制的过程包括：鲜草压扁刈割、干燥、搂草、打捆、堆贮、二次加压打捆和贮存等环节。

草木樨粗蛋白含量较高，与禾本科牧草相比，含有更多的胶体物质和更少的碳水化合物，在干燥过程中水分散失速度较禾本科牧草慢，并且茎的干燥时间比叶的干燥时间长，在晒制干草的过程中，叶片比茎秆先干燥而脱落下来，而叶片的营养大大优于茎秆，在很大程度上降低了草木樨干草的营养价值。因此，调制优质干草需要采用更有效的刈割干燥方法，从而加快草木樨的脱水进程，以得到质量较优的干草。

一、割草/收获

收获时期对干草品质有较大的影响（表 7-1）。一般收获考虑植物的生长阶段和天气情况。不同牧草的收获时期存在差异，饲草产量与品质是负相关，产量高时品质差，品质高时产量低，因此生产者权衡关系，一般选择单位面积上获得的总的营养物质最大化。一般选择晴朗、无风的天气进行刈割，草木樨最佳刈割期为现蕾期至初花期。

适宜的牧草机械刈割高度 6~8cm，留茬高度过高会影响牧草产量，太低会影响牧草再生。处于营养期的草木樨，营养价值虽然较高，但香豆素含量也相对较高，而此期间植株本身含水量较高，产草量低，此时不宜利用。草木樨在开花期之前或孕蕾期，单位面积上产草量较高，营养价值也高于结实期，而香豆素和双香豆素含量也较营养期低。当草高 50~60cm 时就可以割第一茬草，留茬高 10cm，以利于草木樨再生。

表 7-1　草木樨不同生育期的营养成分（%）

生育期	采样时间（月/日）	粗蛋白	粗脂肪	粗纤维	无氮浸出物	粗灰分	钙	磷
分枝	6/15	25.44	3.03	17.58	41.14	12.81	1.36	0.291
现蕾-初花	7/28	17.98	1.84	35.22	36.52	8.44	0.88	0.195
开花	8/14	13.84	1.43	46.25	31.89	6.59	0.81	0.144
结荚	9/5	12.64	1.50	44.70	36.75	4.41	0.62	0.123
成熟	9/21	10.64	1.15	50.64	33.83	3.74	0.52	0.035

东北地区春播的可收割 2~3 次，产鲜草 2.0×10^4~3.0×10^4kg/hm^2，麦收后复种草木樨，可收鲜草 1.5×10^4kg/hm^2。草木樨刈割后再生能力差，不像苜蓿等从根茎上再生，而是从残茬叶腋上长出新枝。一般茎高 50cm 可刈割，若花蕾出现再刈割已经迟了。刈割一般留茬 10cm 左右以利于再生。

第一年越冬前刈割，留茬高度 6cm，在 9 月 1 日至 10 月 13 日，草木樨割得越早，产草量越高，返青率越低；割草越晚，产草量越低，返青率越高。霜前刈割，气温较高，营养生长接近末期，茎叶比较柔嫩，养分较多，产草量高。但是，这时根茎上的休眠芽容易在越冬前萌发，越冬后死亡。霜后刈割，草木樨植株遭霜打茎叶逐渐枯干硬化，并有部分落叶，产草量下降。但是，根茎上的休眠芽处在休眠状态，越冬安全。

不同刈割时期白花草木樨的产草量及再生草产量显著不同。根据对生长第二年白花草木樨现蕾期刈割最为适宜。此时刈割产草量及再生草产量均高，叶量丰富，营养价值高，单位面积获得的粗蛋白质也最多；现蕾前 10~15d 及始花期刈割次之，终花期及种子完熟期刈割，虽然茎秆高大，产草量较高，但草质粗硬，木质化程度高，叶量极少，营养较差，牲畜采食甚少，消化率低。白花草木樨刈割时期越迟，叶量越少，品质越差（表 7-2）。

表 7-2　不同刈割时期对白花草木樨产草量及再生草产量的影响（kg/亩）

茬次产量 刈割期年份		第一次刈割			再生草			总产量	
		鲜草	干草	占总产%	鲜草	干草	占总产%	鲜草	干草
现蕾前	1974	666.0	183.2	39.6	1 864.8	279.7	60.4	2 500.8	312.9
	1980	1 402.1	299.1	55.4	1 033.9	240.3	44.6	2 434.6	539.3
	平均	1 033.4	241.1	47.5	1 449.4	260.0	52.5	2 482.7	501.1
现蕾期	1974	934.2	223.8	45.4	1 798.2	269.8	54.6	2 730.6	493.8
	1980	1 901.0	422.4	67.2	933.8	205.5	32.8	2 834.8	627.9
	平均	1 417.6	323.1	56.3	1 366.0	237.6	43.7	2 782.7	560.9
始花期	1974	1 398.7	333.0	70.5	932.4	139.9	29.5	2 181.1	472.8
	1980	1 851.0	400.0	95.2	83.4	20.9	4.3	1 934.4	420.9
	平均	1 549.9	366.5	82.8	507.9	80.4	17.2	2 057.8	446.9
终花期	1974	2 464.2	677.7	100.0	—	—	—	2 464.2	677.7
	1980	2 254.5	645.7	100.0	—	—	—	2 254.5	645.7
	平均	2 359.3	661.7	100.0	—	—	—	2 359.4	661.7
成熟期	1974	1 198.8	659.4	100.0	—	—	—	1 198.8	659.4
	1980	1 401.0	700.5	100.0	—	—	—	1 401.0	700.5
	平均	1 449.9	679.9	100.0	—	—	—	1 299.9	679.9

随着草木樨刈割期的延迟，头茬产草量依次增加，二茬产草量则依次降低。适宜的刈割期（初花期）可促进草木樨再生，以获得较高的产草量，过早或过晚刈割则影响产草量。盛花期第二茬干草仅 1 344kg/hm^2，只占总产量的 18.6%，延迟头茬刈割期则不能获得较好的二茬产草量（表 7-3）。

表 7-3　刈割期对干草品质的影响　(%DM)

头茬刈割时间	头　茬			二茬（8 月 25 日初花~盛花）		
	CP	NDF	ADF	CP	NDF	ADF
6/26（现蕾）	24.13Aa	21.76Dd	17.42Cd	16.60Bb	41.52Ab	32.23Bb
7/5（初花）	20.37Bb	25.17Cc	19.86Cc	16.85Bb	42.10Ab	33.24Bab
7/26（盛花）	17.29Cc	33.72Bb	28.22Bb	17.29Aa	44.05Aa	33.58A
8/25（绿荚）	12.02Dd	45.91Aa	34.05Aa	—	—	—

注：同列中大写字母间差异极显著（$P<0.01$），小写字母间差异显著（$P<0.05$）

头茬草于初花期刈割可以获得最高产量，现蕾期刈割头茬草，草木樨的粗蛋白含量最高，中性洗涤纤维与酸性洗涤纤维最低，随着刈割时间的延迟，头茬草的品质也随之下降（表 7-4），草木樨干草现蕾期刈割最好。

表 7-4　不同刈割期对白花草木樨蛋白质产量的影响

刈割时期	产量（DM）kg/亩	CP（%）	CP 产量（kg/亩）
现蕾前	501.1	14.59	73.1
现蕾期	560.9	14.83	83.2
始花期	446.9	14.22	63.6
终花期	661.7	10.36	68.6
成熟期	679.9	8.28	55.8

不同调制方法对草木樨干草品质的影响，碳酸钾处理的干草粗蛋白含量较其他处理（直接晾晒、压扁茎秆、压扁+碳酸钾处理）高，差异达显著水平（$P<0.05$），叶片损失率也显著低于其他处理组($P<0.05$)。四种处理的粗蛋白质含量均显著低于对照（直接烘干）($P<0.01$)，总胡萝卜素含量均显著低于对照（$P<0.01$）。其中晾晒法损失最多，损失率达对照的 60.78%（表 7-5）。碳酸钾处理有增加胡萝卜素损失，可能是由于钾离子作用引起的。

表 7-5 调制方法对干草品质和叶损失率的影响（%DM）

	CK	直接晾晒	压扁茎秆	碳酸钾	压扁+碳酸钾
总胡萝卜素	138.87Aa	54.47De	108.03Bb	78.43Cd	85.10Cc
CP	20.37Aa	45.67Cd	16.23BCc	18.11Bb	16.99BCe
NDF	25.17Cd	36.89Aa	32.48Bb	30.35BCc	31.00Bbc
ADF	19.86Ee	27.85Aa	26.71Bb	24.05Dd	25.40Cc
叶片损失率	—	11.23Aa	7.10Bb	5.20Cd	6.59Cc

注：同列中大写字母间差异极显著（$P<0.01$），小写字母间差异显著（$P<0.05$）

干燥分两个阶段（图 7-1），即含水量降至 40%左右，由 40%降至 18%，前一阶段失水迅速，后一阶段缓慢。在第一阶段，使含水

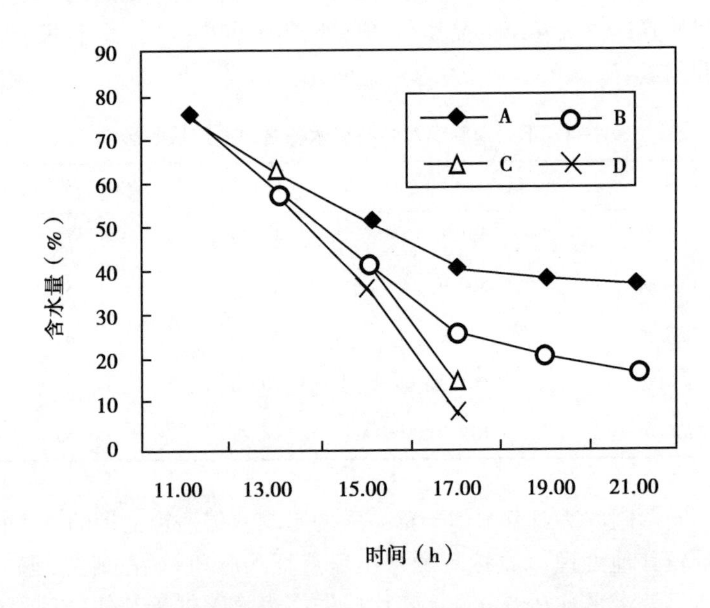

图 7-1 不同调制方法对草木樨鲜草干燥速度的影响

注：A. 直接干燥 B. 压扁茎秆 C. 喷碳酸钾 D. 压扁+喷碳酸钾

量降至 40%，处理间所需时间差异显著，其中，晾晒处理需 8h，压扁茎秆和喷碳酸钾处理分别用了 4.5h，压扁+碳酸钾处理仅 4h。后 3 个处理的干燥时间与晾晒处理间差异极显著（$P<0.01$）。在第二阶段，即含水量

由 40%降至 18%，直接晾晒和压扁茎秆处理的水分变化曲线趋于平缓，晾晒处理需 18h，而压扁+碳酸钾处理仅需 1h，较前者提前 17h。喷碳酸钾处理仅需 1.5h，比晾晒处理提前 16.5h，压扁茎秆处理需 7.5h。

压扁茎秆、喷碳酸钾和压扁+喷碳酸钾三种处理都能加快草木樨的干燥，减少营养物质损失。其中压扁+喷碳酸钾处理，干燥时间仅为直接晾晒的 19.23%。压扁茎秆仅在草木樨含水量降至 40%以前起加速水分散失作用，而喷碳酸钾在整个干燥过程中（包括降至 40%以下）均起作用。

不同晾晒时间对草木樨的影响（表 7-6），WSC 含量略有增加，CP、NDF 和 ADF 没有影响。

表 7-6　不同晾晒时间对草木樨营养成分的影响（%DM）

处理	DM	WSC	CP	NDF	ADF
鲜草	27.36	11.09	17.85	39.25	28.54
晾晒 8h	38.69	11.70	17.44	39.13	28.78
晾晒 30h	44.98	11.43	17.79	39.57	28.93
干草	81.24	7.69	14.72	44.68	32.85

豆科牧草当叶片水分降到 15%～20%时，其茎梗的水分含量为 35%～40%。为了加速牧草的自然干燥速度，一般采用割草压扁机，加快茎叶同时干燥，防止叶片脱落（图 7-2）。

图 7-2　草木樨收获机械

草木樨随夏熟作物一起被收割后，主要靠侧枝腋芽再生茎叶，因此收割时提高留茬高度，保留较多的侧枝腋芽，对于多生、快生茎叶，具有重要作用。用康拜因收割，留茬高度通常在30cm以上，如果留茬高30cm，又能及时灌水，7、8月平均每日可增高2～2.5cm（表7-7）。

表7-7　留茬高度对草木樨绿肥产量的影响

留茬高度（cm）	侧枝数（个）	株高（cm）	产草量（kg/亩）
10	3.0	33.5	667.0
20	5.1	54.6	1 067.2
30	7.0	64.0	1 267.0
40	10.7	82.1	1 433.9

二、搂草/集拢

为了增加草木樨干燥速度，刈割后的草行往往较宽，不利于打捆机的打捆作业（图7-3）。因此在打捆之前需要进行集拢作业。水分含量过高时进行集拢，将减慢牧草干燥速度，如果水分太低时集拢机械损失增大。草木樨适时收割时的含水量70%～85%，而干草的水分必须降到18%～20%，才能堆垛贮存。搂草/集拢主要为了加速牧草干燥速度和后期提高打捆效率。一般在刈割24～48h后，使其水分降到40%～50%，然后用搂草机搂成草条继续晾晒，使其水分降至18%～20%。

三、打捆

一般牧草含水量在17%～22%，就可以进行打捆操作。一般密度在120～260kg/m^3，草捆重量在10～40kg，一般分为方捆和圆捆打捆机（图7-4）。准确判断草行的含水量非常关键。在生产实践过程中，快速测定干草含水量的方法。

（1）含水量在15%～16%的干草。紧握时会发出沙沙声和破裂声，将草束搓拧或折曲时草茎容易折断，拧成的草辫松手后几乎全部

图 7-3　搂草机

迅速散开，叶片干而不卷。禾本科草茎节干燥，呈深棕色或褐色。

（2）含水量在 17%~18%的干草。紧握或揉搓时无干裂声，只有沙沙的声音，松手后干草束散开缓慢且不完全，叶片卷曲，当弯折茎的上部时，放手后仍然保持不断。

（3）含水量在 19%~20%的干草。紧握草束时，不发出清楚的声音，容易拧成紧实而柔韧的草辫，搓拧或弯曲保持不断。

（4）含水量在 23%~25%的干草。揉搓没有沙沙的声音，搓揉成草束时不易散开。手插入干草有凉的感觉。

另外一种更为简单的方法就是双手分别抓住一束干草的两端，用力拉，如果一次拉断了说明可以进行打捆作业了，否则还需要继续晾晒。

图 7-4　打捆机

在晒制青干草时，牧草经阳光中紫外线的照射作用，植物体内角固醇转化为维生素 D，这种有益的转化，为我国北方地区家畜冬春季节维生素 D 的主要来源。在干燥后贮藏时，牧草植物体内的蜡质、挥发油、萜烯等物质氧化产生醛类和醇类，使青干草有一种特殊的芳香气味，增加了家畜的适口性。干草相对其他草产品，干草调制的工艺比较简单，干草的价格也比较低，体积比较大，因此不容易引起生产者的足够重视，如果管理不当，干草调制中干物质和营养物质损失比较大。

第二节 青 贮

草木樨青贮不仅可以解决枯草期青绿饲料不足的问题，缓解草地畜牧业可持续发展与蛋白质饲料不足之间的矛盾，而且可以保证家畜顺利进行舍饲和半舍饲，从而减轻放牧场的压力，使草场得到休生养息。草木樨青贮后能保持青绿饲料的营养特点，并且柔软多汁，消化性强，具有芳香气味，适口性好；青贮饲料体积小，易储存；管理好时可常年供应，能解决我国春冬季节粗饲料的不足。

草木樨属于豆科牧草，蛋白质含量高，可溶性碳水化合物的含量低，具有缓冲能高的特点，不能满足乳酸菌的生长及发酵条件，草木樨的缓冲能较高为 524 ~ 680mE/kgDM，比苜蓿的缓冲能（390~570mE/kgDM）高，并随干物质含量的上升，缓冲能也随之升高，属于较难青贮的植物原料之一（表 7-8）；青贮时很难达到低 pH 值的状态，进而对糖类具有很强分解作用的梭菌活动旺盛，梭菌降解乳酸形成具有腐臭味的丁酸、CO_2、H_2O。因此，为保证豆科牧草青贮时的可溶性碳水化合物量，将草木樨与可溶性碳水化合物含量高的禾本科牧草、饲料作物等混合青贮，改善青贮品质；或进行半干青贮。

表 7-8 草木樨的干物质含量与缓冲能变化

项目	鲜草	晾晒 8h	晾晒 30h	干草
DM（%）	27.36	38.69	44.98	81.24
缓冲能（mE）	680	700	760	—

草木樨青贮可分为单独青贮和混合青贮。单独青贮分为低水分青

贮和添加剂青贮。添加剂青贮分为抑制剂和促进剂两种，抑制剂可以抑制有害菌和腐败菌的生长，促进剂可以促进乳酸发酵。

黄花草木樨（*M. offcinalis*）干物质含量 29.96%，WSC 为 3.76%，青贮乳酸含量较低，有丁酸生成，pH 值较高为 5.60，氨态氮含量较高为 8.18%，青贮质量为一般。田晋梅报道收割开花后期草木樨水量为 68%，然后暴晒 1d，含水量降低 55%后青贮，效果比较好，开窖后未见腐烂、茶绿色，酒香略带蜂蜜味，叶脉清晰、枝叶轮廓整齐、质地柔软，pH 值为 5.5，表观评价为优。低水分青贮将白花草木樨晾晒 8~24h，草木樨的水分为 60%~70%时制成青贮饲料，杨富裕等将草木樨进行晾晒处理（刚收获及收获后经过 8h 和 30h 晾晒的初花期草木樨，干物质含量分别为 27.36%、38.69%和 44.98%），草木樨的干物质含量显著升高，粗蛋白、NDF 和 ADF 的变化均不大，但晾晒后草木樨的青贮质量显著优于晾晒前的青贮质量。单贮白花草木樨的 pH 值是几组青贮中最高的，达到 5.36，这是因为豆科牧草的缓冲能值高而且发酵底物少，很难达到 4.20 以下，一般都在 5.00 以上。各组青贮料的 pH 值和氨态氮含量均较高，pH 值均在 5.0 以上，氨态氮含量都大于 10%。发酵酸中乳酸占主要优势，乙酸和丁酸的含量极少。前两组的氨态氮含量高达 30%左右，而 DM44.98%组氨态氮含量仅为 15.30%（表 7-9）。

表 7-9　不同干物质草木樨直接青贮的效果（% DM）

指标	DM27.36%	DM38.69%	DM44.98%
pH 值	5.43b	5.66a	5.68a
干物质（%）	24.40	36.77	43.35
氨态氮（%）	32.44a	29.18a	15.30b
可溶性糖（%）	4.70b	6.84a	7.12a
粗蛋白质（%）	17.06b	18.12a	18.10a
中性洗涤纤维（%）	39.83a	39.63a	39.50a
酸性洗涤纤维（%）	29.34a	29.79a	29.32a
乳酸（%）	6.30a	4.19b	1.46c
乙酸（%）	0.51	0.41	0.20

（续表）

指标	DM27.36%	DM38.69%	DM44.98%
丁酸（%DM）	0.05	0.07	—

注：同行不同小写字母者差异显著（$P<0.05$）

草木樨添加甲醛、甲酸和甲醛+甲酸青贮有助于降低青贮料的氨态氮含量，并保存较多的可溶性糖和粗蛋白质，其中半干青贮（低水分青贮）效果好。草木樨直接青贮添加 3.0g/kg 和 4.5g/kg 的甲醛效果好，晾晒 30h 添加 4.5g/kg 的甲醛效果好。添加甲酸 4.0ml/kg 对三个干物质水平草木樨青贮均有良好效果，其中直接青贮效果最好。直接青贮添加甲醛+甲酸效果都较好，晾晒 8 h 组添加甲酸（2.0ml/kg）+甲醛（2.0g/kg）的效果最好；而晾晒 30 h 组添加甲酸（3.0ml/kg）+甲醛（1.0g/kg）的效果最好，也发现草木樨青贮不宜用蔗糖作为青贮添加剂。

白花草木樨（*M. albus*）与燕麦（*Avena sativa*）混合青贮（表 7-10），白花草木樨添加比例为 30%~50%混贮效果好；随着燕麦在青贮中的比例增加，氨态氮的含量逐渐降低，在青贮过程中，白花草木樨的蛋白质分解要比燕麦的多。

表 7-10　白花草木樨与燕麦分别单贮和两者不同比例混贮的 V-Score

处理	氨态氮/总氮	乙酸+丙酸	丁酸	总分	等级
白花草木樨	43.18	0	36.00	79.18	尚好
燕麦	50.00	0	40.00	90.00	良好
70%白花草木樨+30%燕麦	46.32	0	37.60	83.92	良好
50%白花草木樨+50%燕麦	49.32	0	40.00	89.32	良好
30%白花草木樨+70%燕麦	50.00	0	40.00	90.00	良好

草木樨与苏丹草混合青贮，粗蛋白和干物质消化率分别比苏丹草单贮提高 66.87%、13.46%，NDF 和 ADF 分别比苏丹草单贮降低 9.97%、7.42%，混合青贮的干物质消化率为 79.7%，显著高于苏丹草单独青贮（表 7-11，表 7-12）。

表 7-11　单贮与混贮苏丹草青贮的发酵品质（%）

指标	单贮	混贮
水分含量（%）	84.20	82.63
pH 值	4.01±0.02	4.22±0.01
有机酸（%）		
乳酸	4.28±0.44A	2.12±0.02A
乙酸	1.77±0.41A	0.80±0.22B
丙酸	1.04±0.28	0.97±0.98
丁酸	ND	ND
总酸	7.09±0.56A	3.89±0.71A

注：ND-未检测

表 7-12　单贮和混贮苏丹草青贮的营养成分及消化性（%DM）

营养成分（%）	苏丹草单贮	苏丹草混贮
粗蛋白	11.29±0.07B	18.84±0.34B
中性洗涤纤维	52.18±0.07A	49.68±0.20B
酸性洗涤纤维）	35.17±0.01A	32.56±0.27B
半纤维素	17.01±0.06A	14.42±0.26B
干物质消化率	70.26±0.02	79.72±0.38

注：利用未粉碎原料测得的 *invitro* 干物质消化率

草木樨（*M. albus*）与玉米秸秆混贮 60d，随白花草木樨比例升高，pH 值、氨态氮与总氮比率、和粗蛋白含呈现升高趋势（表 7-13，表 7-14）。在白花草木樨含量为 20%时，混贮饲料粗蛋白比玉米单贮平均增加了 43.53%（8.34%~46.47%）。

表 7-13　白花草木樨与玉米秸秆混贮饲料的发酵品质

混合比例（M∶C）	pH 值	NH_3-N/TN（%）	乳酸（%DM）	乙酸（%DM）	丙酸（%DM）
10∶0	4.69a	8.40a	4.00f	0.47d	0.48a
8∶2	4.50b	7.64b	4.47e	0.51c	0.47a
6∶4	4.30c	6.94c	5.21d	0.66b	0.29b

（续表）

混合比例（M：C）	pH 值	NH_3-N/TN（%）	乳酸（%DM）	乙酸（%DM）	丙酸（%DM）
4：6	3.87c	6.54c	5.70c	0.69b	—c
2：8	4.22d	5.88d	6.18b	0.91a	—c
0：10	3.72e	5.24d	6.65a	0.98a	—c

注：同列不同小写字母表示差异显著，$P<0.05$

表 7-14　白花草木樨与玉米秸秆混贮饲料的营养成分（%DM）

混合比例（M：C）	DM	WSC	CP	ADF	NDF
10：0	27.92a	0.49e	16.46a	25.37d	43.18f
8：2	27.08a	0.58d	15.13b	27.00d	46.74e
6：4	26.53a	0.66c	13.37c	28.30d	50.46d
4：6	25.52a	0.70c	12.16d	29.36c	54.78c
2：8	24.98a	1.16b	10.59e	30.69b	59.25b
0：10	24.67a	1.29a	7.23f	32.12a	62.65a

注：同列不同小写字母表示差异显著，$P<0.05$

草木樨与玉米秸秆青贮，随着青贮时间的延长，青贮 pH 值呈逐渐下降的趋势。草木樨混合青贮 pH 值在前 7d 时下降速度较快，降幅为 4.5%～14.1%，在第 7d 后 pH 值下降速度减慢，第 7d 和第 15d 混合青贮 pH 值差异不显著，30d 后青贮 pH 值下降差异不显著。青贮比例 9：1 处理组在 1～15d 时，pH 值要高于其余处理组，而青贮比例 6：4的处理组，在 1～15d 的 pH 值低于其他处理组，可能与草木樨中较高的缓冲能值有关，草木樨添加量越多，青贮前期 pH 值下降的越慢。草木樨中添加玉米秸秆进行混合青贮，在青贮完成时，pH 值均下降到 4.5 以下，达到良好青贮 pH 值范围（表 7-15）。

表 7-15　草木樨与玉米秸秆青贮对 pH 值的影响

混合比例	青贮时间					
草木樨：玉米秸秆	1d	3d	7d	15d	30d	60d
9：1	5.2Aa	4.97Ab	4.87Ab	4.72Abc	4.36Bcd	4.21Cd

（续表）

混合比例	青贮时间					
草木樨：玉米秸秆	1d	3d	7d	15d	30d	60d
8：2	5.03Ba	4.72Ab	4.73Abc	4.45Bcd	4.31Bde	4.15Ce
7：3	5.32Aa	4.71Ab	4.57ABbc	4.55Bbc	4.25BCc	4.22Bc
6：4	4.87Ba	4.65Bab	4.55Bab	4.50Bab	4.54Aab	4.47Ab

草木樨与青贮玉米混合青贮时，pH 值下降得很快，青贮前期 pH 值显著高于青贮后期；在 60d 时，除青贮比例 8：2 外，各处理组 pH 值差异均不显著。混合青贮 pH 值下降速度跟青贮玉米的添加量有关，青贮玉米添加量越多，青贮 pH 值下降越快，且最终 pH 值也相对较低。在青贮完成时，pH 值均下降到 4.2 以下，达到优质青贮 pH 范围。

表 7-16　草木樨与青贮玉米混贮对 pH 值的影响

草木樨：青贮玉米	青贮时间					
	1d	3d	7d	15d	30d	60d
8：2	4.54Aa	4.26Aab	4.28Aa	4.32Aa	4.17Aab	4.10Ab
7：3	4.34BCa	4.21Aab	4.16Aab	4.08Bab	4.10ABc	3.68BCc
6：4	4.17BCa	4.06Bb	3.92Bb	3.83Cb	3.74Bb	3.70Bb
5：5	4.03Ca	3.99Ba	4.10ABab	4.14Bab	4.03ABa	3.77Bb

第三节　脱毒

草木樨含有香豆素，这种化合物以结合态存在植物体内，可以放牧利用。经过大量研究发现，香豆素本身是无毒的，但是过量采食会让家畜产生鼓胀的现象，引起家畜中毒的成分是双香豆素。草木樨制成干草或青贮料发霉后，香豆素转变为具有毒性的双香豆素。双香豆素的产生使草木樨被采食时产生不良的气味和苦味，影响其适口性，降低了其作为饲草的利用率和经济价值。双香豆素具有与 Vit B4 相似的化学结构，进入血液后可以减少肝脏内凝血酶原，使家畜出现贫血症状，严重可导致家畜死亡。在草产品的加工和储藏过程中，不具有毒性的香豆素在霉菌的作用下可转变成具有毒性的双香豆素（Dicoumarin），能使家畜在饲喂后产生出血性贫血等症状。Nair 等发现放牧能影响草木樨香豆素含量，李树成等利用与玉米秸秆混合青贮能达到降低草木樨香豆素含量的效果。可见，使用科学的栽培、管理和贮藏措施能在一定程度上降低草木樨香豆素含量，但最直接有效的方法还是通过遗传选育获得低香豆素或无香豆素新品种。在国外，已有不少低香豆素草木樨品种或品系成功登记和推广，通过遗传改良可有效降低草木樨的香豆素含量。Nair 等用高效液相色谱法测定了包含草木樨属 15 个种约 149 份材料的香豆素含量，草木樨香豆素在干物质中的含量一般是 0.08%~1.30%。

香豆素的含量因品种、发育时间、栽培条件等的不同而有差异（表7-17）。在植株中，又以花中香豆素含量最多，其次是叶和种子、茎和根中最少。在少雨干燥地区栽培草木樨，香豆素含量较高，反之，在多雨湿润地区含量较低。

表 7-17　不同品种不同部位草木樨中香豆素的含量

品　种	株高（cm）	不同部位香豆素含量（%DM）			
		茎	叶	花	种子
白花草木樨	85~110	0.97~0.61	1.75~1.82	3.60	1.11
黄花草木樨	80~90	0.60~0.67	7.25	9.15	2.15
细齿草木樨	97~115	0.01	0.04	0.06	0.04

双香豆素不是草木樨等植物的正常代谢产物，它是在黑曲酶（*Aspergillus niger*）和烟曲霉（*Aspergillus funigatus*）的作用下，将香豆素转变成4-羟基香豆素（4-hydroxycoumarin），然后两个4-羟基香豆素借助大气中甲醛的碳产生次甲基桥，最终形成3，3′双二苯基膦甲烷-4 羟基香豆素（3，3′methylenebis-4-hydroxycoumarin），即双香豆素从结构来看，双香豆素主要来源于简单香豆素。双香豆素在干草中的含量达到 20~30mg/kg 时就能对家畜健康造成潜在的危害。

Blood 等研究发现绵羊饲用料中双香豆素含量为 10mg/kg，会出现家畜中毒的现象，Radostits 等报道，双香豆素含量超过 50mg/kg，该草不可用作饲喂牲畜。由于双香豆素具有很强的抗凝血活性，家畜过度食用后可能会出现内外出血的现象。高含量的香豆素可间接使饲草产生苦味，严重影响适口性。另外，香豆素具有独特的气味，且这种味道可能会污染其他相关的产品。Nair 等的报道里提到，给鸡饲喂不同水平的香豆素后，通过肉质的味评试验可以检测出香豆素的气味。高含量香豆素还会对人类健康造成潜在的伤害，欧盟对人类食品的香豆素含量限制为 0.02%。香豆素在畜产品含量的限制要求目前还没有标准，因为香豆素生物活性在不同动物体内的反应是不一样。鉴于香豆素影响饲草料的适口性以及潜在危害家畜的健康，通过管理和贮藏技术改进从而降低香豆素和双香豆素含量的研究已有不少报道。Sanderson 等发现，在草木樨干草中添加无水氨可有效防止香豆素转换成双香豆素。李树成等的研究发现，白花草木樨与玉米秸秆按照 2∶8的比例青贮，相比较玉米单贮其粗蛋白的含量可增加 38%~46%，香豆素和双香豆素含量比白花草木樨单贮的分别减少 81%和 90.5%左右，说明与其他饲草料混合青贮能有效提升草木樨的饲用价值。

发酵 60d 结束，与原料相比，各青贮处理均降低了香豆素和双香豆素的含量（$P<0.05$），随着草木樨比例的降低，香豆素和双香豆素含量显著降低，2∶8 比例中香豆素和双香豆素含量最低，比未青贮草木樨分别平均降低了 81.53%和 90.67%（表 7-18）。

表 7-18　白花草木樨与玉米秸秆混贮饲料的香豆素和双香豆素含量

混合比例（M∶C）	10∶0	8∶2	6∶4	4∶6	2∶8	0∶10
香豆素（%）	0.73a	0.62b	0.49c	0.38d	0.22e	0f
双香豆素（g/kg）	1.14a	0.86b	0.65c	0.43d	0.20e	0f

注：同列不同小写字母表示差异显著，$P<0.05$

中生稗和白花草木樨混播与白花草木樨单播相比，香豆素和双香豆素含量分别降低了 69.16%和 70.28%（表 7-19）。

表 7-19　中生稗：白花草木樨混播的香豆素和双香豆素含量

中生稗：白花草木樨	10：0	7：3	5：5	3：7	0：10
香豆素（%）	0	0.37d	0.59c	0.83b	1.20a
双香豆素（g/kg）	0	0.63d	1.03c	1.47b	2.12a

注：同列不同小写字母表示差异显著，$P<0.05$

许瑾等人报道，多雨湿润地区种植的草木樨其香豆素含量较干旱少雨地区的低，通过栽培措施的改进也能在一定情况下抑制香豆素的形成。Goplen 等首次发现，两对等位基因 Cu/cu 和 B/b 分别与草木樨香豆素含量以及香豆素的形态有关。Goplen 经过 3 代回交和选择，育出低香豆素黄花草木樨品种 Norgold。国际上也有白花草木樨与无香豆素的细齿草木樨（*M. dentatus*）杂交的实例，最终获得几乎无香豆素的小株型白花草木樨。

美国的科学家针对草木樨香豆素问题率先开展相关遗传学研究和育种工作。在香豆素遗传原理的指导下，育成首个低香豆素白花草木樨品种并于 1970 年获批推广利用。随后，Goplen 的团队历经 22 年，通过轮回杂交方式选育出高产、优质和低香豆素的黄花草木樨品种，具有较高的推广利用价值，深受当地农牧民的青睐。Vogel 等发布的多个低香豆素草木樨轮回杂交新品系，可用作草木樨香豆素相关研究的宝贵材料。通过遗传育种的方式选育高产、低香豆素且适应性强的草木樨新品种。国际上，已有许多通过遗传改良获得的草木樨品种或品系广泛用于生产实践和科学研究，如白花草木樨品种 Acuma、Cuumino、Denta、Polara 和黄花草木樨品种 Norgold。黄花和白花草木樨都有低水平香豆素的育成品种。

草木樨处于营养期、开花期、结实期时粗蛋白、粗脂肪含量差异不显著。随生长期的延长，粗蛋白和粗脂肪含量有降低的趋势，在营养期最高，结实期最低。在不同生长期草木樨中总香豆素、香豆素、双香豆素含量来看，香豆素与双香豆素的含量也随生长阶段的延长呈现下降趋势。根据营养成分（粗蛋白、粗脂肪）含量和香豆素含量分析，权衡利弊，处于营养期的草木樨营养价值虽然较高，总香豆素 0.94%～1.07%和双香豆素含量 3.47±0.80mg/kg 也相对较高，而且此期间植株本身含水量较高 82.5%±4.9%，故单位面积草地产草量较低，此时不宜利用。结实期草木樨干物质较高 28.2%±8.0%，总香豆素 0.55%～0.44%，双香豆素(1.85±0.36) mg/kg 含量相对较低。此时粗蛋白与粗脂肪含量（分别为 15.32%，2.09%）也较低。结实期的草木樨粗纤维含量较高，对反刍动物尚不甚重要，对单胃家畜，过高的粗纤维将会影响家畜对饲料中营养物质的消化吸收，从而降低了饲料的营养价值，此时利用也不太合适。处于开花期之前或孕蕾期的草木樨单位面积草地上产草量已较高，营养价值高于结实期，而香豆素和双香豆素含量也较营养期低，在开花初期之前收割利用较为理想，在开花期前刈割饲用价值较高，对动物毒性相对较低。

Benson 等观察到储存在小捆的情况下，双香豆素的含量最高(51.5mg/kg)，其次是大捆（22.9mg/kg)，青贮和堆垛最低(1.8mg/kg 和 0.6mg/kg)。圆捆存储的双香豆素含量超过中毒量(10.0mg/kg)。圆捆表面（30.7mg/kg）比中心（16.5mg/kg）高，由于表面潮湿或雨天条件有利于双香豆素的形成，在中央的温度过高时，不利于霉菌生长。草木樨刈割后，未立即晾干，茎和叶中的香豆素含量会大量积累。

草木樨脱毒加工利用方式主要有以下几种方式。

1. 浸泡

浸泡可以软化青饲料的纤维素和角质层，消除苦、涩、辣或其他怪味。草木樨用水浸泡时，草粉与水的比例为 1∶8，浸泡 24h，可除去 84%的香豆素和的 41%双香豆素，可以改善饲料的适口性，提高饲料的消化率，避免中毒。

2. 混合青饲

选择适口性好的禾草，也可掺一些干草，与草木樨混合，直接饲喂。可以降低香豆素的异味和相对含量，起到防止中毒的作用；每隔一周轮换其他饲料，也可防止累积性毒性中毒。

3. 高温干燥

采用高温快速干燥法，将其调制成草粉，放在预热空气温度高达 900～1 100℃环境中，在数分钟内完成干燥。在高温干燥过程中，香豆素分解后释放，异味随水蒸气排出，有效地降低有毒物质含量，并消除异味，提高利用率。

4. 调制干草

在草木樨的最佳刈割期进行刈割。采用自然干燥法调制成干草，在调制过程中，由于受到一定温度和热气流的作用，随着水分的去除，相应地毒素含量也会减少。

5. 科学饲喂，合理搭配

草木樨不宜单一饲喂，可与其他饲料混合饲喂，逐渐增加量，一般喂2周停1周，并多饮水。对妊娠后期的牛和绵羊，不能进饲喂，以防产犊、产羔时出血而不凝固；对1岁的犊牛和羔羊不要喂；霉烂的草木樨干草和青贮，必须弃除，不能饲喂。如发现家畜因食草木樨中毒，应立即停喂，并增加其他富含维生素K的青绿饲料，同时服维生素K制剂。

第四节　饲　喂

草木樨是发展草地畜牧业的优质牧草之一。草木樨刈割能提高动物的日增重和生产性能。草木樨开花前，茎叶幼嫩柔软，马、牛、羊、兔均喜食，切碎打浆喂猪效果也很好。草木樨中香豆素，如使用得当，能够促进家畜胃下腺的分泌，改善消化能力，增加家畜的采食量和饮水量。

草木樨及苜蓿营养价值测定结果（表7-20），草木樨属于二级粗饲料，苜蓿属于一级粗饲料。

表7-20　草木樨及常规粗饲料营养价值测定结果（%DM）

项目	DM	CP	NDF	ADF	EE	Ca	P	RFV
草木樨	90.67±0.33a	12.35±0.13b	50.53±1.73a	35.88±0.31a	2.08±0.03	1.19±0.10b	0.20±0.07	112.30±4.23b
苜蓿	89.00±0.42b	17.30±0.13a	42.00±1.79b	29.80±1.35b	2.10±0.20	1.49±0.18a	0.23±0.04	145.66±6.69a

注：同列不同行小写字母表示差异显著（$P<0.05$）

草木樨体外产气量（图7-5），随着体外培养的时间延长，草木樨 36h 内的体外产气量呈递增趋势，12h 的产气量较苜蓿低，在 24h 的产气量较苜蓿高，24h 的产气量为 100.09mL/g，苜蓿在 36~72h 的产气量高于草木樨。草木樨在 36h 产气量达到最高为 107.37mL/g，较苜蓿低 5.6%，随后产气量开始有所下降。从产气量动态情况分析，苜蓿产气量保持在相对较高的水平，其体外产气量直至 72h 达最高，为 129.67mL/g。从产气速率分析，草木樨产气速率较紫花苜蓿高 71.43%。

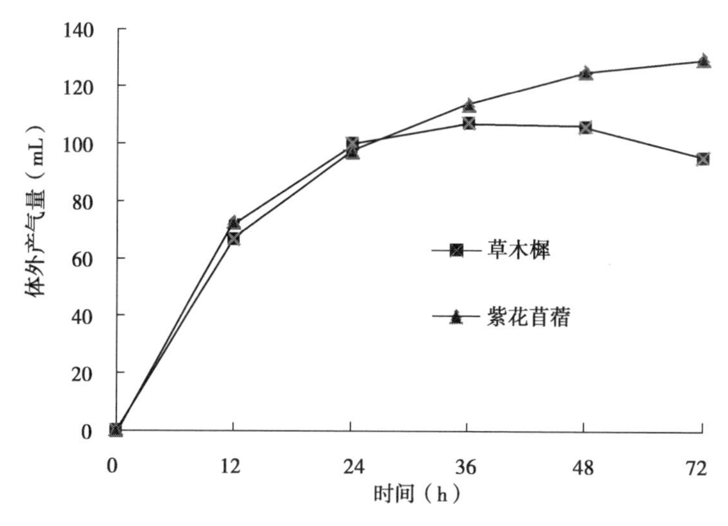

图 7-5　草木樨和紫花苜蓿体外产气测定结果

结实期草木樨的 DMD 显著低于野豌豆与紫花苜蓿（$P<0.05$），随着生育期的延长，草木樨的营养价值下降速度较快；初花期的草木樨粗蛋白含量最高达 12%~24%，粗纤维与香豆素的含量较其他生育期低。开花期草木樨和紫花苜蓿的 DMD 在 68%左右，结实期草木樨 DMD 比紫花苜蓿降低了 8 个百分点，草木樨随着生育期的延长营养价值下降较快，因此对于草木樨应尽早利用。

产气动态曲线显示，在培养开始阶段（0~16h），气体增加速度。随着发酵的进行，草木樨开花期的产气量增长较结实期速度快（图 7-6）。

草木樨的有效降解率数值均高于混合天然牧草干草。草木樨在绒山

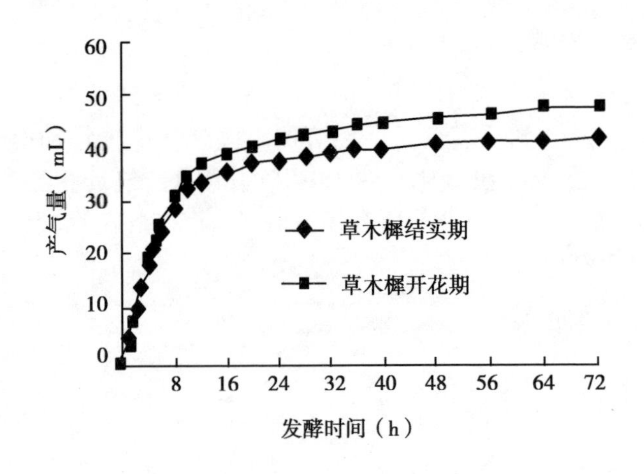

图 7-6 草木樨体外发酵产气动态变化

羊瘤胃内的干物质有效降解率为 43.27%，显著高于对混合干草（$P<0.05$），但有效降解率低于 50%。马丽娟等也曾报道，草木樨在瘤胃内干物质有效降解率为 55.89%，草木樨属于消化率偏低的饲草。

一、羊

草木樨和混合干草饲喂绒山羊，绒山羊对草木樨的干物质采食量显著低于大针茅、羊草、蒙古葱等混合干草的采食量（$P<0.05$），草木樨作单一日粮不能满足其维持正常生理活动所需营养，绒山羊对其干物质采食量，只有其维持需要量的 77.77%，家畜采食草木樨后没有饱腹感，仍处于饥饿状态，长期饲喂单一草木樨饲草会使绒山羊掉膘。因此，草木樨作为单一日粮只适合短期饲喂无生产任务的家畜，不能用于饲喂妊娠、哺乳母畜和生产畜产品的家畜。在饲喂家畜时将草木樨草粉用水浸泡可去除 81.4%的香豆素，或与其他禾草混搭，均能减少其对器官的伤害。

Thompson 等研究发现，第一年 10 月至第二年 3 月之间，生长在盐碱地的草木樨，平均每公顷可使 25 只羊平均增加 6kg 活重。全部用草木樨干草喂 100d（尚有混合精料及甜菜各 200g/只·日），羊血液的生理指标如红细胞数、血红蛋白量、凝血酶原活性时间、谷丙转氨酶、谷草转氨酶，以及呼吸、心跳、体温等均无异常，无临床表现，增重效果很好（158g/只・日）。屠宰后检查，胆囊及肝脏肿大，镜检时胆囊黏膜上皮染色淡或坏死脱落，固有层和黏膜下层血管充血，肾脏微肿，肾小管上皮细胞轻度变性。心、肺、肠、脾、膀胱、淋巴节等均无病变，组织结构正常，肌肉不含香豆素。饲草中的草木樨干草只1/2，其余为玉米秆、黄豆秆，羊的生理指标正常，增重效果好（151g/只・日），胆囊及肝脏也有轻微肿大。赖先齐在伊宁县对1987年冬食用了草木樨干草，而1988年春、夏又停止食用，转入山区放牧的羊（伊犁农区的大部分牛羊，春夏季都转入放牧，冬季舍饲），于9月下旬屠宰后检查胆囊，结果一切正常。再度食用草木樨干草到12月，胆囊又会出现肿大现象。

二、牛

叶莉等用玉米秸秆和草木樨饲喂奶牛，产奶量提高了5%~8%；奶牛喂草木樨后，产奶量提高3.75kg/（头・日），节约豆饼15kg，节省青草50kg；草木樨喂奶牛不仅提高了效益，还能节省豆饼。利用草木樨青贮饲喂肉牛，对牛群采食、行为、精神、健康状况进行了详细观察，未见异常，而且试验组牛群喜食青贮料，被毛光亮，在严寒冬季，家畜普遍掉膘时期试验组保持了良好日增重（表7-21）。

表7-21　草木樨青贮喂牛试验结果

项目	开始体重（kg）	结束体重（kg）	总增重（kg）	日增重（g）
试验组	284.3	288.2	3.9	86.7
对照组	294.4	294.3	-0.5	-2.0

三、猪

草木樨粉不经处理直接饲喂猪，会出现猪慢性中毒。试验猪饲喂占日粮重量35%的草木樨粉，经161~197d饲喂，引起主要的病理变化有肝、肾、心等实质器官的功能细胞发生颗粒变性、水泡变性，其中以肝脏受损较为明显。同时，还有肝、肾、心、脾、胆囊等组织的间质血管充血或出血等症状。而经过水浸泡脱毒处理后进行饲喂，实验猪可免受其害。水浸泡草木樨粉24h，可除去其中香豆素42.30%、双香豆素42.10%，草木樨水浸泡组比不处理组提高日增重23.40%，提前28d达到90kg活重。生长肥育猪，添加香豆素和双香豆素，20~50kg活重分别在1.85g/（头·日）和0.57μg/（头·日），50~90kg活重分别在4.39g/（头·日）和1.45μg/（头·日），未发生病变。

第五节　绿　肥

美国学者F. E. Allison（1973）指出“从绿肥植物上获得重大利益的是通过它的根系实现的，特别是深根系豆类植物如苜蓿、草木樨、羽扇豆等，其根系效应更为突出”。种植草木樨沤压的绿肥，质量较好，全氮含量0.34%，腐殖质含量达2.47%，较一般土粪分别高50%和83.3%。据试验，种过草木樨的耕地，其耕层土壤含氮量增加13%~18%，含磷量增加20%左右，有机质增加30%~40%，水稳定性团粒增加30%~40%。种过2年草木樨的土壤，遗留在30cm耕层的干根量，平均可达1 350kg/hm^{2}左右，腐殖质含量比种谷子、玉米增加0.1%~0.2%。此外草木樨还含有比较丰富的氮素，一般在100kg干物质中，茎中含有2.5kg氮素，根中含有1.5kg氮素；种过草木樨的地，全氮含量比种谷子、玉米地增加0.02%~0.04%。

种植黄花草木樨后，土壤脱盐率较高，土壤中盐分含量pH值交换性钠和碱化度明显降低，有机质含量显著增加。黄花草木樨还可有效地改善土壤的通透性，能使土壤中小于0.001mm和0.001~0.005mm的黏粒减少，0.05~0.25mm的砂粒增加，土壤体积质量变小，孔隙度增大，黄花草木樨是干旱半干旱地区改良退化土壤的一种优良牧草。

一、腐解规律

草木樨植株腐解高峰在埋压后1个月左右，而高峰的出现并不立即消逝，持续到埋压后40d左右才下降。草木樨根系在埋压77d过程中出现两次腐解高峰。第一次小高峰出现在埋压后1个月左右，第二次高峰在埋压后的67d，而后下降（图7-7）。由于细小幼嫩的根系在埋压后1个月左右就全部腐烂，而主根木质化程度高腐解高峰出现在后期。

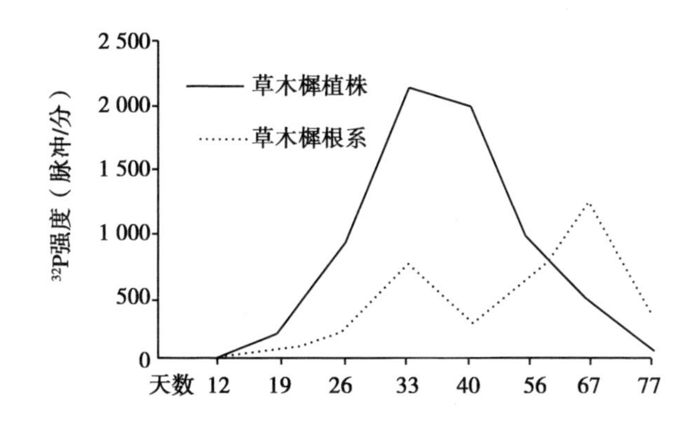

图7-7　草木樨埋压后玉米单株平均日吸收^{32}P强度

草木樨在埋压77d过程中植株腐解度明显高于根系。草木樨植株腐解快是由于分枝多而鲜嫩，叶子繁茂所致，而其根系木质化程度高腐解速度相对较慢。二年生白花草木樨根系十分发达，其根量一般占地上部重量1/3～1/2，在非常贫瘠的土地上占80%以上，草木樨绿肥的根系作用不可忽视。

草木樨绿肥埋压后在土壤水分和温度适宜的条件下，12d左右就能产生肥效，有效养分释放速度较快（图7-8）。腐解高峰在埋压后的30d左右。在理压115d的过程中腐解量地上部为84.9%、根系为74.9%。黄花草木樨的矿化作用在灭生1年后达到顶峰，最高氮释放量会随着植物成熟递减；黄花草木樨耕翻后氮的释放可持续至少7年，其中第二年释放量最高，只有极少量氮被矿化。从^{15}N标记草木樨看出，草木樨在腐解过程中，第一年的氮素释放量最多，约占三年氮素总释放量的3/4；第二年则迅速减少为，三年氮素总释放量的13%～15%。为充分发挥绿肥的增产作用，在翻压

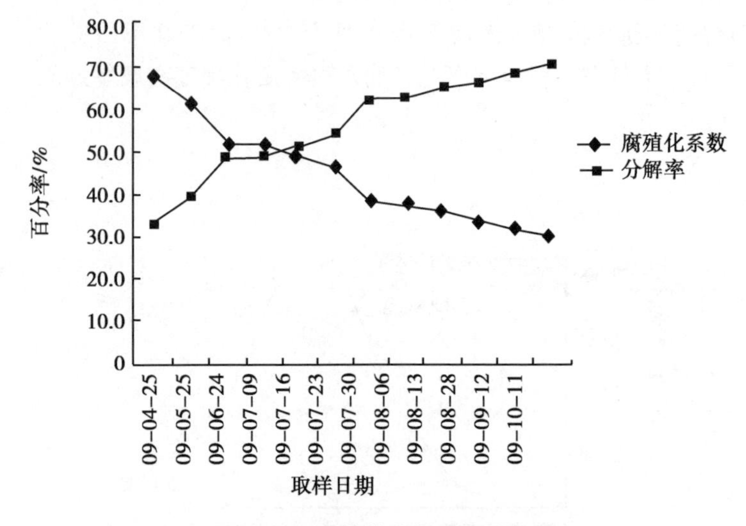

图 7-8　网袋草木樨干物质变化

绿肥后的第一年应种植生育期长，喜氮肥的高产作物。绿肥后的三茬作物共吸收草木樨总氮量的50%，其中50%残存于土壤中，有利于提高土壤的潜在肥力。

草木樨碳的矿化高峰期出现在 7 月 9—16 日，平均每天矿化 0.99%，草木樨一年的矿化率为 69.44%；氮的矿化高峰期与碳的相同，但矿化率较低，平均每天只有 0.3%。磷的矿化高峰期是在 6 月 24 日至 7 月 9 日，平均每天矿化 0.28%；在埋压的第一个冬季（即 2008 年 10 月 14 日至 2009 年 4 月 25 日）钾的矿化就已经达到了 89.93%，在随后的一年半时间里仅矿化了 9.89%（图 7-9）。

二、利用模式

（一）第一年的选择

绿肥/放牧/饲料，翻压草木樨要掌握好适合的时间，草木樨在第一年的 8 月下旬至 10 月上旬充分贮备营养，这期间翻压肥效最好，如过晚，木质化程度高，不易腐烂，并且会形成越冬芽，来年易萌发，不利于农业生产。第一年翻压之后可以继续种植冬小麦，或第二

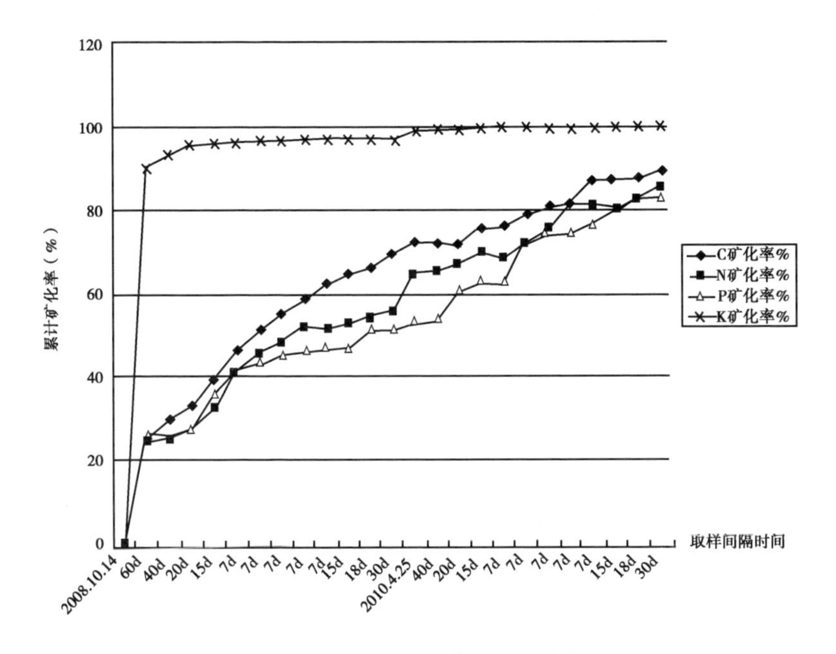

图 7-9　草木樨碳及养分积累变化

年种植玉米等作物。二年生草木樨，当年不开花，一般当苗高 60cm 左右即可翻压，产草约 1 600kg/亩。若作当年冬麦基肥，要求于 8 月 15 日以前翻压，需保证距离冬麦播种时间 35~40d 翻压。若作为来年春作物的基肥，可在 9 月翻压，以提高产草量。草木樨绿肥肥效一般能持续 1~2 年，留种也是轮作倒茬的好茬口。在一般情况下，翻压时间不宜太晚，以防第二年草木樨再生造成草害。放牧可在草木樨株高 30~40cm 时进行，每隔 20~30d 放牧一次。

Granzow 在堪萨斯州赫灵顿，在位于该州中东部的威奇托和曼哈顿之间的一个农场免耕生产谷物。12 月或 1 月，Granzow 用撒播机将草木樨撒播在冬小麦中，播种量为 0.9~1.1kg/亩。将尿素与小麦种子混在一起混种。有时在 3 月以同样的播种量将草木樨与燕麦混播。黄花草木樨只有在小麦植株密度小且由于下大雨收获推迟时，才会长得比小麦高，燕麦则一点问题都没有。以小麦为经济作物情况下，开发了 4 种利用黄花草木樨方式，具体看大田生产需要和他想要实现的价值目标。每一种方式，播种当年，小麦收获后，都让草木樨一直长着。过去，他常常用圆盘耙耙两次来灭生。现在100%免耕，只需喷洒农达和少量2,4-D。

（二）第二年的选择

放牧，当草木樨长到10cm时，放牧数周，然后作绿肥翻压。在繁茂的草木樨草地上放牧时，给牛喂食一种抗臌胀病药物以保持它们的健康。

短季绿肥，第二年短季绿肥后播高粱/玉米能为土壤贡献27 kg/亩的氮。通过在苗后除草剂合剂中添加2,4-D和百草敌来抑制草木樨根茎发新枝。新疆春翻草木樨绿肥，到5月上中旬翻压种水稻或中、早熟玉米。利用3—5月60d左右生产一茬“春闲”牧草绿肥，草木樨表现出二年生的强烈属性，生长势旺盛，产鲜草高达1 500~2 000kg/亩或更多，在0~30cm土层积累根茬385.5kg/亩。

绿肥/休耕，开花期到盛花期之间，对草木樨进行灭生处理，整个夏季休耕后在秋天重新种植小麦。并且翻压深度应大于20cm，及时压地，以利于植株腐烂。农垦第一师十二团、九团等地有时将生长第二年的草木樨推迟到6月翻压；农垦第一师三团则有时将第二年的草木樨到5月刈割一茬，第二茬长至7、8月翻压。夏翻都是在很贫瘠的土地上采用，虽少收一季作物，但可达到较好的培肥养地效果。

种子生产田，种子收获之后，种植冬小麦。收获时逸出的硬实种子会留在土壤种子库中，加利福尼亚州德威斯的有机农场主Rich Mazo将其看作额外收益。每年初春，农场的天然禾草牧场上就会长出占草层总比例20%~30%的草木樨，可供早期放牧。一旦暖季型禾草开始生长，草木樨就会消失。对于大田作物，可以使用残茬粉碎机和残茬耕作工具来清除草木樨和其他直根型“人工植被”。

为了在夏季作物或休耕之前达到最佳效果，在播种后的第二年茎秆15~25cm时将草木樨灭生；生长到末花期，可以通过刈割、犁或耙灭生。第二年黄花草木樨植株可以高达2.4m，根系深度可达1.5m。在现蕾期前灭生草木樨有以下好处，产氮量达最大产氮量的80%，氮释放快，由于植物还处在营养生长状态，幼枝和根系中氮含量高；减少水分消耗但不减少供氮量。如果在休眠结束之前翻，草木樨可通过健康根茎再生。在最终翻入土地或灭生之前，在花期前（30~61cm）刈割一次，此时是整个生长季有机物产量较高的时候。开花期刈割或放牧都可以灭生草木樨。在干旱地区，作为绿肥的适宜灭生日期取决于水分条件。在加拿大萨斯喀彻温省的春小麦休耕轮作中，草木樨在干旱年份的 6 月中旬被翻入土地，比在 7 月初或 7 月中旬翻入土地尽管生物量会减少 1/3 但为次年春季多提供了 80%的氮素。草木樨的矿化作用往往会在灭生一年后达到顶峰。最高氮释放量会随着植物成熟递减，也受土壤水分影响。正常降水的年份，氮释放一直存在差异，但不显著。翻入土壤草木樨，只有极少量氮被矿化。

在北达科他州的北部春小麦地区，通常在 6 月初、株高 60~90cm、刚开始开花时，灭生黄花草木樨。此时灭生兼顾了增收（指 DM 和氮生产）需求和减少水分消耗的需要。耕翻或刈割调制干草的灭生速度快，成本比化学除草剂处理高，需要劳动力多，但能更早地阻止植物蒸腾的水分散失。第二年耕翻前，放牧是草木樨的另一种利用方式。从生长季初期开始，以高载畜量放牧以抑制其快速生长。

三、对土壤的影响

（一）物理性质

罗廷彬等在位于新疆天山北麓中国科学院新疆阜康生态观测试验站所占 315 亩的区内，通过种植草木樨、苜蓿、枸杞一年后，种植耐盐冬小麦套播草木樨能够脱盐，经过 1 年，1m 土层平均盐分由 1.989%降到 0.282%，脱盐率达 85.0%；种植耐盐牧草套播草木樨、苜蓿，经过 3 年观测，1m 土层平均盐分由 1.34%降到 0.52%，脱盐率达 60.9%；密植枸杞 4 年后，1m 土层平均盐分由 2.36%降到 0.800%，脱盐率 66.14%，适应于盐分特别高的土壤改良。在盐渍化土壤上种植草木樨绿肥，能够降低和改良盐碱化，农垦十团十一连 001 条田，种植两年草木樨后，7 月下旬测定，耕层土壤含盐量 0.685%，比未种草木樨地段含盐量 1.38%降低了 50.4%。农垦第一师十三团十一连 25、26、27 三个条田历年因盐碱重很少有收成，连种三年草木樨，盐碱减轻。

种植草木樨绿肥，土壤的容重减轻，团聚体和孔隙度增加，pH

值、盐分和碱化度均较显著下降，其中碱化度下降了 48.94%（表 7-22）。土壤的物理性质有较大的改善，原来板结的盐碱土变得较为疏松，提高了土壤的通透性和涵养水分的能力。土壤有机质和氮素显著增加，提高了其营养水平。

表 7-22　第 3 期实验土壤改良效果

项　目	5 月采样	10 月采样	增减值	增减率（%）
团聚体（%）	43.56	48.43	4.87	11.18
容重（g/cm^3）	1.25	1.19	-0.06	-4.80
孔隙度（%）	50.40	57.60	7.20	14.29
盐分（%）	0.25	0.23	-0.02	-8.00
pH 值	9.02	8.16	-0.86	-9.53
碱化度（%）	5.68	2.90	-2.78	-48.94
有机质（g/kg）	3.09	3.35	0.26	8.41

草木樨地土壤 1~3mm 水溶性团粒比未种草木樨的对照土上、下层均增加 3 倍（表 7-23）。土壤容重变小、总空隙度扩大，特别是 10~20cm 土层，比对照（未种草木樨）区增加 14.1%，毛管最大持水量比对照相应土层提高 18.5%。另外草木樨留种地土壤阳离子交换总量比未种草木樨的土壤有很大提高，0~10cm 土层提高 8.0%，10~20cm 土层提高 34.8%。阳离子交换总量的提高，使土壤保肥性能的提高。

表 7-23　草木樨根茬地与冬闲地土壤物理性测定

处理	层次（cm）	1~3mm 水溶性团粒数（%）	容重（g/cm^3）	总空隙度（%）	毛管最大持水量（%）
根茬地草木樨	0~10	10.1	1.36	49.07	28.11
	10~20	9.6	1.34	49.73	28.80
对照	0~10	3.4	1.41	47.75	25.60
	10~20	3.2	1.53	43.42	24.28

注：在草木樨收种后 1 个月测定

种植黄花草木樨能够促进较小粒径微团聚体向较大粒径微团

聚体聚集，减小土壤容重 3.17%～4.80%，增加土壤总孔隙度 14.1%～57.7%。冬小麦套种草木樨土壤盐分呈现下降趋势，在 7 月小麦收获后，IC 明显低于 CK；CK 处理 7—9 月各土层土壤盐分含量呈上升趋势，IC 处理 7—9 月各土层土壤盐分含量下降显著（图 7-10）。

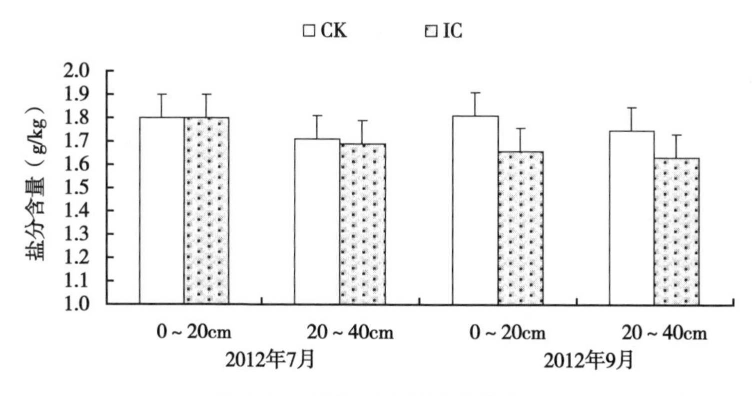

图 7-10 套种对土壤盐分的影响

冬小麦套种草木樨对土壤容重的影响（图 7-11），共生期套种草木樨能够降低土壤容重，且差异不显著，草木樨生长期有增加趋势，差异不显著。

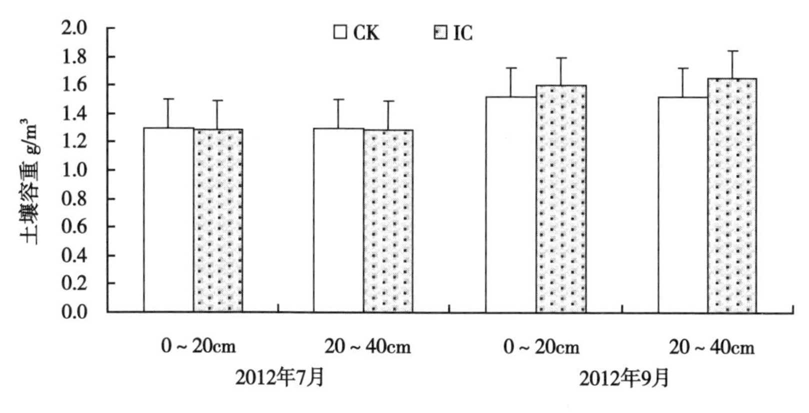

图 7-11 套种对土壤容重的影响

（二）化学性质

土壤有机碳是土壤的重要组成部分，是土壤质量的核心，其含量是衡量土壤肥力水平的重要指标，也是土壤改良与培肥研究中重要的研究内容。豆科绿肥施用后均可对土壤有机碳含量产生显著的提升作用，可以有效的增加土壤的碳储存，在连作 8 年的棉田种植并翻压 4 种不同绿肥后，草木樨翻压后的土壤有机质含量显著或极显著高于其他处理组（$P<0.01$），草木樨翻压后，其中，压成解氮含量最高。施用含有同样有机碳的不同有机物，对土壤有机碳的影响也不同，但均能增加土壤的有机碳含量。豆科与非豆科作物残茬配合还田可提高有机质的矿化速率，不同种类有机物料配合还田，分解时会发生交互作用，表现出不同的腐解规律和效果。

豆科绿肥既能在生长期固定氮素，为土壤富集氮素养分供予植株，其生物体还能快速在土壤中被腐解，为土壤富集有机质，还能够活化土壤磷素，增加土壤磷素的有效性，是一种新型的土壤生态修复改良剂。草木樨根系庞大且含有根瘤，可以固定空气中的氮素。白花草木樨可生产干物质约 6.2×10^3kg/hm^2，每吨干物质约含氮素 28.6kg，白花草木樨一个生长周期可固定氮素 109kg/hm^2。翻压草木樨后，土壤有机质含量增加 8.6%～15.2%，速效氮增加 5.96%～15.26%，速效磷增加 22.63%～39.57%。冬小麦套种草木樨时，20～40cm 土层土壤的有机质、碱解氮、有效钾分别较单作冬小麦增加 32.4%，43.0%，5.2%，种植草木樨后土壤全氮较种植前增加了 32%～41%，有机质增加 41%～84%。免耕春小麦套种草木樨，草木樨等绿肥均能提高土壤碱解氮和速效磷的含量，特别是土壤碱解氮含量增加 4.8mg/kg。武威市平川灌区小麦套种草木樨试验土壤有机质、全氮、速效氮磷钾均呈现出递增趋势。套种草木樨绿肥均能提高土壤速效磷、速效钾含量、土壤有机质和全氮。种植黄花草木樨可明显提高土壤有机质的含量，而且呈现显著的时空分布规律（图 7-12）。种植黄花草木樨后，1 年生黄花草木樨地和 2 年生黄花草木樨地土壤有机质增长幅度分别为 85.13%和 14.30%。

翻压草木樨后，土壤有机质含量增加 8.6%～15.2%，速效氮增加 5.96%～15.26%，速效磷增加 22.63%～39.57%。冬小麦套种黄花

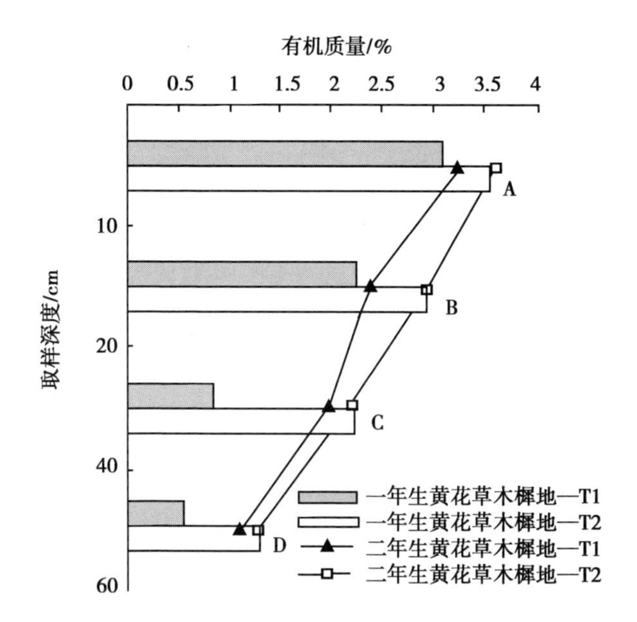

图 7-12　种植黄花草木樨对土壤有机质的影响

注：T1 为 6 月取样和 T2 为 10 月取样

草木樨时，20~40cm 土层土壤的有机质、碱解氮、有效钾分别较单作冬小麦增加 32.4%、43.0%、5.2%，种植草木樨后，土壤全氮较种植前增加了 32%~41%，有机质增加 41%~84%。李银平等通过在连作的棉田上进行春小麦复播 4 种绿肥油葵（*Helianthus annuus*）、草木樨（*M. suaveolens*）、油菜（*B. campestris*）和大豆（*Glycine max*），草木樨的生物量最高，草木樨翻压后的土壤有机质含量显著或极显著高于其他处理组（$P<0.01$），相比对照组增加了 8.58%，速效氮含量也是草木樨翻压后最高，相对于对照，提高了 5.96%，显著高于油葵、油菜（$P<0.05$）。李银平报道不同绿肥种植模式对土壤和棉花产量的影响，沙打旺翻压后土壤的有机质、速效氮及速效磷含量最高，极显著高于对照（$P<0.01$），其次是复播的草木樨，分别较对照提高了 11.85%、13.20%和 89.95%，差异极显著($P<0.01$)；单播绿肥草木樨翻压后，土壤速效氮、速效磷及速效钾分别较对照增加

12.88%、38.78%和25.10%；单播及复播草木樨翻压后对土壤速效钾的含量也有所提高，分别较对照增加25.11%和66.33%；单播和复播草木樨绿肥分别增加棉花产量28.18%和48.82%。草木樨作为豆科牧草在氮素平衡中起着重要作用，且可提高磷酸盐和某些元素的有效性，同时草木樨其根系发达，能利用土壤深层次的养分，冬小麦套种草木樨后土壤有机质含量提高2.3g/kg，碱解氮含量提高14.4mg/kg，速效磷含量提高3.3mg/kg，土壤全氮增加32%~41%，有机质增加41%~84%。免耕春小麦套种白花草木樨、野豌豆、英吉沙豌豆、玉米、毛苕子均能提高土壤碱解氮和速效磷的含量，特别是套种白花草木樨和野豌豆增加更明显，其中套种白花草木樨土壤碱解氮含量增加4.8mg/kg，套种野豌豆土壤速效磷含量增加8mg/kg。武威市平川灌区三年三区小麦套种草木樨试验，土壤有机质、全氮、速效氮磷钾均呈现出递增趋势。2007—2008年套作豆科牧草种植模式，套种绿肥均能提高土壤速效磷和速效钾含量，沙打旺和油葵绿肥对土壤有较强的富磷和富钾作用，草木樨和大豆提高土壤有机质较高。

1. 冬小麦套种草木樨对土壤的影响

测定了两个时期0~20cm、20~40cm土层土壤各项指标变化（表7-24），随时间变化，各层土壤中有机质含量IC极显著高于CK（$P<0.01$）。且IC和CK在0~20cm土层土壤有机质含量7—9月呈下降趋势，CK下降25.0%，IC下降25.5%；20~40cm呈上升趋势，CK增加2.6%，IC增加14.7%。

IC较CK各土层土壤全氮含量极显著增加（$P<0.01$），IC、CK 0~20cm土层土壤全氮含量7—9月变化幅度不大，20~40cm土层土壤全氮含量CK 7—9月增加8.3%，IC 7—9月增加18.2%。土壤碱解氮含量7—9月各土层IC均高于CK，且7月0~20cm、9月20~40cm土层碱解氮含量IC极显著高于CK（$P<0.01$），7月20~40cm土层碱解氮含量IC显著高于CK（$P<0.05$）；0~20cm土层土壤碱解氮含量7—9月变化：CK增加33.5%，IC降低11.1%；20~40cm土层土壤碱解氮含量7—9月变化：CK增加19.9%，IC降低32.1%。

表 7-24　冬小麦套种草木樨对土壤肥力的影响

指标	7月				9月			
	0~20cm		20~40cm		0~20cm		20~40cm	
	CK	IC	CK	IC	CK	IC	CK	IC
有机质（g/kg）	12. 95±0. 60B	14. 77±0. 18A	6. 97±0. 19B	8. 09±0. 10A	9. 71±0. 23B	11. 00±0. 11A	7. 16±0. 46B	9. 48±0. 49A
全氮（g/kg）	0. 12±0. 03B	0. 21±0. 01A	0. 11±0. 01B	0. 18±0. 01A	0. 13±0. 03B	0. 22±0. 03A	0. 12±0. 04B	0. 22±0. 02A
全磷（g/kg）	0. 39±0. 07B	0. 58±0. 04A	0. 23±0. 04B	0. 34±0. 02A	0. 29±0. 04B	0. 55±0. 04A	0. 31±0. 03B	0. 46±0. 04A
全钾（g/kg）	9. 42±0. 14	9. 53±0. 22	9. 82±1. 52	8. 68±2. 02	9. 44±0. 61a	8. 03±0. 43b	7. 95±0. 32A	6. 28±0. 16B
碱解氮（mg/kg）	28. 33±2. 95B	46. 43±1. 40A	23. 59±0. 20b	28. 59±0. 89a	42. 58±0. 75	41. 26±0. 84	29. 44±0. 19B	42. 10±0. 22A
有效磷（mg/kg）	3. 22±0. 23A	1. 75±0. 19B	2. 04±0. 30a	1. 28±0. 19b	1. 17±0. 16	1. 87±0. 88	1. 74±0. 08A	1. 31±0. 12B
有效钾（mg/kg）	222. 33±0. 72B	286. 69±3. 62A	300. 65±10. 89B	390. 05±10. 86A	236. 70±5. 84	239. 40±6. 32	241. 98±1. 22	254. 51±2. 97

注：同一时期同一层次比较，小写字母表示差异达显著水平（$P<0.05$）；大写字母表示差异达极显著水平（$P<0.01$）。IC：套种处理；CK：对照处理

土壤全磷含量7—9月各土层均是IC极显著高于CK（$P<0.01$）；7—9月0~20cm土层CK、IC土壤全磷含量均为下降趋势，CK下降25.6%，IC下降5.2%；而20~40cm土层土壤全磷含量CK、IC 7—9月均为上升趋势，CK上升25.8%，IC上升26.1%。土壤有效磷含量7—9月各土层均表现为CK高于IC，除9月0~20cm土层有效磷含量IC高于CK，但也未达到显著水平；CK、IC 7—9月0~20cm土层土壤有效磷含量CK下降63.7%，IC上升6.4%，20~40cm土层土壤有效磷含量7—9月CK下降14.7%，IC上升2.3%。

土壤全钾含量7—9月各土层均是CK高于IC，且9月20~40cm土层土壤全钾含量CK极显著高于IC（$P<0.01$）；CK、IC 7—9月0~20cm土层土壤全钾含量CK上升0.2%，IC下降15.7%；20~40cm土层土壤全钾含量CK下降19.0%，IC下降27.6%。土壤有效钾含量7—9月各土层均表现为IC高于CK，且在7月0~20cm、20~40cm土层土壤有效钾含量IC极显著高于CK（$P<0.01$）；7—9月0~20cm土层土壤有效钾含量CK上升6.1%，IC下降16.5%；7—9月20~40cm土层土壤有效钾含量CK下降19.5%，IC下降34.7%。

2. 冬小麦套作对后茬作物土壤理化性质的影响

(1) 土壤有机质

4个处理的土壤有机质含量差距较大，不同处理各土层土壤有机质含量为D>B>A>C。D处理土壤有机质为4月、5月0~20cm土层含量最高，差异达极显著水平（$P<0.01$）。D处理各土层随时间变化较A、B、C处理有机质含量分别高50%，23%，90%；B处理各土层随时间变化较A、C处理有机质含量分别高23%，57%；A处理各土层随时间变化较C处理有机质含量分别高25%。A、C、D处理0~20cm较20~40cm土层土壤有机质含量高，各土层土壤有机质含量4—8月均呈下降趋势，A处理0~20cm下降21%，20~40cm下降42%；C处理0~20cm下降57%，20~40cm下降117%；D处理0~20cm下降22%，20~40cm下降13%。B处理4—8月0~20cm较20~40cm土层有机质含量高，各土层土壤有机质含量随时间递增，0~

20cm 增加 11%，20~40cm 土层增加 6%。

（2）土壤全氮及碱解氮

不同轮作方式各土层土壤全氮及碱解氮含量均表现为 0~20cm 较 20~40cm 含量高；除 B 轮作系统土壤全氮和碱解氮含量 4—8 月呈上升趋势，全氮增加 33%；A、C、D 轮作系统都呈下降趋势，全氮分别下降 14%，51%，13%；碱解氮分别下降 29%，38%，11%。各土层土壤全氮及碱解氮含量为 D>B>A>C，与有机质含量变化趋势一致。

（3）土壤全钾及速效钾

不同处理各土层土壤全钾含量总体趋势是 0~20cm、20~40cm 土层呈下降趋势；而速效钾与之相反，0~20cm、20~40cm 土层速效钾含量整体呈上升趋势。A 处理 0~20cm 土层全钾含量 4—6 月下降 50%，6—7 月上升 12%，7—8 月下降 1%；20~40cm 土层 4—8 月下降 236%。B 处理 0~20cm 土层全钾含量 4—7 月下降 36%，7—8 月上升 3.5%；20~40cm 土层 4—8 月下降 75%。C 处理 0~20cm 土层全钾含量 4—7 月下降 149%，7—8 月上升 76%；20~40cm 土层 4—7 月下降 165%，7—8 月上升 76%。D 处理 0~20cm 土层全钾含量 4—6 月上升 10%，6—8 月下降 83%；20~40cm 土层 4—7 月下降 181%，7—8 月上升 93%。

A 处理速效钾含量 0~20cm 土层 4—6 月下降 29%，6—7 月上升 77%；20~40cm 土层 4—6 月上升 94%，6—8 月下降 14%。B 处理速效钾含量 0~20cm 土层 4—7 月上升 116%，7—8 月下降 41%；20~40cm 土层 4—8 月上升 88%。C 处理速效钾含量 0~20cm 土层 4—6 月上升 216%，6—8 月下降 265%；20~40cm 土层 4—6 月上升 136%，6—7 月下降 93%，7—8 月上升 93%。D 处理速效钾含量 0~20cm 土层 4—7 月上升 153%，7—8 月下降 32%；20~40cm 土层 4—7 月上升 191%，7—8 月下降 70%。

（4）土壤全磷及速效磷

不同处理各土层土壤全磷、速效磷含量总体呈上升趋势。A 处理 0~20cm 土层全磷含量 4—6 月上升 249%，6—7 月下降 183%，7—8 月上升 135%；20~40cm 土层全磷含量 4—7 月上升 463%，7—8 月下降6%。B处理0~20cm土层全磷含量4—7月上升379%，7—8月下降30%；20~40cm土层全磷含量4—6月上升357%，6—8月下降38%。C处理0~20cm土层全磷含量4—6月上升173%，6—7月下降2%，7—8月上升13%；20~40cm土层全磷含量4—6月上升624%，6—8月下降90%。D处理0~20cm土层全磷含量4—5月下降7%，5—8月上升448%；20~40cm土层全磷含量4—7月上升482%，7—8月下降49%。

A处理0~20cm土层速效磷含量4—8月上升371%；20~40cm土层速效磷含量4—8月上升451%。B处理0~20cm土层速效磷含量4—8月上升161%；20~40cm土层速效磷含量4—6月下降80%，6—8月上升386%。C处理0~20cm土层速效磷4—6月上升65%，6—7月下降11%，7—8月上升114%；20~40cm土层4—6月下降79%，6—8月上升91%。D处理0~20cm土层速效磷含量4—8月上升222%；20~40cm土层4—5月下降3%，5—8月上升90%（表7-25）。

（5）土壤肥力指标数值化综合评价

综合评价的IFI（表7-26），4种不同轮作方式的土壤肥力水平平均值依次为：D处理（33.62）>B处理（24.84）>A处理（22.29）>C处理（21.88）。

表 7-25　套种后土壤养分含量及其差异显著性分析

处理组	月份	土层（cm）	有机质（g/kg）	全氮（g/kg）	水解氮（mg/kg）	全磷（g/kg）	速效磷（mg/kg）	全钾（g/kg）	速效钾（mg/kg）
A	4	0~20	16.4073DEcd	0.2436CDEd	56.6575ABCDEFabc	0.1486KLk	1.2654Ss	7.1475Aa	133.6869Kk
		20~40	15.7028Ggh	0.1983FGHIfgh	50.7071BCDEFGcd	0.1131Nn	1.3502Kl	6.8068Cc	110.1859IJl
	5	0~20	15.6964Ggh	0.2403CDEFcdef	41.8719EFcd	0.3069Hg	1.5624Rr	6.2601Cd	130.3925Kl
		20~40	13.9381FGf	0.1863HIhi	41.5820EFGde	0.2352Ll	1.4853Kkl	6.0152Ee	200.1970Cc
	6	0~20	14.4610EFef	0.2290EDFdefg	41.5159EFGde	0.5194Dd	1.7857Qq	4.7609Hi	102.8879Np
		20~40	13.0248HIjk	0.1729GHhi	41.3732EFGde	0.2823Kk	1.5431Kk	5.6255FGg	213.9674Bb
	7	0~20	13.9206FGf	0.2226EFefg	41.2782EFGde	0.1830Jj	5.4184Ff	5.3592Fg	182.3166Gg
		20~40	12.0918GHg	0.1786Ihi	41.0768EFcde	0.6378Dd	4.9419Ff	3.7671Ll	199.5227Cc
	8	0~20	13.5219Hij	0.2138FGef	40.7020EFcde	0.4308EFe	5.9624Cc	5.3022Fg	188.1386Ff
		20~40	11.0417JKl	0.1739Ii	40.6956EFcde	0.6011Ee	7.4424Aa	2.0206Oo	186.0618De
B	4	0~20	16.9466Dc	0.1906GHIghi	42.3676EFcd	0.1387Lk	2.1404Oo	6.0065De	107.6710Mo
		20~40	15.7980EDFcde	0.1866Gh	42.0802EFcd	0.1341Nm	2.5798Ii	6.5163Dd	105.5019Jm
	5	0~20	17.1068EFef	0.2070FGHefg	42.6968CDEFGde	0.1729JKj	2.4523Mm	5.7145Ef	131.8036Kkl
		20~40	16.0003FGgh	0.1982FGHIfgh	42.4820DEFGde	0.3280Jj	2.0320Jj	5.9923Ee	149.9504Gi
	6	0~20	17.5737DEde	0.2219EFefg	44.9158EFc	0.1812Jj	2.6066Ll	5.3062Fg	143.3410Jj
		20~40	16.3283FGfg	0.2141Fg	43.6392EFc	0.6141Ee	1.4272Kkl	5.7318Ff	165.8242Ef
	7	0~20	18.3388Dd	0.2533CDc	49.6827BCDEFGcde	0.6652Bb	4.6395Gg	4.3877Jk	233.0924Dd
		20~40	16.3761EDcd	0.2200EFfg	46.2510DEc	0.4998Gg	4.9685Ff	5.3305IJi	190.9406Dd
	8	0~20	18.9472Cb	0.2605Cc	51.2447BCDEFGcd	0.5116Dd	5.5886Ee	4.5419Ij	164.6386Ii
		20~40	16.8500Dc	0.2427CDEFcde	51.9573BCDEFGbcd	0.4419Hh	6.9467Bb	3.7217Ll	199.3853Cc

（续表）

处理组	月份	土层（cm）	有机质（g/kg）	全氮（g/kg）	水解氮（mg/kg）	全磷（g/kg）	速效磷（mg/kg）	全钾（g/kg）	速效钾（mg/kg）
C	4	0~20	15.3241Gh	0.2218DEFe	40.588EFcde	0.1492Jk	2.3020Nn	6.5884Bc	118.7469Lm
		20~40	14.8952EDFdef	0.1382Ij	39.9693EFcde	0.1299MNm	6.5066Dd	7.0144Bb	114.4821Ik
	5	0~20	13.9985Hi	0.2187EFef	39.7303FGde	0.2630Ih	3.0006Kk	5.0412Gh	267.3416Bb
		20~40	12.2028IJk	0.1154Jj	39.5363EFcde	0.6826Cc	4.4204Gg	6.0160Ee	189.8785Dd
	6	0~20	13.9186FGf	0.2174Fg	38.1986EFGcde	0.4074FGf	3.8136Hh	4.7099Hi	376.0313Aa
		20~40	10.3888Hh	0.0928Jk	36.0210Ge	0.9415Aa	3.6231Hh	5.6799Ffg	270.8886Aa
	7	0~20	10.2051KLlm	0.1538HIij	35.9858Ge	0.3980Gf	3.4380Ii	2.6438Lm	170.1082Hh
		20~40	8.0262Mn	0.0927Jk	32.5106FGdef	0.4027Ii	5.3734Ee	3.3488Mm	139.9959Hj
	8	0~20	9.7471Lm	0.1530HIij	31.5206FGef	0.4502Ee	7.3583Aa	4.6697HIi	102.9859Np
		20~40	6.8625No	0.0865Jk	26.6517Gf	0.4949Gg	6.9370Bb	4.5150Kk	271.5754Aa
D	4	0~20	22.4406Aa	0.3570Aa	77.0029Aa	0.1958Jj	1.9911Pp	6.3472Cd	96.2381Oq
		20~40	21.7387ABa	0.2772ABb	61.2461ABCabc	0.1381Mm	3.6654Hh	7.9204Aa	93.5138Kn
	5	0~20	22.2066Aa	0.3494Aa	70.8966ABa	0.1823Jj	3.2490Jj	5.9649De	111.0466Mn
		20~40	21.6120ABa	0.2658BCbc	60.8663ABCDabc	0.6000Ee	3.5522Hh	5.5148GHh	156.0201Fh
	6	0~20	21.5250Bb	0.3159Aa	70.4565Aa	0.2374Ii	4.6115Gg	7.0178Ab	223.9669Ee
		20~40	20.0223BCb	0.2599BCbcd	59.6753BCb	0.7965Bb	3.6946Hh	5.2139Jj	191.0494Dd
	7	0~20	19.2349Cb	0.2992Bb	70.4725Aa	0.5721Cc	5.7863Dd	5.7148Ef	244.2712Cc
		20~40	19.5418Cb	0.2498CDEcd	59.4756ABCDEabc	0.8047Bb	5.2500Ee	2.8128Nn	272.7114Aa
	8	0~20	19.9470Cc	0.2777ABb	65.5780ABab	0.9999Aa	6.4225Bb	3.8332Kl	184.4553Gg
		20~40	19.1382Cb	0.2469CDcd	57.3812CDb	0.5365Ff	6.7514Cc	5.4506HIh	160.4079Fg

注：同一时期同一层次比较，小写字母表示差异达显著水平（$P<0.05$）；大写字母表示差异达极显著水平（$P<0.01$）。后茬玉米（A）；后茬冬小麦套种草木樨（B）；前茬玉米后茬玉米（C）；后茬草木樨（D）

表 7-26　土壤养分隶属度值和 IFI

处理	月份	土层 (cm)	有机质 (g/kg)	全氮 (g/kg)	碱解氮 (mg/kg)	全磷 (g/kg)	速效磷 (mg/kg)	全钾 (g/kg)	速效钾 (mg/kg)	IFI
A	4	0~20	0.38	0.10	0.30	0.10	0.10	0.20	0.65	22.52
		20~40	0.36	0.10	0.26	0.22	0.10	0.16	0.63	22.85
	5	0~20	0.36	0.10	0.19	0.46	0.10	0.10	0.49	24.21
		20~40	0.31	0.10	0.19	0.10	0.16	0.12	0.91	20.72
	6	0~20	0.32	0.10	0.19	0.36	0.17	0.11	0.94	25.49
		20~40	0.29	0.10	0.19	0.10	0.10	0.15	0.51	17.56
	7	0~20	0.31	0.10	0.18	0.10	0.10	0.13	0.64	18.55
		20~40	0.26	0.10	0.18	0.10	0.10	0.11	0.70	17.80
	8	0~20	0.30	0.10	0.18	0.62	0.14	0.10	1.00	28.93
		20~40	0.23	0.10	0.18	0.45	0.16	0.10	0.81	24.28
	平均值		0.31	0.10	0.20	0.26	0.12	0.13	0.73	22.29
B	4	0~20	0.39	0.10	0.19	0.10	0.10	0.17	0.57	20.13
		20~40	0.36	0.10	0.19	0.17	0.10	0.10	1.00	22.36
	5	0~20	0.39	0.10	0.20	0.33	0.12	0.10	1.00	25.97
		20~40	0.36	0.10	0.19	0.32	0.11	0.10	0.84	24.27
	6	0~20	0.41	0.10	0.21	0.38	0.21	0.10	0.49	25.82
		20~40	0.37	0.10	0.20	0.10	0.10	0.16	0.45	19.29
	7	0~20	0.43	0.10	0.25	0.10	0.11	0.14	0.53	21.47
		20~40	0.37	0.10	0.22	0.14	0.14	0.19	1.00	24.08
	8	0~20	0.44	0.10	0.26	0.52	0.17	0.13	1.00	32.03
		20~40	0.39	0.10	0.26	0.66	0.18	0.10	0.92	32.95
	平均值		0.39	0.10	0.22	0.28	0.13	0.13	0.78	24.84
C	4	0~20	0.35	0.10	0.18	0.10	0.10	0.18	0.52	18.94
		20~40	0.34	0.10	0.17	0.14	0.10	0.15	1.00	21.49
	5	0~20	0.31	0.10	0.17	0.19	0.10	0.13	1.00	21.73
		20~40	0.26	0.10	0.17	0.59	0.15	0.10	1.00	27.72
	6	0~20	0.31	0.10	0.16	0.55	0.21	0.10	0.93	28.19
		20~40	0.22	0.10	0.15	0.10	0.10	0.17	0.50	15.66
	7	0~20	0.21	0.10	0.14	0.24	0.10	0.14	0.74	18.94
		20~40	0.15	0.10	0.12	0.57	0.10	0.13	0.82	22.93
	8	0~20	0.20	0.10	0.11	0.44	0.15	0.11	0.95	22.79
		20~40	0.12	0.10	0.07	0.37	0.20	0.10	1.00	20.45
	平均值		0.25	0.10	0.15	0.33	0.13	0.13	0.85	21.88

（续表）

处理	月份	土层 (cm)	有机质 (g/kg)	全氮 (g/kg)	碱解氮 (mg/kg)	全磷 (g/kg)	速效磷 (mg/kg)	全钾 (g/kg)	速效钾 (mg/kg)	IFI
D	4	0~20	0.59	0.10	0.45	0.10	0.19	0.19	0.55	29.92
		20~40	0.52	0.10	0.33	0.64	0.13	0.15	0.95	36.15
	5	0~20	0.53	0.10	0.41	0.93	0.12	0.13	1.00	42.33
		20~40	0.51	0.10	0.33	0.33	0.16	0.10	0.68	29.51
	6	0~20	0.51	0.10	0.40	0.43	0.20	0.10	1.00	34.72
		20~40	0.47	0.10	0.32	0.10	0.12	0.23	0.44	24.10
	7	0~20	0.45	0.10	0.40	0.55	0.11	0.12	0.77	33.31
		20~40	0.46	0.10	0.32	0.77	0.12	0.11	0.95	36.39
	8	0~20	0.47	0.10	0.37	0.78	0.15	0.10	1.00	38.31
		20~40	0.45	0.10	0.31	0.48	0.19	0.12	0.79	31.47
	平均值		0.50	0.10	0.36	0.51	0.15	0.14	0.81	33.62

四、对当季和后茬植物的影响

（一）作物

1. 小麦

小麦等早熟作物收获后复种草木樨能提高土壤肥力，使后茬作物获得较高的产量。文荣威报道每千克草木樨绿肥可平均增产冬小麦8.15~12.1kg/亩，增产率为11.5%~43.1%。草木樨压青的农田一般比不压青的可增产小麦或其他粮谷30~75kg/亩。春小麦（*Triticum aestivum*）套种草木樨能改善小麦的生长环境，提高小麦干物质积累和提高其硝酸还原酶（nitrate reductase，NR）活性，促进叶片中硝酸盐转化为氮化合物的能力，同时提高小麦叶面积，从而延长叶片光合作用时间，并且套种草木樨可以促进小麦干物质的转移，提高小麦籽粒灌浆速率，具有一定的增产作用。朱军报道在扬花期套种草木樨，无论是对小麦生长环境的改善，还是小麦干物质的转移，效果均优于拔节、孕穗和灌浆期套种草木樨。毛吉贤发现春小麦套种草木樨时，小麦的叶片干物质积累量始终高于其他处理，同时，套种草木樨在小麦籽粒灌浆速度和积累方面也优于其他处理，小麦籽粒产量最大，高于对照35.88%，差异极显著（$P<0.01$）。免耕小麦不同时期

套种草木樨均可以提高花后小麦总干物质的积累水平，能够较大幅度地提高小麦产量。小麦间种草木樨时，当年小麦略有减产（9.5%），绿肥翻压后，后作小麦植株的氮、磷含量分别高于对照35.9%、8.4%，产量增加66.5%。

据2012年新疆土肥站资料，记录新疆拜城地区冬小麦/草木樨与常规耕作方式相比当季小麦平均增产16%以上，下季玉米平均增产8.7%以上，每亩增加草木樨干饲草300~700kg；中国牧草产业技术体系塔里木综合试验站通过长期试验观察，冬小麦套种草木樨增产效果明显，深受当地农牧民的喜欢。加拿大半干旱地区冬小麦套作牧草试验，冬小麦与牧草的套作并不影响冬小麦的产量，与此同时，套作还能增加土壤里氮素含量，使得后茬作物油菜较没有进行套作的后茬油菜作物产量高。

小麦套种草木樨具有一定的增产作用，以孕穗期套种草木樨的增幅最大，比对照增产16%~45%；种植过草木樨的较未种植草木樨的休闲地增产春小麦47%~75%。草木樨还常与小麦、玉米等间种，小麦间种草木樨时，当年小麦略有减产（12%~20%），绿肥翻压后，后作小麦植株的氮、磷含量分别高于对照35.9%、8.4%，产量增加66.5%。

前茬为草木樨的冬小麦的籽粒产量和粗蛋白含量极显著高于前茬为玉米的冬小麦（$P<0.01$），分别较其高17.23%、34.89%，千粒重较其提高5.05%，差异显著（$P<0.05$）。种植草木樨可显著提高后茬作物的产量及品质。种植草木樨后，土壤钾的含量也会增加，钾可以促进植物的光合作用，从而提高作物产量（表7-27）。

表7-27 草木樨对后茬小麦籽粒产量、千粒重及粗蛋白含量的影响

	籽粒产量（kg/hm^2）	千粒重（g）	粗蛋白含量（%）
前茬为草木樨的冬小麦	7 365.5（$P<0.01$）	48.93（$P<0.05$）	9.24（$P<0.01$）
前茬为玉米的冬小麦	6 283.0	46.58	6.85

草木樨根瘤菌从大气中固定下来的氮，除用作植物体的形成外，还向土壤里分泌很大一部分。种过草木樨的地块，土壤氮素含量不但

不减少，相反，却有一定的增长，增加量为 3.6～5.4kg/亩（表 7-28）。对瘠薄土壤的培肥能起很大作用，增产效果显著，增产小麦 48.6%，在肥地上作用不大，增产 3.5%。同样在院内肥沃黑土上做田间试验，草茬土种玉米，只增产 3%～8%，增产效果不显著。草茬配施磷肥能够更好的发挥根茬肥效，比玉米茬不施磷的增产 105.5%。

表 7-28　筛除根茬的草茬对小麦生育及产量的影响

土　壤	前　茬	株高（cm）	穗长（cm）	千粒重（g）	增产（%）
肥沃黑土	玉米茬土	114.2	7.3	43	
	大豆茬土	116.2	6.1	47	-1.0
	草茬土	113.8	5.9	47	3.5
中等肥力黑土	玉米茬土	93.6	4.7	39	
	草茬土	102.6	5.9	44	48.6
	草茬土+过磷	104.6	6.3	48	105.5

草木樨根茬肥效试验安排在一种耕层土壤有机质为 1.15%、全氮 0.082%、有效磷 100.00mg/kg、水解氮 7.68mg/kg，小麦产量为 400kg/亩的肥沃土壤上进行。草木樨从出苗到掩青生长 105d，每坑生产的地上部鲜草平均为 5.3～5.8kg，产量为 3 540.5～3 875.0kg/亩，另有 600 公斤左右的根系。不论草木樨根茬、地上部、全埯各处理种植小麦较对照区均有良好的肥效。而且不仅对当季小麦有增产效果，对第二季玉米也有一定增产作用，尤以草木樨根茬肥效明显，根茬处理小麦产量 499.9kg/亩，产量 419.4kg/亩，增产 80.5kg，因此根茬增产小麦 13.2%，第二季增产玉米 7.4%（表 7-29）。草木樨收种后的根茬肥效也很高，1965 年在新安县绿肥基地上和河南省农科院试验地测定，春播草木樨留种地残留在土壤耕层的根茬为 250～300kg/亩，加上落叶残体，使土壤中矿质营养元素与腐殖质含量增加，提高了土壤肥力，对下茬作物产量有明显的增加。

表 7-29　草木樨不同利用方式对小麦和夏玉米产量的影响

处理	小　麦		玉　米	
	产量（kg）	增产（%）	产量（kg）	增产（%）
对照	419.4	—	393.4	—
根茬	499.9	13.2	423.4	7.05
地上部分	567.9	35.4	450.7	14.47
全部	500.7	23.5	447.5	13.85

第一师十团场十连的实例很有代表性（表7-30）。这个连队随着草木樨播种面积增加，小麦单产也逐年提高，充分说明“草木樨是个宝，持续增产离不了”。

表 7-30　农垦十团十年草木樨发展与小麦单产提高情况

年　份	小麦面积（亩）	套种草木樨面积	小麦单产（kg/亩）	单产增减（kg/亩）
1971	1 175	全部	96.4	—
1972	1 205	全部	113.0	+37.0
1973	1 705	全部	136.5	+23.5
1974	2 539	全部	154.2	+17.5
1975	2 064	全部	137.8	-16.4
1976	2 282	全部	173.5	+36.0
1977	2 149	全部	178.5	+5.0

注：1974 年的小麦宽窄行播种并宽行除草，草木樨苗剧减，造成 1975 年小麦减产

2. 玉米

当玉米与草木樨间作时，可增加玉米产量 2.3%~24.5%，间种方式为玉米、草木樨 2∶1 或 4∶2，二者均可培肥地力，改良土壤，从而提高经济效益和生态效益。

一年根茬还田对后作生育及产量的影响，草木樨营养生育最突出的一个特点是，第一年吸收积累的营养物质大量贮存于根中。所以利用一年根茬还田对土壤的培肥效果大，翻压到土壤的氮素等营养物质

比二年还田的多30%~40%，增产效果显著。还田第一年比玉米茬增产67%~141.5%，比大豆茬增产27.5%；还田第二年比大豆茬增产15%（表7-31）。

表7-31　翻压一年草木樨根茬对玉米的增产效果（kg/亩）

实验地点	草茬	玉米茬	大豆茬	增产	增产率（%）
1	192.0	79.5		112.5	141.5
2	204.0	105.5		98.5	93.3
3	184.5	105.5		74.0	67.0
4	226.5		177.5	49.0	27.5

注：上冻前割草

两种间种形式每年依序换垄种植，实行玉米—玉米—草木樨轮作制，3年为一轮作周期。粮草间作区较对照区土壤有机质含量平均提高61.5%，速效氮、磷、钾及田间持水量均有显著增加，容重降低；玉米平均减产6.59%，但每年增收草木樨鲜草3.65×10^4kg/hm^2（表7-32）。

表7-32　清种和间作的玉米和草木樨产量（kg/小区）

年份	1983	1984	1985	1986	1987	平均
清种	94.31	102.39	88.13	94.88	90.24	93.99
间种	86.59	96.70	75.12	89.51	91.83	87.80
增减%	-8.19	-5.56	-14.76	-5.66	0.94	-6.59
草木樨（干重）	35.50	22.82	23.09	34.48	23.24	27.63

2：1、4：2间种区3年合计玉米产量较单种区分别减少了1.83×10^3 kg/hm^{2}和3.18×10^3 kg/hm^2，但多收入草木樨鲜草3.10×10^4kg/hm^{2}和4.21×10^4kg/hm^2。试验结果，2：1间种有利于降低玉米减产率，而4：2间种有利于增加草木樨产量（表7-33、表7-34）。

表 7-33　粮草间作 3 年合计草木樨鲜草产量（kg/hm^2混合面积）

处理	第一次割草	第二次割草	合计
2	13 998. 0	16 959. 0	30 957. 0
3	15 367. 5	26 754. 0	42 121. 5

表 7-34　粮草间作 3 年合计玉米产量（kg/hm^2混合面积）

处理	产量	减产量	减产率（%）
1	26 332. 5	—	—
2	24 504. 0	1 828. 5	6. 9
3	23 150. 2	3 182. 3	12. 1

注：处理 1（CK）为单种玉米，面积 0. 17hm^2；处理 2 为玉米草木樨 2：1 间种轮作（粮草间作），面积 0. 53hm^2；处理 3 为玉米草木樨 4：2 间种轮作（粮草间作），面积 0. 53hm^2

玉米草木樨间种轮作对玉米的生长发育具有明显的促进作用，与清种玉米相比，间种绿肥处理玉米穗长增加、秃尖长度降低、单产提高；玉米穗长各间种处理均高于清种玉米，3 年平均最长的是玉米草木樨 1：1 间种，比清种玉米长了 1. 0cm。从玉米产量上来看，3 年各间种处理单位面积产量都比清种玉米高。各处理增产效果依次为绿肥 1：1 处理>2：1 处理>3：1 处理，平均提高 22. 3%~47. 5%。草木樨 1：1 间种区，3 年分别比清种玉米高 34. 8%、53. 9%、28. 7%；玉米绿肥间种 2：1 处理增产 19. 6%~45. 3%；玉米绿肥间种 3：1 处理增产最少，增加了 12. 7%~32. 5%（表 7-35）。

表 7-35　2008—2010 年不同处理对玉米产量、穗长、秃尖等性状的影响

处理	穗长（cm）				秃尖长（mm）				产量（kg/hm^2）			
	2008	2009	2010	平均	2008	2009	2010	平均	2008	2009	2010	平均
清种玉米	20. 1	20. 8	18. 6	19. 8	15. 0a	11. 3a	1. 5a	9. 3	7 333c	6 650c	7 650c	7 211. 0
玉米草木樨 1：1	22. 0	22. 2	18. 1	20. 8	5. 0c	7. 5c	0. 8c	4. 4	9 886b	10 240a	9 845a	9 990. 0
玉米草木樨 2：1	21. 5	21. 8	18. 3	20. 5	5. 0c	8. 8bc	0. 9bc	4. 9	10 619ab	8 680bc	8 098bc	9 133. 0

（续表）

处理	穗长（cm）				秃尖长（mm）				产量（kg/hm²）			
	2008	2009	2010	平均	2008	2009	2010	平均	2008	2009	2010	平均
玉米草木樨 3∶1	20.7	21.0	18.1	19.9	6.0bc	9.2b	0.6c	5.3	9 603b	8 189b	8 620b	8 804.0

3. 大豆

间作中草木樨调养地力的作用及所形成的良好茬口特性对翌年的作物生长发育有较大的促进作用，草木樨茬上生长的大豆的生育状况和产量水平均高于上年清种玉米的茬口（表 7-36）。大豆生育期间调查表明，草木樨茬大豆的株高和鲜干重以及根瘤数在生育中后期较清种玉米茬有明显的提高。秋收后大豆考种，草木樨茬大豆的单株粒重和亩产量分别比清种玉米茬高 23.99%和 34.14%。

表 7-36　间作及清种后茬大豆产量

处理	株高（cm）	有效荚数（个/株）	单株粒重（g）	百粒重（g）	产量（kg）
清种玉米茬	74.60	18.30	6.351	20.50	140.9×15
间作草木樨茬	80.20	22.20	7.875	21.20	189.0×15
（%）	7.51	21.31	23.99	3.41	34.14×15

4. 棉花

单播草木樨绿肥增加棉花产量 28.18%，复播绿肥草木樨的棉花产量最高为 4.07×10^3kg/hm²，比 CK 提高了 48.8%（表 7-37）。

表 7-37　春播与复播草木樨绿肥对棉花产量构成要素的影响

处理	果枝数（个）	蕾数（个）	单铃重（g）	单株铃数（个/株）	公顷铃数（万个/hm²）	籽棉产量（kg/hm²）
草木樨+棉花	6.9	9.7	5.5	4.83	193.34	3 506.43
春小麦丨草木樨+棉花	5.1	6.7	5.15	6	240.01	4 071.04
棉花+棉花	4.5	5.2	4.45	3.5	140.01	2 735.55

5. 烟草

烤烟与黄花草木樨间作时，烟叶的氮、磷、钾含量分别提高了0.28%~0.52%，0.01%~0.16%和1.10%~2.77%，烟株的养分得到改善（表7-38）。

表7-38　烤烟间作与单作各处理的生物学性状（株高cm；叶片，mm）

试验点	处理	株高	茎粗	有效叶数	叶长	叶宽	叶厚
昆明	单作	123.1a	3.5a	19.4a	81.2a	30.9a	0.52a
	间作	133.0a	3.9a	19.5a	85.6b	30.0a	0.66a
玉溪	单作	170.5a	4.0a	16.7a	81.2a	36.2a	0.59a
	间作	169.0a	4.2a	16.9a	81.9a	35.9a	0.56a

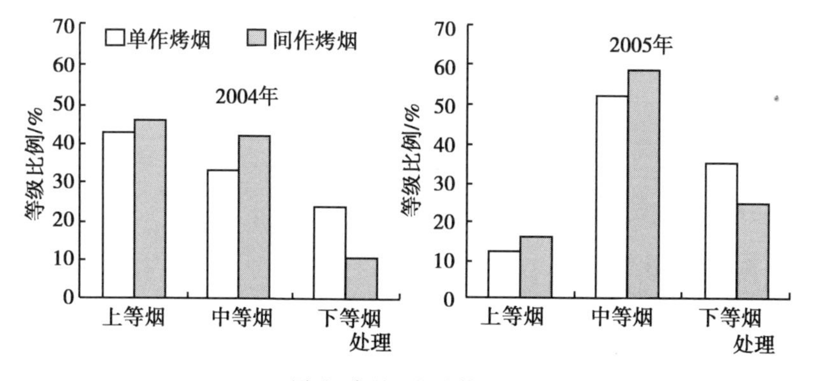

图示　各处理烟叶等级比例

图7-13　烤烟间作与单作各处理的等级比例

与单作相比，间作处理烟叶产量均有不同程度的增加（图7-13），昆明试验点间作产量略有增加，差异不显著；玉溪试验点平均增产293.00kg/hm^2，增产幅度为10.06%，差异显著。间作处理的单叶重较单作有增加的趋势，差异不显著（表7-39）。

表 7-39 各处理的烟叶产量

地点	处理	产量（kg/hm^2）	单叶量（g/片）	比单作增产	
				（kg/hm^2）	（%）
昆明	单作	2 940. 90a	9. 52a	—	—
	间作	2 947. 20a	9. 86a	6. 30	0. 22
玉溪	单作	2 764. 30a	10. 12a	—	—
	间作	3 057. 30b	12. 54a	293. 00	10. 06

6. 其他植物

促进林木生长，提早郁闭成林，草林结合的林木生长量、林分郁闭度等比纯林大（表 7-40）。3 年生的林草型桤柏混交林恺木树比纯林桤木树高 8. 3%，胸径大 15. 4%，郁闭度高 30%，按此推算，林草型林分比纯林分至少提前 1 年进入全郁闭。

表 7-40 林草结合与纯林生长量

类 型	树高（cm）	胸径（cm）	郁闭度
桤柏-草木樨	286	1. 5	0. 65
桤柏林（对照）	264	1. 3	0. 50
比对照提高（%）	8. 3	15. 4	30. 0

（二）林果

选择 7 年生枣林间作牧草，紫花苜蓿、黄花草木樨、汾绿肥豆 2 号和衡谷 13。枣树株行距 3m×2. 2m。

1. 对牧草产量与品质的影响

牧草产量，衡谷 13 产量最高，汾绿肥豆 2 号其次，草木樨产量较低（表 7-41）。

表 7-41　枣林下苜蓿和草木樨生产性能（kg/亩）

年份	茬次	苜蓿	草木樨	衡谷 13	汾绿肥豆 2 号
第一年	1	124.18	308.65	1 711.00	655.00
	2	206.89	193.00		
	3	149.60	—		
	4	137.04	—		
	合计	617.71	501.65	1 711.00	655.00
第二年	1	420.20	236.60		
	2	174.65	—		
	3	218.97	—		
	4	78.56	—		
	5	37.02	—		
	合计	929.40	236.60		

第一年 7 个试验品种不同刈割期营养成分（表 7-42）。CP 含量：苜蓿和草木樨第一茬最高，其次为汾绿肥豆 2 号和衡谷 13；NDF 汾绿肥豆 2 号和衡谷 13 较高；ADF 差异不大。RFV 苜蓿和草木樨较好，其次为衡谷 13 和汾绿肥豆 2 号。

表 7-42　第一年 7 个试验品种不同茬次营养成分（%DM）

品种	茬次	DM	CP	NDF	ADF	RFV
HM4	一茬	93.28±0.07a	19.64±0.04a	33.63±0.14c	26.29±0.09d	182.21±12.40a
	二茬	93.11±0.11	17.48±0.91b	43.13±0.50b	32.54±0.16b	147.29±2.82b
	三茬	93.85±0.12a	17.57±0.52b	40.51±0.37a	31.00±0.04b	149.64±1.68b
	四茬	92.59±0.18b	15.90±0.75b	43.71±1.08a	33.55±0.75a	133.61±2.09c
草木樨	一茬	93.33±0.16	17.15±0.34	42.36±0.21	33.36±0.10	138.16±2.15
	二茬	93.56±0.13	14.43±0.41	40.01±0.19	30.28±0.11	151.85±1.37
汾绿肥豆 2 号	盛花期	94.23±0.21	12.23±1.33	48.42±2.09	38.48±2.12	113.19±7.91
衡谷 13	成熟期	66.86±0.70b	6.61±0.27b	57.14±1.55b	33.08±2.16	144.45±3.93a

注：表中数据为平均值±标准差，同列不同小写字母表示 4 个品种同一茬次在 0.05 水平上差异显著（$P<0.05$）

第二年紫花苜蓿和草木樨返青后初花期刈割，进行营养品质测定（表 7-43）。

表 7-43　第二年 4 个苜蓿品种和草木樨不同茬次营养成分（%DM）

品种	茬次	DM	CP	NDF	ADF	RFV
HM4	一茬	91.90±0.05d	15.39±0.12d	40.51±0.58c	31.14±0.61a	147.69±3.19b
	二茬	92.92±0.02a	16.38±0.17c	37.31±0.30d	27.44±0.56b	167.65±2.27a
	三茬	92.33±0.05c	16.45±0.01c	41.83±0.29b	31.81±0.77a	141.83±2.33c
	四茬	92.82±0.05a	17.54±0.09b	42.54±0.26a	31.34±0.31a	140.25±0.32c
	五茬	92.57±0.11b	20.59±0.05a	33.14±0.19e	23.69±0.48c	197.03±1.93
草木樨	一茬	92.75±0.19	21.18±0.11	36.81±0.21	29.32±0.64	166.94±1.01

注：表中数据为平均值±标准差，同列不同小写字母表示 4 个品种同一茬次在 0.05 水平上差异显著（$P<0.05$）

2. 枣林间作对土壤的影响

土壤 pH 值能反应土壤有效物质的释放，可以影响植物的生长发育及生长品质，对作物种植和土壤营养调控有实践指导意义。衡谷 13 三个土层 pH 值均最高，与对照差异不显著（$P>0.05$），0~20cm 土壤 pH 值 HM4 和草木樨显著低于对照、衡谷 13 和汾绿肥豆 2 号（$P<0.05$），20~40cm 土壤 pH 值 HM4 和草木樨显著低于对照和衡谷 13（$P<0.05$），40~60cm 土壤 pH 值 HM4 和草木樨显著低于对照、衡谷 13（$P<0.05$）（表 7-44）。

表 7-44　枣林间作牧草土壤 pH 值

样品	0~20cm	20~40cm	40~60cm
CK	8.36±0.12a	8.33±0.09a	8.31±0.11a
HM4	8.06±0.10bcd	8.01±0.06c	7.95±0.04d
草木樨	7.91±0.07d	7.98±0.09c	8.05±0.03cd
汾绿肥豆 2 号	8.29±0.11ab	8.28±0.13ab	8.22±0.10b
衡谷 13	8.39±0.10a	8.36±0.08a	8.32±0.09a

注：上述数据为均值±标准差，同列不同小写字母表示 0.05 水平差异显著（$P<0.05$）

由于现代耕作方式的改变，大量施用化学性速效肥料，导致土壤综合肥力下降。有研究者认为，土壤有机质不仅仅是提供植物所需的氮、磷、钾，所含的腐殖酸对改善土壤酸碱度，促进植物生长发育。间作对土壤化学性质的影响（表 7-45），0~20cm 土层有机质含量均显著高于对照（$P<0.05$），草木樨显著高于其他（$P<0.05$）。

表 7-45　枣林间作牧草对土壤化学性质的影响

指　标	样　地	土层（cm）		
		0~20	20~40	40~60
有机质（g/kg）	CK	7.13±1.20d	3.67±0.98c	6.68±1.02b
	HM4	8.17±1.49bc	4.91±1.27bc	1.80±0.45f
	草木樨	12.43±1.06a	7.40±1.24b	7.83±0.75ab
	汾绿肥豆 2 号	7.34±1.14c	3.62±1.82c	9.14±1.47a
	衡谷 13	6.91±1.49c	3.72±1.41c	4.22±1.07d
全氮（g/kg）	CK	0.07±0.02b	0.05±0.02b	0.09±0.01b
	HM4	0.11±0.01a	0.11±0.01a	0.06±0.01b
	草木樨	0.10±0.02a	0.05±0.01b	0.06±0.01b
	汾绿肥豆 2 号	0.07±0.02b	0.05±0.01b	0.06±0.01b
	衡谷 13	0.07±0.01b	0.05±0.01b	0.12±0.01a
碱解氮（mg/kg）	CK	30.31±2.32d	33.04±3.01d	45.01±2.98a
	HM4	48.63±6.92c	38.23±3.45d	31.36±3.48b
	草木樨	27.77±6.97c	24.29±3.46e	10.44±3.47c
	汾绿肥豆 2 号	31.31±3.46d	48.68±6.98bc	45.14±3.36a
	衡谷 13	31.31±3.48d	17.40±3.48e	44.99±10.33a
速效磷（mg/kg）	CK	13.12±0.21g	6.13±0.35d	2.56±0.10e
	HM4	29.87±0.04d	8.11±0.04d	3.12±0.13d
	草木樨	15.04±0.04f	3.72±0.13f	1.96±0.90e
	汾绿肥豆 2 号	28.03±0.39c	4.63±0.26e	3.71±0.01c
	衡谷 13	19.85±0.13e	7.63±0.09d	1.40±0.47f

（续表）

指 标	样 地	土层（cm）		
		0~20	20~40	40~60
速效钾（mg/kg）	CK	38.63±1.01d	32.74±0.34c	36.30±0.23c
	HM4	40.76±1.07d	30.64±0.46d	20.86±0.40f
	草木樨	35.73±0.61f	27.39±0.40f	23.38±0.31e
	汾绿肥豆2号	37.45±0.66e	29.70±0.81e	25.13±0.46d
	衡谷13	39.80±0.40d	35.77±0.30c	47.46±1.90a

注：上述数据为均值±标准差，不同指标同列不同小写字母表示 0.05 水平差异显著（$P<0.05$）

3. 对枣树生产性能及果品的影响

枣林下种植不同品种牧草对产量和品质的影响（表7-46），产量一年生的牧草高于二年生和多年生的牧草。可溶性糖含量豆科牧草高于对照和衡谷13，豆科牧草能够降低总糖含量。

表 7-46 林草间作对红枣品质的影响

品种	产量（kg/亩）	水分（%）	粗蛋白（%）	可溶性糖（μg/mL）	总糖（μg/mL）	总酸（%）	糖酸比（%）
CK	786.3±12.10	34.49±2.14	1.15±0.12	21.42±2.14	35.15±4.56	0.56±0.10	62.76
HM4	788.3±10.41	33.09±1.41	1.15±0.04	27.35±1.20	31.10±2.20	0.47±0.04	65.78
草木樨	783.3±15.28	34.00±1.01	1.12±0.08	23.69±1.89	32.16±0.36	0.51±0.02	63.05
汾绿肥豆2号	811.0±12.17	35.11±1.46	1.17±0.04	22.75±2.31b	31.20±1.36	0.50±0.03	62.40
衡谷13	800.7±23.01	33.86±1.94	1.13±0.09	20.09±0.98	39.09±7.22	0.50±0.05	78.18

综合分析产量和营养成分苜蓿>草木樨>衡谷13>汾绿肥豆2号。林下间作牧草能降低土壤pH值，增加有机质含量，提高全氮、碱解氮、速效磷和速效钾，苜蓿>草木樨>汾绿肥豆2号>衡谷13。对于品质的影响差异不显著，但是种植豆科能够提高可溶性糖的含量。

第六节　药　用

草木樨含有多种活性成分，如黄酮、多酚、皂苷和香豆素类化合物，具有良好的抗菌、消炎和抗氧化作用。香豆素是草木樨提取物的主要抗炎活性物质之一，它对多种常见致病菌有抑制作用。香豆素作为一种植物激素在细胞、组织和器官水平上影响植物生命活动，而高浓度的香豆素会抑制植物生长。

草木樨作为中草药使用，全草可入药，主要用于杀虫化湿和清热解毒，主治胃病、疟疾、胸闷、淋病等多种症状。国内外以草木樨为原材料，开发出草木樨流浸液和草木樨流浸片，在痔术后应用，外伤、脑梗死、静脉功能治疗等多种医学临床应用中治疗效果良好，备受青睐。

黄花草木樨提取物局部皮肤应用时可显著抑制甲醛、丙二醛所致兔皮肤毛细血管通透性亢进，显著抑制甲醛及巴豆油性炎性肿胀，但对组胺及蛋白清所致炎症作用不稳定，对甲醛、巴豆油所致大鼠足肿也有显著抑制作用。香豆精 10～50mg/kg 或橙皮苷 250mg/kg 对甲醛性肿胀也有不同程度的抑制效果。黄花草木樨叶和花的提取物为主制备的 Esberiven 也具有显著抗炎作用，能抑制毛细血管通透性亢进，增强毛细血管的抵抗力，并且能改善动、静脉血流，促进淋巴循环，缓解淋巴管痉挛，并能激活网状内皮系统，促进炎症部位代谢功能，抑制组织胶体渗透压的升高。日本已有公司从草木樨中提取得到棕褐色固体，其有效成分为香豆素，用来治疗女性脚部肿胀、进行血管舒张有奇效，制成颗粒剂，或营养口服液。德国 LINNEA 公司进行相关研究，得到品质较高的产品，并进行大量临床试验，在缓解静脉血管舒张、下肢淋巴水肿、淋巴和血液循环、上皮细胞缺氧、冠状动（静）脉循环、心肌衰竭等多方面都有良好的效果。

第七节　生态作用

草木樨根系发达，伸入土层较深，主根可深达 2m 以上，有利于吸收水分和养分，侧根也很发达，主要分布在耕层内。草木樨分枝多，覆盖度大，根系可伸入土壤深层，提高土壤的透水性和保水力，同时减少地面的径流和冲刷。种植草木樨比休闲地减少地表径流量54.2%~70.7%，减少冲刷量43.0%~69.7%。据科研单位的观测，草木樨地与农耕地或同等坡度的撂荒地相比，径流量减少14.4%~80.7%，冲刷量减少63.7%~90.8%。在28°陡坡地上，草木樨地比一般农地减少径流量74%，冲刷量减少60%。据测定，草木樨比谷子地每小时渗透量（mm）增加51%，0~60cm土层渗透率（mm/min）也增加51%。在34°坡地上种草木樨可减少地面径流量14%，减少冲刷量66%。在川中丘陵新垦植荒坡营造桤柏混交幼林中间种草木樨可改善立地条件，减少水土流失，促使幼林提早完成郁闭成林，同时也可提供大量优质牧草，具有较高的生态经济效益。无草木樨林地，在5—8月间土壤流失量为5.11×10^4kg/hm^2，而同等立地条件下，有草木樨覆盖的林地流失量仅1.82×10^4kg/hm^2，比无草林地减少3.29×10^4kg/hm^2，减少64.4%（表7-47）。

表7-47　水文桩测定土壤流失情况

立地特征	观测日期（d/m）	水文桩指数（mm）	流失量（t/hm^2）
无草裸地，坡度30°，母质侵蚀，上层为桤柏林	5月~23/7	2.73	
	1/8	3.00	
	13/8	3.24	
	25/8	4.15	51.1
草木樨盖度85%，坡度30°，草地片蚀，上层为桤柏林	5月~23/7	1.10	
	1/8	1.20	
	13/8	1.52	
	25/8	1.80	18.2

草木樨对铅具有较强的耐性和吸附作用，可作为铅污染环境植物修复和相关研究的重要植物资源。草木樨在公路旁种植4年后体内铅浓度为132.301mg/kg，富集系数为2.51。植株体内各器官的铅含量随外源铅处理浓度的增加而上升，根系铅含量与铅处理浓度呈正相关

($R^2=0.972$)。草木樨在 29.94g/kg 的土壤铅浓度下仍能正常生长，体内最大铅积累量达 654.93mg/kg。根部铅的含量大于地上部总的含量，茎中的含量高于叶的含量。

第八节　蜜源植物

草木樨花期长、蜜粉多、花蜜含糖量高（葡萄糖为 36.78%，果糖为 39.59%），是一种很好的蜜源植物，质量高，无色或白色，具有芳香气味。白花草木樨较黄花草木樨茎叶繁茂，流蜜量也大；白花草木樨花粉的含量高于黄花草木樨。黄花草木樨 6 月上旬开花，白花草木樨在 6 月中旬开花，花期 1 个月左右。草木樨开花期正是蜜源缺乏的时期，加上草木樨含有香豆素，其浓烈的气味可以招引蜜蜂。黄花草木樨可以吸引大量的蜜蜂，白花草木樨则吸引昆虫类，如黄蜂和蝇类等。

据测定，草木樨的 1 朵花含有花蜜 0.16mg，能生产商品蜜 5kg/亩。白花草木樨花期长，花中的蜜腺发达，是一种良好的蜜源植物，酿造出来的蜜色白而甜，质量上佳。草木樨流蜜期约 20d，泌蜜温度 25~30℃，在新疆则需要更高气温，其泌蜜量大，产量稳定，一般 0.3hm^2可放蜂一群，群产蜜 20~40kg；人工种植并有灌溉条件的草木樨，1 个花期可取蜜 7 次。

一、开花流蜜的规律

在陕北一般是 4 月上旬越冬芽萌动出土，5 月中旬出现花序，6 月上旬始花，始花期 8d 左右，6 月中旬进入盛花期，盛花期长达 24d 左右，7 月上旬花渐衰残终止。总花期长达 40d，但大流蜜期只有 25d 左右。

在正常的天气里，草木樨花从早晨日出后至日落前终日陆续开放，开花后就开始吐粉、流蜜，1 朵花开花流蜜 1.0~1.5d，受精后就萎蔫结籽。每个花序基部的花先开，然后逐日向上开放，1 个正常的花序需 5~10d 开完。

二、影响开花流蜜的因素

（一）播期

草木樨春、夏、秋均可播种。春播的经过一年的营养生长，根系强大入土较深，第二年春季萌动早，抗逆性强，生长快，长势旺，开花繁盛流蜜较多，秋播的第二年春早萌动迟，抗性差，生长缓慢，长势较差，开花少，流蜜也较少。因此，在采蜜时以选择春播草木樨。

（二）降雨

草木樨耐旱力较强，但在长期干旱的情况下，对其生长发育极不利，特别是花期干旱流蜜会大大减少甚至停止。花期前有一场饱墒雨就能很好地开花流蜜。开花期降雨多，会大大减少流蜜量。

（三）温、湿度

草木樨喜欢比较干操、气温较高的天气。据观察在土壤墒情良好，空气比较干燥，气温在 28℃以上的晴天里流蜜较多。在多雨阴湿，气温在 28℃以下的天气，随着气温的下降流蜜而减少。

三、蜜蜂采集情况

草木樨花对蜜蜂有很强的引诱力，蜜蜂极喜欢采集，在有枣花与草木樨花并存地方，蜜蜂优先采集草木樨花蜜。草木樨花又是终日吐粉流蜜。因此，蜜蜂从早晨日出至日落采集非常忙碌，终日进蜜进粉。

草木樨是一种粉足蜜多的优良蜜源。因此，采集草木樨的蜂群，群势不但不会下降，而且还要上升，采过草木樨后总是群强蜜足，可以立即转地去采集另一个蜜源。草木樨的蜜、粉丰富，蜂群采完草木樨后，群势能增长 30%~50%。

草木樨花期长，流蜜多，蜜蜂采集积极，一般 10 框左右的采蜜群，可产蜜 20~25kg，一个 20 框左右的强大采蜜群，可产蜜 50kg 以上。草木樨蜜淡琥珀色，质地细腻，味清香，是蜜中的上品。实践经验，在陕北地区正常的气候条件，一般有 3~4 亩的草木樨，就够一群蜜蜂采集。

第九节　生物防治方面的应用

1，2-苯并吡喃酮是黄花草木樨中主要抑菌活性成分之一。对1，2-苯并吡喃酮香豆素类化合物较为系统的测试，其具有较强和较为广谱的杀菌活性。如对其进行结构修饰、衍生合成及其结构修饰，将有望开发出新型高效杀菌剂。近年来，人们对香豆素的农用活性研究较多，对植物的生长起调节作用。王超等报道蛇床子素对菜青虫、小菜蛾低龄幼虫等害虫具有触杀作用，对辣椒疫霉病菌、番茄灰霉病菌、小麦赤霉病菌等病原真菌具有显著的抑制作用，尤其对瓜类白粉病具有特效，1%蛇床子素水乳剂田间施药 3 次后 7d 药效可达98.51%。目前国内登记与香豆素有关的产品有 1%蛇床子素水乳剂、0.496 蛇床子素乳油，用于防治十字花科蔬菜菜青虫和茶尺蠖等。香豆素类化合物作为植物合成的苯丙素类次生代谢产物，有许多重要生物功能抗微生物活性、紫外线保护，可作为调节昆虫、共生菌、病原菌与植物互作反应的信号分子。许多病原菌诱导的苯丙烷类化合物(例如香豆素，异黄酮)，因为它们在体外有抑菌活性，同时在植物体内可以积累到防止感染的浓度，被认为是植保素，报道香豆素类化合物影响植物的许多活动，例如作为植保素来保护植物免受感染，可以阻止病原物在植物体内繁殖。

一、病害防控

豆科绿肥在防治植物病害中发挥了重要作用。黄花草木樨具有抗菌、抗病毒等作用，有望被开发成为植物源杀菌剂或间套作物。烤烟间作草木樨之后，烟草病毒病发病率和病情指数都比烤烟单作低，不同程度地减轻了烟草病毒病的发生。烤烟间种草木樨对于烟草病毒病的抑制有显著效果，特别是对烟草普通花叶病和烟草蚀纹病具有明显的抑制作用（表 7-48）。真菌类病害中烟草炭疽病和烟草赤星病的发病率和病情指数都是间作比单作低（表 7-49）。

表 7-48　间作对烟草病毒病的影响

病毒病种类	处　理	发病率（%）	病情指数	相对防治（%）
普通花叶病	烤烟间草木樨	11.59a	5.07a	77.24
	烤烟单作	41.30b	22.28b	
蚀纹病毒病	烤烟间草木樨	0.72a	0.54a	80
	烤烟单作	4.35b	2.72b	
复合型病毒病	烤烟间草木樨	53.62a	32.07a	45.03
	烤烟单作	74.64a	58.33a	
马铃薯 Y 病毒病	烤烟间草木樨	6.52a	4.35a	22.58
	烤烟单作	7.97a	5.62a	

表 7-49　间作对烟草真菌病害的影响

真菌病种类	处　理	发病率（%）	病情指数	相对防治（%）
炭疽病	烤烟间草木樨	10.15a	3.48a	52.91
	烤烟单作	19.57a	7.39a	
赤星病	烤烟间草木樨	7.97a	2.17a	44.50
	烤烟单作	10.15a	3.19a	

黄花草木樨提取物对供试 15 种植物病原真菌均有一定的抑制作用，其中乙酸乙酯提取物对植物病原真菌的菌丝生长抑制作用最强，其对油菜菌核病菌、玉米大斑病菌和白菜黑斑病菌的抑制率分别为 93.6%，89.9%，84.9%。黄花草木樨提取物对番茄灰霉病菌等 4 种植物病原真菌孢子萌发有较强的抑制作用，并对小麦白粉病等 3 种植物病害也有一定的防治效果（表 7-50）。

表 7-50　黄花草木樨乙酸乙酯提取物对 3 种病的防治效果（盆栽试验）

种类		治疗作用		保护作用	
		病斑直径（mm）	相对防效（%）	病斑直径（mm）	相对防效（%）
1	番茄灰霉病	22.4	59.2	12.4	75.4
	对照	54.8		50.6	

（续表）

	种类	治疗作用		保护作用	
		病斑直径（mm）	相对防效（%）	病斑直径（mm）	相对防效（%）
2	小麦白粉病	38.5	48.0	20.1	73.4
	对照	74.9		75.7	
3	小麦条锈病	27.4	49.3	19.9	63.3
	对照	54.1		52.0	

以油菜菌核病菌为示踪菌种，从黄花草木樨中分离得到4个活性单体化合物，经鉴定为1,2-苯并吡喃酮（Rl）、棕榈酸（R2）和β-谷甾醇（R4），其中，化合物R3因其量较少未能进行结构鉴定。1,2-苯并吡喃酮对油菜菌核病菌、番茄灰霉病菌和水稻纹枯病菌菌丝生长有较强毒力，对小麦条锈病的也有一定的防效，保护作用优于治疗作用，其防治效果分别为57.9%和40.9%。

二、虫害防控

豆科覆盖作物抑制线虫，在密歇根州为期3年的试验中，轮作可减少线虫造成的经济损失；用油菜的叶片作为绿肥，土壤处理后6周内线虫不能生存，若用生长4个月的油菜植株的叶片进行土壤处理，第二阶段的幼虫更为敏感。总之，黄花草木樨绿肥能够减轻病虫害的发生，特别是第二年作为短期绿肥，能够起到生物诱集带的作用，减轻虫害发生；在密歇根州为期3年的试验中，轮作可减少线虫造成的经济损失，黄花草木樨（YSC）>YSC>马铃薯轮作的产量要高于黑麦、玉米、高丹草和紫花苜蓿的组合。种三叶草或首秸两年后再播马铃薯，其产量与使用杀线虫剂以防止马铃薯秧早衰的对照区产量相当。豆科覆盖作物抑制线虫的原因在于它通过供氮使土壤整体营养供应更均衡，并增强了土壤阳离子交换能力。

三、杂草抑制

黄花草木樨除了绿肥作用之外，其通过根系分泌、茎叶淋溶、挥发及残株腐解等形式向环境释放化感物质。黄花草木樨具有较强的化感作用，对多花黑麦草、草地早熟禾、波斯婆婆纳的种子萌发、幼苗生长表现出很强的抑制作用。草木樨可有效抑制第一年草木樨，可以在各种恶劣环境、贫瘠的土壤以及有害生物发生地生长，黄花草木樨能够抑制第一年秋季和第二年春季休耕期的杂草。黄花草木樨植物残体对地肤、猪毛菜、蒲公英、多年生苦苣菜、田蓟、臭草和狗尾草都有化感作用，汪之波等发现黄花草木樨水浸提液能够抑制3种杂草种子的萌发，并且对萌发后根和苗的生长产生影响。据报道多次刈割黄花草木樨后，让其自然成熟可以根除田蓟；草木樨开花结实期耗尽了整个土体的水分，从而消耗了杂草根系储藏物。黄花草木樨被认为可以通过间作、翻埋或覆盖、残茬等方式作为天然除草剂来控制田间杂草，田间施用黄花草木樨干草粉也能显著抑制杂草生长，残留物留在土壤表层较收割为干草更能抑制杂草生长。

黄花草木樨水浸提液处理能显著抑制千谷穗、山苦美、灰灰菜、稗草、车前草及臭草等杂草的种子萌发（$P<0.05$）（表7-51），对种子萌发的抑制率为30.30%~88.11%；显著抑制多数供试杂草的幼苗生长，其中，水浸提液处理的灰灰菜、臭草、千穗谷、稗草、山苦荬和车前的幼苗茎长，灰灰菜、臭草、稗草、山苦荬以及车前的幼苗根长均显著低于对照（$P<0.05$）；显著抑制红三叶、紫花苜蓿、黄花草木樨和多花黑麦草的种子萌发（$P<0.05$），抑制率为27.56%~91.36%，对红三叶、黄花草木樨和多花黑麦草3种牧草的幼苗根长、茎长和苗干重均表现出显著的抑制作用（$P<0.05$）。田间施用黄花草木樨干草粉能显著减少单位面积杂草生物量（$P<0.05$），且随着黄花草木樨干草粉施用量的增加，单位面积田间杂草数量显著下降（$P<0.05$），其中，施用量在≥90g/m^{2}时杂草数量显著低于对照。香豆素具有很强的化感作用，香豆素为黄花草木樨的主效化感物质，黄花草木樨水浸提液处理对萹蓄的种子萌发和幼苗生长有明显的促进作用，对不同种植物的作用方式和作用强度存在差异，具有一定的选择性。

表 7-51 香豆素溶液对不同植物种子萌发

植物品种	浓度	3d 发芽率（%）	6d 发芽率（%）
灰灰菜	0	5.56a	22.22a
	40mg/L	7.78a	28.89a
	80mg/L	8.89a	28.89a
千穗谷	0	84.44b	84.44b
	40mg/L	95.56a	97.78a
	80mg/L	85.55ab	92.22ab
稗草	0	68.89a	72.22a
	40mg/L	67.78a	73.33a
	80mg/L	47.78b	63.33b
萹蓄	0	13.33a	43.33a
	40mg/L	0.00b	10.00b
	80mg/L	0.00b	3.33b
苜蓿	0	80.00a	93.34a
	40mg/L	62.22b	77.78b
	80mg/L	36.67c	72.22b
黄花草木樨	0	46.67a	57.78a
	40mg/L	34.44b	36.67b
	80mg/L	24.44c	26.67c
红三叶	0	80.00a	98.89a
	40mg/L	3.33b	3.33b
	80mg/L	0.00c	0.00c
多花黑麦草	0	74.45a	95.56a
	40mg/L	38.89b	53.33b
	80mg/L	2.22c	13.33c

黄花草木樨干草粉处理对田间杂草的抑制作用有一定的持续性，但与化学除草剂相比持续时间较短（表 7-52）。处理 30d，对照杂草数量不断增加，大部分处理下的杂草数量增长相对缓慢。处理 40d，

黄花草木樨干草粉处理小区杂草数量迅速增加，化学除草剂处理小区杂草数量始终低于对照，增长缓慢，黄花草木樨在土壤中腐解过程中持续释放化感物质的时间有限，只能抑制当季生长的一些杂草萌发及生长，随着化感物质在土壤中不断转化分解，抑制作用减弱，土壤库内的杂草种子还可再次萌动生长，这和化感物质在土壤中的降解过程较短有关，所以在实际应用中要想达到持续抑草效果，除了足量施用，还需要多次施用。

表 7-52　春季试验田不同浓度黄花草木樨干草粉及化学除草剂对田间杂草数量的影响

处理	浓度	杂草数量（株/m^2）			
		10d	20d	30d	40d
对照	0	138.00a	157.67a	166.67a	176.67a
黄花草木樨	30g/m^2	88.67b	119.00b	133.00b	195.33a
	60g/m^2	77.33b	90.67bc	113.67bc	149.67ab
	90g/m^2	59.33c	74.00c	94.33c	131.67b
	120g/m^2	46.00cd	60.67cd	78.67cd	137.67ab
百草枯	0.15mL/m^2	55.90c	47.10d	55.90d	60.29c
	0.30mL/m^2	52.93cd	38.06d	52.93d	70.78c
盖草能	0.03mL/m^2	41.41d	50.78d	73.27cd	79.05cd
	0.05mL/m^2	44.27cd	41.41d	52.24d	67.27c
草甘膦	1.00mL/m^2	43.44cd	49.03d	60.39cd	73.69c
	2.00mL/m^2	37.48d	39.47d	49.23d	53.31d

黄花草木樨水浸提液可以通过降低多花黑麦草和苏丹草种子的发芽率、根长、根干重、茎长和茎叶干重等生长指标，减少植株体内叶绿素含量，以及改变渗透调节物质含量和酶活性等生理生化指标来影响黑麦草和苏丹草的生长。黄花草木樨的抑草能力具有选择性。黄花草木樨水浸提液在种子萌发和幼苗生长初期可以很大限度地起到抑制作用，随着处理时间的延长，黑麦草和苏丹草会通过自身的机制抵抗抑制，逐渐恢复生命力，具有时效性。此外，黄花草木樨水浸提液对

根的抑制作用要强于茎。

（一）种子水浸提液对稗子草幼苗的化感作用

草木樨种子浸提液对稗子草种子发芽率的影响存在较大差异（图 7-14）。当种子浸提液为 80mg/mL 时抑制效果最明显，相比对照下降了 84.69%。而浓度达到 120mg/mL 时抑制效果明显减弱，相比对照下降了 36.74%。

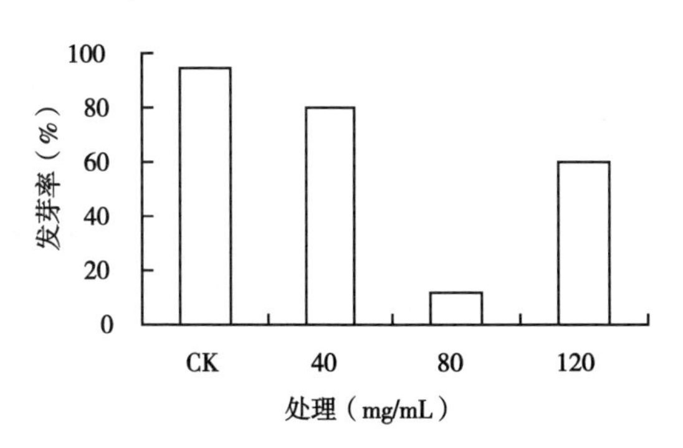

图 7-14　种子水浸提液对发芽率的影响

种子浸提液对稗子草幼苗叶的生长和幼苗根的生长有较大的抑制作用（图 7-15），随着种子浸提液浓度的升高，种子浸提液对稗子草幼苗叶生长的抑制效果也明显增强，从低浓度到高浓度（从 40mg/mL到 120mg/mL）分别下降了 34.23%、43.07%、55.00%。同时种子的浸提液对稗子草根的生长有显著抑制作用，其中 80mg/mL 浓度下抑制效果最明显，相比对照下降了 84.83%。

种子浸提液对幼苗叶的生物量积累和幼苗根的生物量积累的抑制作用也十分明显（图 7-16），种子浸提液浓度从低到高分别使稗子草幼苗叶的生物量积累下降了 3.42%、27.39%、47.94%，同时种子浸提液对稗子草幼根生物积累量也有明显抑制作用，从低浓度到高浓度分别下降了 55.32%、86.17%、71.27%。

（二）根及茎水浸提液浓度对稗子草的化感作用

草木樨浸提液对稗子草种子发芽率的影响（表 7-53）。根系水浸提液与对照相比，在 40mg/mL、80mg/mL、120mg/mL 的浓度下，根的浸提液使稗子草发芽率分别降低了 3.2%、11.6%、22.1%；茎的

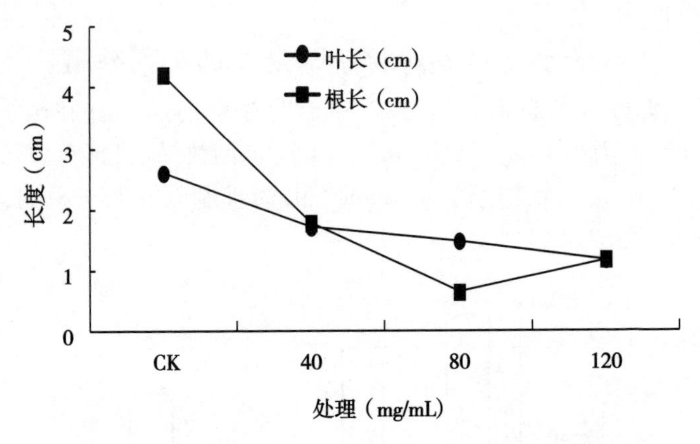

图 7-15　种子水浸提液对稗子草根和叶的生长的影响

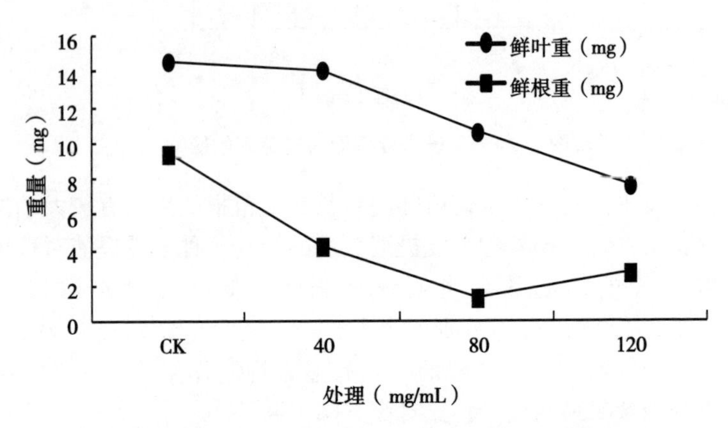

图 7-16　种子水浸提液对稗子草根和叶生物量积累的影响

浸提液使稗子草发芽率分别降低了 2.1%、8.4%、17.8%。

草木樨浸提液对稗子草幼根和茎生长均产生较强的化感抑制效应。根和茎的浸提液随浓度升高对幼根的抑制效应逐渐增强。从低浓度到高浓度（从 40mg/mL 到 120mg/mL），根的水浸提液使稗子草种幼苗根部生长明显受到抑制，相比对照分别下降了 13.0%、43.8%、89.6%，同时茎部水浸提液对根的生长也有显著抑制效果，从低浓度到高浓度分别下降了 23.9%、47.8%、69.9%。根部水浸提液对稗子草幼苗茎生长的抑制效果也明显增强，从低浓度到高浓度分别下降了 3.1%、

3.5%、33.5%。茎部水浸提液对稗子草幼苗叶生长的抑制效果也明显增强，从低浓度到高浓度分别下降了10.3%、17.3%、26.5%。

根部水浸提液及茎部水浸提液对稗子草幼苗叶的生物量积累和幼苗根的生物量积累有较大的抑制作用，根部水浸提液对稗子草幼苗叶生物量的积累有明显抑制效果。同时对稗子草根部生物量的积累也有显著抑制效果从低浓度到高浓度分别下降了43.6%、43.6%、93.6%。根部水浸提液对稗子草幼苗叶生物量的积累也有抑制效果，其中80mg/mL浓度效果最明显，相比对照下降了40.4%，同时茎部水浸提液对稗子草根部生物量的积累也有显著抑制效果从低浓度到高浓度分别下降了31.9%、64.9%和74.5%。

综合效应指数（SE）随浓度的升高，化感抑制效应随之增强。根部的浸提液的抑制潜力最大，其次为茎部的浸提液。

表7-53　草木樨植物水浸提液对稗子草的化感作用

处理	浓度（mg/mL）	发芽率（%）	叶长（cm）	鲜叶重（g）	根长（cm）	鲜根重（g）	SE
对照	0	95a	2.6a	0.0146a	4.22a	0.0094a	
根	40	92a	2.52a	0.011 4b	3.67ab	0.005 3b	-0.147 3
	80	84b	2.51a	0.017 1a	2.37ab	0.005 3b	-0.176 7
	120	74c	1.73b	0.013 7ab	0.44c	0.000 6c	-0.464 7
茎	40	93a	2.33a	0.016 5a	3.21ab	0.006 4b	-0.116 6
	80	87ab	2.15ab	0.008 7c	2.2b	0.003 3bc	-0.356 2
	120	78.1b	1.91b	0.013 4ab	1.27b	0.002 4bc	-0.393 2

植物的化感作用受化感物质性质、浓度、互作方式及受体植物敏感性的不同，可表现出促进作用、抑制作用、促进和抑制双重作用和无显著作用等多种形式。当草木樨植物种子的水浸提液浓度为80mg/mL时，水浸提液对稗子草的抑制效果最为明显，幼苗根长和鲜根重相比对照分别下降了84.8%、86.2%，而当浓度达到120mg/mL时，抑制效果相对80mg/mL时效果明显减弱。120mg/mL时发芽率相比对照下降了36.8%，幼苗根长和鲜根重相比对照分别下降了72%、71.2%，表现为促进和抑制双重作用。草木樨植株茎部水浸提液和根

部水浸提液则表现为抑制作用，随着水浸提液的浓度升高，抑制效果增强。各浸提液的各浓度对稗子草的鲜根重的增加均有显著抑制效应。不同植物产生和释放化感物质的种类不同，对杂草的化感抑制能力各异。因此，筛选化感抑制能力较强的草种或品种是生物除草的重要方法之一。Chon 等研究发现，相对于地上部分，根部对化感物质的反应更敏感。本实验结果表明，草木樨植物的水浸提液对稗子草的生长有明显抑制作用，其中根的生长及生物量积累受抑制的效果最为明显。出现这种现象的原因可能是因为根为直接接触化感物质的器官，更容易受到伤害；而地上部分靠根部吸收营养物质满足需要，只有当根系受害达到一定程度时，地上部分才表现出受害症状。这种抑制效应也与草木樨植物水浸提液的浓度相关。同时化感作用的强弱与植物的种类和品种有关。不同植物产生和释放化感物质的种类不同，对杂草的化感抑制能力各异，同时用浸提方法所得的化感物质，浸提液不同，所得化感物质的种类也不同。

水浸提液对稗子草的化感效应在处理草种间差异显著。其中种子水浸提液的化感效应最明显，同时根的水浸提液及茎的水浸提液对稗子草种也有显著抑制效果。

（三）冬小麦地杂草发生情况

经调查、鉴定发现拜城冬小麦地杂草 16 科 41 种（表 7-54）。为害严重的杂草为无芒稗、狗尾草、灰绿藜；一年生 25 种，占 60.98%，多年草本植物 16 种，占 39.02%，一年生植物为害比较大，多年生除偃麦草、假苇拂子茅、赖草依靠根茎繁殖，难根除，为害较大，其他多年生植物为害较小；单子叶植物占 19.5%，双子叶植物占 80.5%，单子叶植物比例低，但是为害较大；密度大于 10.0 的杂草有无芒稗、狗尾草和藜。因此，为害冬小麦主要的杂草为无芒稗、狗尾草和灰绿藜，其中无芒稗和狗尾草除草剂比较难防治，灰绿藜比较容易防治。

表 7-54　拜城地区冬小麦地杂草发生种类

杂草名称	拉丁名	科	生活型	密度	为害程度
无芒稗	*Echinochloa crusgalli* L. *Beauv* var. *mitis* (Pursh) Peterm.	禾禾科	一年生草本	120.7	重度

（续表）

杂草名称	拉丁名	科	生活型	密度	为害程度
狗尾草	*Setaira viridis* (L.) Beauv	禾本科	一年生草本	32.6	重度
灰绿藜	*Chenopodium glaucum* Linn.	藜科	一年生草本	14.1	重度
艾蒿	*Artemisia argyi* L.	菊科	多年生草本	6.4	中度
偃麦草	*Elytrigia repens* (Linn.) Nevski	禾本科	多年生草本	6.3	中度
拟漆菇	*Cardamine hirsuta*	十字花科	一年生或二年生草本	6.2	中度
大车前	*Plantago major* L.	车前科	多年生草本	6.1	中度
蒲公英	*Herba Taraxaci*	菊科	多年生草本	6.1	轻度
天蓝苜蓿	*Medicago lupulina* L.	豆科	一年生或两年生草本	5.7	轻度
苦苣菜	*Sonchus oleraceus* L.	菊科	一年生草本	5.5	中度
苦荬菜	*Ixeris denticulata*	菊科	多年生草本	4.5	中度
涩芥	*Malcolmiaafricana* (L.) R. Br.	十字花科	一年生草本	4.1	轻度
酸模叶蓼	*Polygonum lapathifolium* L.	蓼科	一年生草本	4.1	轻度
稗	*Echinochloa crusgalli* (L.) P. Beauv.	禾禾科	一年生草本	3.9	轻度
金色狗尾草	*Setaria glauca* (L.) Beauv.	禾本科	一年生草本	3.7	轻度
蒙山莴苣	*Lactucatatarica* (L.) C. A. Mey.	菊科	多年生草本	3.6	轻度
龙葵	*Solanum nigrum*	茄科	一年生草本	3.3	轻度
刺儿菜	*Cirsium segetum* (Willd.) MB.	菊科	多年生草本	3.2	中度
假苇拂子茅	*Calamagrostis pseudophragmites*	禾本科	多年生草本	3.1	轻度
旋复花	*Inula aspera* Poir.	菊科	多年生草本	3.1	轻度
苋	*Amaranthus tricolor* L.	苋科	一年生草本	3.1	轻度
苍耳	*Xanthium sibiricum* L.	菊科	一年生草本	3.1	轻度
黄花苜蓿	*Medicago falcata* L.	豆科	一年生草本	2.8	轻度

（续表）

杂草名称	拉丁名	科	生活型	密度	为害程度
萹蓄	*Polygonumaviculare* L.	蓼科	一年生草本	2.8	轻度
海乳草	*Glaux maritima* L.	报春花科	多年生小草本	2.7	轻度
野西瓜苗	*Hibiscus trionum*	锦葵科	一年生草本	2.6	轻度
曼陀罗	*Datura stramonium* L.	茄科	一年生草本	2.6	轻度
播娘蒿	*Descuminia sophia*（L.）	十字花科	一年生或两年生草本	2.6	轻度
马唐	*Digitaria sanguinalis*（L.）Scop.	禾本科	一年生草本	2.4	轻度
地肤	*Kochia scoparia*（L.）Schrad.	藜科	一年生草本	2.3	中度
薄荷	*Mentha haplocalyx*	唇形科	多年生草本	2.1	轻度
花花柴	*Kareliniacaspia*（Pall.）Less	菊科	多年生草本	2.1	轻度
菟丝子	*China Dodder*	旋花科	一年生寄生草本	1.3	轻度
牵牛花	*Pharbitis nil*（Linn.）Choisy	旋花科	一年生蔓性草本	1.2	轻度
苘麻	*Abutilon theophrasti* Medic	锦葵科	一年生亚灌木状草本	1.2	轻度
野豌豆	*Vicia sepium*	豆科	一年生草本	1.2	轻度
马齿苋	*Herba Portulacae*	马齿苋科	一年生草本	0.9	轻度
赖草	*Leymus secalinus*（Georgi）Tzvel.	禾本科	多年生草本	0.6	轻度
骆驼蓬	*Peganum harmala* L.	蒺藜科	多年生草本	0.6	轻度
火烧兰	*Edipactis helleborine*	兰科	多年生草本	0.2	轻度
多裂委陵菜	*Potentilla multifida* L.	蔷薇科	多年生草本	0.1	轻度

（四）不同轮作方式杂草发生情况

复播玉米密度为 20 株/m^2；草木樨密度为 23 株/m^2；小麦的播种量播量 270kg/hm^2，基本苗 450 万株/hm^2；冬小麦-免耕-冬小麦杂草种类 10 种，优势种为狗尾草和无芒稗，密度为 130.6 株/m^2、75.3 株/m^2；冬小麦-青贮玉米杂草种类 7 种（$P<0.05$），优势种为无芒稗和狗尾草，密度为 163.5 株/m^2、2.7 株/m^2；冬小麦-草木樨杂草

种类4种（$P<0.01$），优势种为藜，密度为1.6株/m^2。冬小麦套种草木樨能够抑制杂草的种类、降低杂草密度，能够显著降低狗尾草和无芒稗的密度（表7-55）。

表7-55　不同轮作方式杂草发生情况

杂草名称	冬小麦-免耕-冬小麦		冬小麦-青贮玉米		冬小麦-草木樨	
	密度	SDR排序	密度	SDR排序	密度	SDR排序
灰绿藜	5.2	3	6.8	3	1.6	1
艾蒿	10.6	4	—	—	3.1	2
大车前	4.3	5	—	—	3.5	3
蒲公英	6.2	6	—	—	4.7	4
狗尾草	75.3	1	2.7	2	—	—
无芒稗	130.6	2	163.5	1	—	—
刺儿菜	1.2	10	1.4	7	—	—
苦苣菜	1.0	7	1.2	5	—	—
苣荬菜	1.3	8	1.3	6	—	—
苋	3.5	9	2.7	4	—	—

注："—"表示未出现

该地区冬小麦地杂草16科41种，多年草本植物占39.02%，一年生占60.98%，优势杂草为无芒稗、狗尾草和藜，其密度分别为120.7株/m^2、32.6株/m^2和14.1株/m^2。冬小麦-青贮玉米和冬小麦-草木樨能够抑制冬小麦地杂草的发生，其中冬小麦套种草木樨抑制效果显著（$P<0.01$）。此外，在果园内种植草木樨可以抑制杂草生长，同时可做绿肥，提高果实品质。

第八章　草木樨种子生产技术

优质牧草种子是牧草产业基本生产资料。草木樨种子质量低劣，目前生产商使用的大量种子均是地方品种，品质退化较为严重，即使已经审定的品种，因其产种量较小，改良繁育工作滞后，品种混杂，在生产上已经丧失了其品种的优良特性。广大牧民与种子经销商只限于不同牧草种类的区别，缺乏品种概念，因此对草木樨产业化造成了不利的影响。另外，缺乏专业化的种子生产田。目前，生产中所用的种子绝大多数都是草田生产的副产品，并未经过种子审定，并且多局限于种类方面，只根据其花色来区分，没有具体到品种。

草木樨种子产量受多种条件共同影响，包括天气和土壤条件、植株间距、生产管理、授粉昆虫、草木樨品种以及疾病发生情况等。生长在地势开阔、竞争较小的地方的白花草木樨可生产种子 2.0×10^{5} ~ 3.5×10^{5}粒/株，而生长在贫瘠土壤的草木樨，由于竞争激烈，每株草木樨生产种子不足 100 粒。在 Rutledge C R 等的研究中，草木樨可生产种子 1.4×10^{4} ~ 3.5×10^{5}粒/株。Stevens O A 的研究发现，草木樨的千粒重为仅有 2.0g。一般收种子 50~150kg/亩。

草木樨各级侧枝种子成熟时间极不一致，聂朝向研究了草木樨种子着生部位成熟度与种性的关系，种子在成熟过程中，植株上的营养物质逐渐向果实聚集，乳熟期后，荚果的水分逐渐下降而干物质逐渐增加，干物质含量于完熟期达到最高；着生部位不同，荚果大小也不同，粒大而饱满的种子在主茎花序的百分率较高，一级侧枝居中，二级侧枝最低；但同时，主茎花序较少，因此产量较低，而一级侧枝的花序数较多，所以荚果和种子产量较高；综合结果黄熟期一级侧枝的种子不仅数量大，而且品质优良，此时采种，能保证草木樨种子获得最大产量。

第一节 种子田建植要点

牧草种子在人工草地建设和草地改良中具有重要作用。可是多数牧草所具有的种子成熟不一致性、落粒性等野生特性限制了牧草种子产量的提高，并且牧草实际种子产量因生产者、年际和地区的不同有很大的差异，环境条件和管理水平也对种子产量的高低具有很大的影响。气候条件和土地条件是决定种子生产地区的主要因素，前者是决定生产效果的首要条件。

一、气候条件

适宜的温度是植物进行营养生产和生殖生长的基本条件，不同的植物其正常生长的最适温度也不同，草木樨种子生产适宜温度22~27℃。许多牧草的开花受日照长度影响，草木樨属于长日照植物，一般光照时间要求大于14h，才能进行花芽分化，否则处于营养生长状态。高纬度地区有利于长日照植物的开花结实。

二、土壤的条件

草木樨种子生产适宜的土壤，为钙质土、黏土、沙壤土和沙土地。种子生产需要进行有效的水肥管理，大水大肥导致营养生长过旺，水肥不足影响生殖生长，降低种子产量。土壤中除了适当的氮、磷、钾外，还需要适当的硼、钼等微量元素。

第二节 种子生产技术

一、播种

一年生草木樨可以进行早春播种，二年生草木樨一般是与其他作物套种或夏季或初冬进行播种，第一年生产干草或放牧，第二年用于种子生产。草木樨第一年为营养生长阶段，苗期生长较为缓慢，进入分枝期以后，地上部生长逐渐加快，干物质积累量也逐渐上升。至8月中旬以后，地上部生长速度减缓，此时为了贮备第二年生殖生长所需的营养，干物质开始向根部转移，待翌年种子成熟时，根部的营养被转移50%以上。

天水黄花草木樨行距60cm产量较高，Norgold黄花草木樨45cm产量较高（表8-1）。

表8-1　株距对草木樨产量的影响（kg/hm²）

株距（cm）	天水黄花草木樨	Norgold黄花草木樨
30	905	938
45	930	1 059
60	1 039	754

二、施肥

氮是植物体内许多重要有机化合物的组分，参与植物体内的各项生命活动如光合作用、细胞的增长分裂和遗传变异等；而豆科植物施磷肥的同时可以促进核糖核苷酸的合成，从而促进蛋白质的合成，有益于氮同化，施磷肥后豆科植物的根瘤内豆血红蛋白含量增加，结瘤性和固氮活性提高，达到以磷促氮的效果。氮肥还可以促进植物地上部分生长，增加牧草分枝，使叶色加深，枝条生长加快。

磷肥能促进植物生长发育，加速生殖器官的形成和果实发育，磷肥不足对种子产量的影响是巨大的，因此在施用氮肥的同时还应适当的补充磷肥。据报道，北达科他州的草木樨种子产量为15.2～30.2kg/亩。草木樨种子产量因施磷肥而增加26%～100%。骆凯报道密度和施肥量以及二者的互作极显著影响黄花草木樨的实际种子产量（$P<0.01$）。“天水”在60cm株距和80kg/hm²施磷肥条件下，平均种子产量最高，为1 234 kg/hm²；而对于Norgold，为45cm株距、80kg/hm²施磷肥条件下的种子产量最高，分别为1 613 kg/hm²和1 428kg/hm²。通径分析对黄花草木樨种子产量影响最大的种子产量构成因素为生殖枝数。另外，不同施肥处理对种子产量有所影响，施

P_2O_5 180kg/hm^{2}以上时，可显著提高草木樨种子产量，施 P_2O_5 360kg/hm^{2}时，种子产量最大，可达到 2 854kg/hm^2，增幅为 64.97%，施 P_2O_5 270kg/hm^{2}时，增幅稍低，为 61.56%，但磷肥效率最高，每千克 P_2O_5增产种子 3.944kg。刘慧报道白花草木樨与黄花草木樨在施氮肥 90kg/hm^2、磷肥 90kg/hm^{2}时均可获得最大种子产量，分别为 1 693.88 kg/hm^2 和 1 604.48 kg/hm^2，较对照增加 50.48%、53.97%。

韩建国等对 30cm 条播的白花草木樨栽培草地进行施肥试验，施 P_2O_5 180kg/hm^{2}以上时，才能显著提高草木樨的种子（带荚）产量。磷肥增加种子（带荚）产量效率以施 P_2O_5 360kg/hm^{2}处理最高，达到每千克 P_2O_5增产 3.944kg。种子产量增幅可达到 64.97%（表 8-2）。

表 8-2　磷肥对草木樨种子（带荚）产量的影响

测定项目	施磷肥量				
	0（CK）	90	180	270	360
种子（带荚）产量（kg/hm^2）	1 730Bc	1 732Bb	1 880Bb	2 795Aa	2 854Aa
比对照增产（kg/hm^2）	—	2	150	1 065	1 124
比对照增产（%）	—	0.12	8.67	64.56	64.97
每千克 P_2O_5增产	—	0.022	0.833	3.944	3.122

两年平均种子产量，品种“天水”在 60cm 株距和 80kg/hm^{2}施磷肥条件下最高，为 1 234kg/hm^2；而品种“Norgold”在 45cm 株距、80kg/hm^{2}施磷肥条件下的最高，为 1 520kg/hm^2。通径分析表明，对种子产量影响最大的种子产量构成因素为生殖枝数（表 8-3）。

表 8-3　施磷对草木樨种子产量的影响（kg/hm^2）

施磷量	天水黄花草木樨 60cm	Norgold 黄花草木樨 45cm
Ck	1 039	1 059
40	1 108	1 298
80	1 234	1 521
120	1 161	1 430

不同施肥处理下对黄花草木樨种子千粒重的影响（表8-4），千粒重以$N_{90}P_{90}$处理极显著高于其他处理（P<0.01），其次是$N_{45}P_{360}$、$N_{90}P_{270}$。不同施肥处理下对黄花草木樨叶面积影响，以$N_{90}P_{90}$处理最高，其次是$N_{45}P_{360}$、$N_{45}P_{270}$，均极显著高于其他处理（P<0.01）。对株高的影响各处理间差距不大，主要集中在158.33~215.33cm，以$N_{135}P_{90}$处理最高，其次是$N_{90}P_{90}$、$N_{135}P_{180}$。（1×1）m^2株数各处理以$N_{135}P_{270}$极显著高于其他处理（P<0.01），其次是$N_{90}P_{360}$、$N_{90}P_{180}$。（1×1）m^2主枝数各处理以$N_{135}P_{270}$极显著高于其他处理（P<0.01），其次是$N_{135}P_{90}$、$N_{90}P_{360}$。（1×1）m^2侧枝数各处理以$N_{135}P_{270}$极显著高于其他处理（P<0.01），其次是$N_{180}P_{180}$，$N_{45}P_{270}$。不同施肥处理对黄花草木樨种子败育率的影响，CK处理极显著高于其他处理（P<0.01），其次是$P_{135}P_{360}$、$N_{135}P_{270}$。不同施肥处理下，黄花草木樨种子产量的影响以$N_{90}P_{90}$极显著高于其他处理（P<0.01），其次是$N_{180}P_{180}$、$N_{90}P_{270}$。随着磷肥施入量的增加，植株密度递增，但当磷肥施入量达到最大值时，反而会降低植株密度。磷肥过高，也会增加种子败育率。

不同施肥处理对黄花草木樨种子发芽势、发芽率的影响（表8-5），发芽势与发芽率呈正相关，均以$N_{90}P_{90}$极显著高于其他处理（P<0.01），其次是$N_{180}P_{180}$、$N_{45}P_{180}$。黄花草木樨在不同施肥处理下硬实率以$N_{90}P_{270}$处理最高，且极显著高于其他处理，其次是$N_{90}P_{360}$、$N_{135}P_{90}$。根长与芽长呈正相关，均是以$N_{90}P_{90}$处理最高，其次是$N_{45}P_{270}$、$N_{180}P_{180}$。

表 8-4　黄花草木樨田间测定指标

小区数	千粒重（g）	株高（cm）	株数	主枝数	侧枝数	败育率（%）	产量（kg/亩）
CK	2. 5257± 0. 03BCbcd	175. 33± 5. 57Bbc	20. 00± 1. 73BCDd	515. 00± 8. 90Fg	2910. 00± 12. 09BCDbc	35. 54± 3. 21Aa	69. 82± 1. 34Cb
$N_{45}P_{90}$	2. 1618± 0. 05FEGgh	172. 67± 6. 66Bbc	20. 00± 3. 00BCDd	541. 00± 7. 89EFg	2 145. 89± 12. 56DEFGdefg	8. 61± 3. 03Dde	89. 87± 2. 35ABCab
$N_{45}P_{180}$	2. 3598± 0. 04CDEdef	181. 33± 4. 69ABbc	22. 00± 1. 73BCDcd	756. 00± 8. 01CDEFdef	1 650. 00± 10. 32FGfg	13. 56± 1. 00CDcde	72. 43± 1. 34BCb
$N_{45}P_{270}$	1. 9549± 0. 05Gi	166. 00± 3. 68Bbc	33. 00± 5. 29ABCabc	961. 00± 7. 89ABCDbc	3 159. 67± 11. 34BCb	11. 33± 2. 03Dcde	71. 39± 3. 56BCb
$N_{45}P_{360}$	2. 6819± 0. 01ABab	180. 00± 4. 91ABbc	25. 00± 5. 29ABCDbcd	753. 00± 6. 98CDEFdef	1 806. 34± 16. 78FGefg	20. 50± 2. 04BCDbc	91. 34± 1. 23ABCab
$N_{90}P_{90}$	2. 7620± 0. 05Aa	193. 00± 5. 56ABab	23. 33± 5. 26ABCDcd	763. 00± 7. 09CDEFde	2 310. 98± 17. 56CDEFGcdef	6. 58± 2. 11De	107. 50± 3. 89Aa
$N_{90}P_{180}$	2. 5056± 0. 01BCcde	185. 33± 3. 61ABbc	35. 33± 6. 51ABab	1 029. 00± 6. 98ABab	2 483. 67± 14. 56CDEFcde	19. 12± 1. 33BCDbcd	100. 90± 1. 24ABCa
$N_{90}P_{270}$	2. 5737± 0. 02ABCbc	158. 33± 4. 54Bc	27. 00± 2. 00ABCDabcd	703. 00± 5. 89DEFdefg	2 805. 67± 13. 45BCDEbcd	6. 99± 2. 11De	102. 10± 2. 01ABCa
$N_{90}P_{360}$	2. 0242± 0. 05FGhi	178. 00± 3. 89ABbc	35. 67± 9. 71ABab	1 036. 00± 10. 09ABab	1 868. 67± 12. 34FGefg	21. 32± 3. 40ABCDbc	100. 40± 1. 78ABCa
$N_{135}P_{90}$	2. 3244± 0. 05CDEefg	215. 33± 4. 90Aa	25. 66± 2. 35ABCDabcd	1 046. 34± 7. 89ABab	1 636. 00± 12. 56FGfg	15. 42± 5. 33CDcde	97. 65± 1. 09ABCa

（续表）

小区数	千粒重（g）	株高（cm）	株数	主枝数	侧枝数	败育率（%）	产量（kg/亩）
$N_{135}P_{180}$	2. 3244±0. 05CDEefg	191. 00±5. 09ABab	22. 00±5. 29ABCDcd	992. 00±7. 67ABCb	2 429. 00±10. 67CDEFGcde	7. 25±2. 51De	100. 92±1. 06ABCa
$N_{135}P_{270}$	2. 4712±0. 02BCDcde	186. 00±6. 00ABbc	37. 33±10. 07Aa	1 194. 33±11. 21Aa	4 824. 00±10. 32Aa	26. 76±3. 11ABCab	101. 83±3. 67ABCa
$N_{135}P_{360}$	2. 3994±0. 01CDEcdef	171. 67±6. 04Bbc	16. 67±5. 51Dd	578. 33±12. 21EFefg	1 587. 34±9. 89FGg	33. 20±2. 34ABa	87. 031±1. 45ABCab
$N_{180}P_{90}$	2. 1558±0. 05EFGgh	187. 00±3. 89ABbc	17. 67±3. 79CDd	552. 33±6. 67EFfg	1 487. 67±7. 90Gg	21. 43±1. 56ABCDbc	83. 57±1. 23ABCab
$N_{180}P_{180}$	2. 4464±0. 05BCDcde	170. 33±4. 68Bbc	27. 67±3. 51ABCDabcd	800. 00±7. 89BCDEcd	3 455. 00±17. 00Bb	6. 65±2. 89De	103. 50±2. 01ABa
$N_{180}P_{270}$	2. 0648±0. 05FGhi	158. 67±5. 78Bc	16. 33±3. 06Dd	504. 67±7. 89Fg	1 689. 34±12. 03FGfg	12. 43±1. 56CDcde	87. 08±1. 02ABCab
$N_{180}P_0$	2. 2554±0. 01EDFfg	177. 00±6. 53ABbc	16. 00±3. 00Dd	590. 89±6. 56EFefg	1 947. 67±11. 02EFGefg	17. 87±2. 11CDbcde	86. 54±2. 45ABCab

表 8-5　不同施肥处理对黄花草木樨种子发芽指标的影响

小区数	发芽势（%）	发芽率（%）	硬实率（%）	根长（cm）	芽长（cm）
CK	42. 00±1. 52ABabc	71±7. 02De	13. 33±3. 21ABCDEbcde	0. 42±0. 10Bbc	0. 10±0. 10Dg
$N_{45}P_{90}$	42. 33±2. 74ABabc	82±4. 29ABCDbcd	17. 67±2. 21ABCabc	0. 13±0. 15Bc	1. 82±0. 23ABCabc
$N_{45}P_{180}$	43. 33±1. 46ABabc	88±6. 56ABCabc	12. 00±4. 70ABCDEbcdef	0. 30±0. 13Bbc	1. 17±0. 14ABCDbcdef
$N_{45}P_{270}$	41. 67±1. 15ABabc	78±8. 15BCDcde	4. 00±3. 61Efg	0. 73±0. 47ABb	2. 43±0. 13Aa
$N_{45}P_{360}$	42. 00±1. 74ABabc	85±4. 16ABCDabcd	7. 00±1. 74CDEefg	0. 43±0. 24Bbc	1. 32±0. 18ABCDbcde
$N_{90}P_{90}$	45. 33±2. 08Aa	93±3. 79Aa	3. 33±1. 55Eg	1. 27±0. 07Aa	2. 45±0. 16Aa
$N_{90}P_{180}$	41. 33±1. 53ABbc	78±5. 86BCDcde	6. 67±1. 23CDEefg	0. 43±0. 18Bbc	1. 22±0. 22ABCDbcde
$N_{90}P_{270}$	42. 33±3. 22ABabc	76±4. 16CDde	22. 67±2. 92Aa	0. 30±0. 12Bbc	0. 95±0. 35BCDcdefg
$N_{90}P_{360}$	41. 67±1. 16ABabc	76±4. 16CDde	20. 00±3. 58ABab	0. 40±0. 10Bbc	1. 42±0. 10ABCDbcd
$N_{135}P_{90}$	43. 00±3. 00ABabc	87±3. 22ABCabcd	18. 67±4. 73ABab	0. 35±0. 12Bbc	0. 88±0. 40BCDcdefg
$N_{135}P_{180}$	41. 00±2. 16ABbc	79±5. 72BCDcde	6. 33±1. 59DEefg	0. 33±0. 11Bbc	0. 52±0. 38CDdefg
$N_{135}P_{270}$	42. 33±2. 31ABabc	76±8. 02CDde	10. 00±2. 15BCDEcdefg	0. 22±0. 10Bc	0. 38±0. 12Defg
$N_{135}P_{360}$	40. 33±1. 47ABc	84±4. 51ABCDabcd	12. 00±1. 53ABCDEbcdef	0. 25±0. 15Bbc	0. 18±0. 14Dfg
$N_{180}P_{90}$	40. 33±1. 36ABc	86±4. 73ABCabcd	9. 00±1. 23BCDEdefg	0. 40±0. 12Bbc	0. 60±0. 22CDdefg
$N_{180}P_{180}$	44. 33±3. 22ABab	91±2. 00ABab	17. 00±2. 43ABCDabcd	0. 60±0. 17Bbc	2. 13±0. 18ABab
$N_{180}P_{270}$	41. 67±1. 53ABabc	81±6. 24ABCDbcde	9. 67±1. 40BCDEcdefg	0. 32±0. 12Bbc	0. 52±0. 16CDdefg
$N_{180}P_{0}$	40. 00±2. 1Bc	81±5. 89ABCDbcde	17. 67±1. 45ABCabc	0. 29±0. 16Bbc	0. 75±0. 32CDdefg

(1) 不同施肥处理对白花草木樨种子生产影响。

千粒重以 $N_{90}P_{90}$ 处理极显著高于其他处理（$P<0.01$），其次是 $N_{45}P_{360}$、$N_{90}P_{270}$；在 N_{45} 水平下，随着磷肥施入量的增大，千粒重呈下降趋势，但其余氮素水平下，随着磷肥施入量的增加，白花草木樨种子千粒重呈上升趋势（表 8-6）。叶面积也以 $N_{90}P_{90}$ 最高，极显著高于其他处理组（$P<0.01$），其次是 $N_{45}P_{360}$、$N_{90}P_{270}$；同时若只施入氮肥，磷肥施入量为 0，$N_{180}P_{0}$ 处理组的叶面积极显著低于其他处理组（$P<0.01$）。株高各处理间差距不大，依次为 $N_{90}P_{90}$、$N_{180}P_{90}$、$N_{45}P_{90}$，差异均达极显著水平（$P<0.01$）。（1×1）m^2 株数各处理株数以 $N_{135}P_{360}$ 最高，其次是 $N_{90}P_{90}$，$N_{45}P_{90}$；若只施入氮肥，而不施入磷肥，其密度远远低于其他处理组。（1×1）m^2 主枝数各处理以 $N_{135}P_{360}$ 极显著高于其他处理组（$P<0.01$），其次是 $N_{45}P_{360}$、$N_{45}P_{180}$。(1×1) m^2 侧枝数各处理以 $N_{135}P_{360}$ 极显著高于其他处理组（$P<0.01$），其次是 $N_{45}P_{90}$、$N_{45}P_{180}$。不同施肥处理对黄花草木樨种子败育率的影响，$N_{135}P_{360}$ 处理极显著高于其他处理（$P<0.01$），其次是 $P_{135}P_{270}$，CK。不同施肥处理下，白花草木樨种子产量的影响以 $N_{90}P_{90}$ 极显著高于其他处理（$P<0.01$），其次是 $N_{180}P_{180}$、$N_{45}P_{90}$。随着磷肥施入量的增加植株密度递增，但当磷肥施入量达到最大值时，反而会降低植株密度。磷肥过高，也会增加种子败育率。

(2) 同施肥处理对白花草木樨种子发芽指标影响。

不同施肥处理对白花草木樨种子发芽势、发芽率的影响(表 8-7)，均以 $N_{90}P_{90}$ 极显著高于其他处理组（$P<0.01$），其次是 $N_{180}P_{180}$、$N_{90}P_{360}$。不同施肥对白花草木樨种子硬实率的影响，$N_{135}P_{270}$ 极显著高于其他处理组（$P<0.01$），其次是 $N_{180}P_{90}$、$N_{90}P_{360}$。根长与芽长呈正相关，均是以 $N_{90}P_{90}$ 处理最高，其次是 $N_{135}P_{270}$、$N_{180}P_{180}$。

表 8-6　白花草木樨田间测定指标

小区数	千粒重（g）	株高（cm）	株数（个）	主枝数（个）	侧枝数（个）	败育率（%）	产量（kg/亩）
CK	2. 3044± 0. 06FGf	190. 33± 7. 77ABCDabcdef	12. 67± 1. 50BCDEFb	282. 67± 16. 11DEFGfghi	858. 00± 14. 82EFGHfg	30. 50± 6. 61ABab	75. 42± 2. 1Hh
$N_{45}P_{90}$	2. 4855± 0. 02Dd	201. 67± 8. 96ABCab	20. 00± 1. 00ABCa	541. 00± 15. 60ABCbcd	2 145. 00± 16. 40Bb	14. 21± 7. 30ABbc	107. 88± 2. 64BCb
$N_{45}P_{180}$	2. 3302± 0. 08Ff	172. 33± 8. 63BCDdef	20. 67± 2. 63ABa	587. 67± 20. 58ABbc	1 990. 00± 24. 44BCbc	23. 09± 6. 85ABabc	77. 81± 4. 4Hh
$N_{45}P_{270}$	2. 3933± 0. 06Ee	178. 67± 7. 21ABCDbcdef	7. 33± 2. 52Fb	209. 00± 17. 44FGij	766. 00± 13. 44FGHgh	12. 56± 9. 80ABbc	99. 11± 1. 03EFde
$N_{45}P_{360}$	2. 7004± 0. 04Bb	168. 67± 7. 24CDef	19. 00± 2. 65ABCDEa	649. 00± 17. 67Aab	1 536. 00± 27. 89BCDEcde	13. 47± 7. 05ABbc	96. 94± 1. 04Fe
$N_{90}P_{90}$	2. 7856± 0. 05Aa	212. 33± 7. 77Aa	21. 67± 2. 56Aa	461. 33± 18. 38BCDcde	1 351. 67± 18. 73CDEFdef	21. 84± 6. 86ABabc	113. 49± 2. 6Aa
$N_{90}P_{180}$	2. 6409± 0. 07Cc	173. 33± 6. 95BCDcedf	12. 00± 3. 00CDEFb	420. 33± 19. 63BCDEdef	1 479. 00± 14. 94BCDEde	21. 19± 7. 56ABabc	106. 50± 3. 4CDb
$N_{90}P_{270}$	2. 6363± 0. 06Cc	186. 67± 9. 17ABCDbcdef	10. 00± 2. 65Fb	189. 67± 16. 01FGij	852. 67± 22. 21EFGHfg	15. 91± 6. 30ABbc	92. 38± 1. 42Gf
$N_{90}P_{360}$	2. 1902± 0. 08Hh	166. 33± 8. 09Df	19. 67± 3. 02ABCDa	571. 00± 19. 24ABbc	1 567. 67± 13. 55BCDcd	21. 90± 4. 36ABabc	105. 23± 2. 46CDbc

（续表）

小区数	千粒重（g）	株高（cm）	株数（个）	主枝数（个）	侧枝数（个）	败育率（%）	产量（kg/亩）
$N_{135}P_{90}$	1. 9998±0. 04Kk	193. 00±4. 59ABCDabcde	13. 00±2. 65BCDEFb	352. 00±15. 24DEFefgh	1 311. 33±15. 34CDEFdef	14. 77±5. 36ABbc	102. 36±1. 52DEcd
$N_{135}P_{180}$	1. 9998±0. 04Kk	199. 00±6. 09ABCDab	9. 33±3. 21Fb	356. 00±19. 42DEFefgh	284. 33±13. 86Hh	28. 54±4. 81ABab	105. 19±1. 23CDbc
$N_{135}P_{270}$	2. 0862±0. 06Jj	198. 00±8. 08ABCDabc	11. 33±3. 94DEFb	306. 00±14. 98DEFGfghi	1 051. 33±21. 29DEFGefg	35. 50±5. 31Aa	105. 65±1. 52CDbc
$N_{135}P_{360}$	2. 2742±0. 05Gg	189. 33±6. 66ABCDabcdef	22. 00±4. 59Aa	716. 67±16. 67Aa	3 077. 00±31. 63Aa	37. 71±8. 07Aa	91. 41±1. 99Gf
$N_{180}P_{90}$	2. 3951±0. 05Ee	203. 00±8. 74ABab	11. 00±2. 00EFb	266. 67±19 21EFGghi	752. 67±10. 68FGHgh	30. 44±5. 60ABab	87. 62±1. 47Gg
$N_{180}P_{180}$	1. 9442±0. 04Ll	189. 67±9. 11ABCDabcdef	12. 67±1. 16BCDEFb	377. 33±18. 59CDEFefg	1 594. 33±20. 49BCDcd	5. 58±5. 76Bc	112. 22±1. 03ABa
$N_{180}P_{270}$	1. 9996±0. 04Kk	195. 67±8. 15ABCDabcd	8. 67±2. 08Fb	237. 00±11. 53EFGhij	674. 67±27. 69FGHgh	21. 65±7. 34ABabc	91. 46±4. 25Gf
$N_{180}P_0$	2. 1488±0. 03Ii	178. 33±8. 51BCDbcdef	7. 33±1. 53Fb	127. 00±19. 89Gj	542. 00±23. 11GHgh	19. 81±6. 1ABabc	106. 26±1. 11CDb

表 8-7　不同施肥处理对白花草木樨种子发芽指标的影响

小区数	发芽势（%）	发芽率（%）	硬实率（%）	根长（cm）	芽长（cm）
CK	42.00±1.00Fe	82.33±7.23ABCabc	13.33±2.16BCbcde	0.60±0.17CDEFdefg	2.45±0.15ABCabcd
$N_{45}P_{90}$	42.33±1.77Fe	82.33±6.43ABCabc	17.67±2.91Bbc	0.73±0.12BCDEFcdefg	2.13±1.07ABCbcde
$N_{45}P_{180}$	42.33±1.30Fe	82.33±9.07ABCabc	12.00±4.74BCDbcdef	0.30±0.13DEFefg	1.17±0.14BCDdefg
$N_{45}P_{270}$	41.67±1.16Fe	77.67±9.81ABCabcde	4.00±0.56DEFGghi	0.13±0.15EFfg	0.10±0.10Dg
$N_{45}P_{360}$	43.00±1.00EFe	63.67±9.19CDe	3.00±1.00DEFGhi	1.08±0.15BCDEFbcdef	2.75±0.04ABCabc
$N_{90}P_{90}$	69.00±2.33Aa	88.00±6.55Aa	9.33±2.30BCDEFefgh	2.40±1.07Aa	3.63±0.20Aa
$N_{90}P_{180}$	55.00±1.73BCbc	71.00±5.19ABCcde	6.67±2.51CDEFGefghi	1.60±0.08ABCDabc	2.83±0.13ABab
$N_{90}P_{270}$	54.00±2.00BCDbc	83.00±2.00ABCabc	16.33±3.06Bbcd	1.72±0.05ABCab	2.55±0.48ABCabc
$N_{90}P_{360}$	56.33±1.53BCb	84.67±5.27ABabc	18.33±1.53Bb	1.38±0.20ABCDEbcd	2.92±0.38ABab
$N_{135}P_{90}$	40.67±1.58Fe	71.00±5.32ABCcde	1.67±1.53EFGi	0.53±0.26CDEFdefg	0.97±0.31CDefg
$N_{135}P_{180}$	40.33±4.77Fe	64.67±6.64BCDde	1.00±0.10FGi	0.63±0.28CDEFcdefg	1.43±0.31BCDcdef
$N_{135}P_{270}$	51.67±2.33CDcd	49.67±4.59DEf	32.00±3.00Aa	1.98±0.16ABab	3.47±0.14Aab
$N_{135}P_{360}$	40.67±4.23Fe	78.67±7.09ABCabcd	5.33±1.63CDEFGfghi	0.15±0.03EFfg	0.17±0.15Dfg
$N_{180}P_{90}$	40.00±1.22Fe	42.00±9.23Ef	0.00±0.00Gi	0.00±0.00Fg	0.00±0.00Dg
$N_{180}P_{180}$	58.00±2.82Bb	86.67±3.21Aab	10.33±2.52BCDEdefg	1.80±0.12ABCab	2.93±0.38ABab
$N_{180}P_{270}$	50.67±3.05CDcd	73.00±5.36ABCabcde	11.00±2.65BCDcdef	1.45±0.25ABCDEabcd	2.40±0.45ABCabcd
$N_{180}P_{0}$	48.67±1.53DEd	71.67±2.52ABCbcde	18.67±1.79Bb	1.26±0.14ABCDEFbcde	2.13±0.20ABCbcde

种子越饱满，其能提供的种子萌发所需营养就越多。在施肥处理对草木樨种子生产影响中，$N_{90}P_{90}$处理组黄花草木樨、白花草木樨种子千粒重极显著高于其他处理组（$P<0.01$），其叶面积及株高均极显著高于其他处理组（$P<0.01$），株高越高说明其营养生长越好，其接受的阳光及养分越充足，其供应给源-叶的营养就越多，而叶片作为光合作用的主要场所，其越大，说明光合作用越强，光合作用越强，其积累的有机物就越多，因此供给植物生长所需的养分就越多，因此$N_{90}P_{90}$处理组在株高及叶面积达最高值的同时，其种子产量也极显著高于其他处理组（$P<0.01$），由于营养充足，所以种子饱满且发育良好，因此在所测得败育率也以$N_{90}P_{90}$处理最低。通过施肥实验还可以得出，在氮肥一致的水平下，随着磷肥施入量的增加，株数递增，但当磷肥施入量过大后，反而会抑制植株生长；但如果氮肥施入量过高，磷肥施入量也过高后，会造成植株密度降低，$N_{180}P_{270}$，密度仅为16.33株/m^2，同时种子产量也过低；但如果只施入氮肥，而不施入磷肥，$N_{180}P_0$处理，也会造成植株密度降低，植株密度过低，营养提供能力受限制，所以其产量也过低。主枝数及侧枝数都是在氮肥、磷肥适当比例下较高，如果磷肥或氮肥过高均会造成主枝数或侧枝数的减少，不利于植株生长，甚至会对植株的生殖生长造成影响；同时磷肥过高，也会造成种子败育率的增加，磷肥过高，种子中卵磷脂含量过高，不利于种子成熟，同时种子卵磷脂含量过高更易被虫害所侵蚀。出于对植株营养生长及生殖生长的需求考虑，配合氮磷肥处理时以1∶1处理为最佳配比；同时1∶1的氮磷肥配比的经济效益也更能为广大农民所接受。

发芽势和发芽率都是反映种子质量优劣的主要指标之一，$N_{90}P_{90}$的发芽势较高，其发芽率也高，其种子生命力顽强，同时$N_{90}P_{90}$的根长和芽长也相对较高，因为在种子生长过程中，根主要是吸收水分及营养，同时根较长能吸收更多的氧气，为种子萌发提供充足的氧气，种子得到充足的氧气，不断地进行呼吸，得到能量，才能更好萌发生长；本实验中，根长和芽长呈正相关，因为根越强壮，其吸收养分的能力越强，那其供给种子胚芽生长的营养物质就越充足，而芽越好，其生长过程中能进行光合作用，积累有机物质反过来更加促进根的生长。

三、灌溉

合理的灌溉制度是豆科牧草种子高产的关键。豆科牧草种子田与牧草生产田之间的灌溉管理存在很大的差异。牧草生产田应保持足够的土壤水分，以保证营养体良好生长并推迟植株开花期，最终使草产品达到高产和优质；而种子田则需要适当的水分胁迫，使植株持续、缓慢地生长，促进小花结荚，获得最高的种子产量。国内外研究证明，适当的水分胁迫能提高种子产量。相反，灌溉量过高则导致豆科牧草种子产量降低。

四、杂草

草木樨幼苗生长缓慢，易受杂草为害，在苗高 5~6cm 可进行中耕，可提高鲜草产量 20%左右，如果在苗期用毒草安 2.25kg/hm^2，可防除 90%以上的禾本科杂草，鲜草产量可提高 64%~67%，效果显著。

五、病虫害

草木樨象甲是一些地区的主要害虫，它采食新出土幼苗的叶片，摧毁植株。长期轮作可以减少其为害，这对依赖草木樨提高其有机农场土壤肥力、改良土壤结构的农场主来说是一项重要措施。据北达科他州富勒顿的有机农场主 David Podoll 说，他们那的象甲连续繁衍了 12~15 年，最糟糕的年份，“田里的所有草木樨都被毁了”，“然后象甲种群开始衰退，在随后的几年中它们都不会构成威胁，然后它们的数量又开始增加”。栽培措施改变不了象甲的繁殖周期，但是提早与非竞争性保护作物（亚麻或小粒谷物）混播是提高草木樨存活率（受害后）的最好方法，Podoll 说，还需要进一步研究象甲的防治技术。

草木樨籽象甲成虫体长 2.3~2.4mm（不包括喙），体灰色。喙长明显短于前胸背板，复眼不突出于头部的轮廓。胸部鳞片较窄，末端较尖，以白色为主，兼有黄色。在鞘翅缝合处有较宽大的白色鳞片组成的条纹。胸足基节、转节、腿节均为黑色，仅胫节和跗节为棕色。

草木樨种子的籽象甲类害虫的防治措施。① 农业防治：疏松土壤：春季再生萌发前耙地，可疏松土壤，减少水分蒸发，加速草木樨的生长。② 化学防治：为了保护天敌，可在早春成虫尚未产卵，天敌还未活动之前施药。为保护传粉昆虫，应避免在花期喷药；或者在早上 6：00 时前，晚上传粉昆虫不活动的时间施药。

六、授粉

草木樨靠种子繁殖，白花草木樨是自花能孕植物，黄花草木樨异花授粉，为虫媒授粉。

七、生长调节剂

科学、合理地对牧草种子生产田施用，或与其他田间管理措施配合施用植物生长调节剂，可有效提高种子产量。植物生长抑制剂主要用于控制植物营养生长，使更多同化物分配到生殖生长和发育中，且可减少倒伏发生，常见的生长抑制剂主要有矮壮素、抗倒酯和多效唑等。大量研究表明，植物生长促进剂能提高植物光合速率、叶绿素含量和多种保护酶的活性，同时促进小花发育，提高结实率，从而提高种子产量。

第三节　种子收获

一、收获前的准备

草木樨种子成熟不一致和落粒性等原因，为了提高收获效率和减少损失，因此在收获前要进行收获前田间技术处理措施。如使用脱水剂、豆科牧草落叶剂，一般在收获前 5~10d 进行。

二、收获时间

草木樨花属于无限花序，种子成熟期极不一致，产籽量差异很大，而且荚果脱落严重，因此必须适期收籽。如过早收获（全株

1/3 荚果变成褐色)，虽然产籽量高，但其中不能发芽的青籽约占 1/3。过晚收获（全株荚果完全变成褐色)，产籽量最低，因早期成熟的种子全部脱落。适期收获（全株荚果有 2/3 变成褐色)，产籽量和种子质量都较好。从盛花到种子完全成熟可维持 50~70d，落粒性严重，一般中下部荚果有 65%~70%由深黄色变暗绿色时即可收获，种子最高产量在盛花后 36d，种子适宜收获期是盛花后 33~42d。因地域、土壤养分、收获部位以及收获时间的不同，种子产量为 720~2 400kg/hm^2，草木樨种子成熟过程中，因遗传、土壤、天气干燥等原因，硬实率随其发育进程逐渐提高，于盛花后 10d、20d、45d 测定的白花草木樨的硬实率分别为 11. 25%、50%、89%。草木樨黄熟期，一级侧枝采种，不仅种子产量高，而且种用性状优异，此时采种，能保证草木樨种子获得最大产量。当有 30%~60%的荚果变为褐色或黑色时，进行收获。草木樨的潜在种子产量远远高于其实际种子产量，生产指数仅为 14%~26%，黄花草木樨实际产量与潜在产量比在 1. 39%~2. 26%，一方面是由于其遗传和生理因素，授粉前，胚珠处于不育状态，加上一部分花不授粉，导致可生育胚珠无法受精；另一方面，不利的天气条件和授粉者的缺乏也是造成种子产量大幅降低的因素。种子产量受光照的影响，草木樨在直射光和部分遮荫条件下生长良好，但在密闭遮荫条件下长势较弱并且种子产量降低。

（一）成熟度与种子品质

荚果和种子的粒级分配（表 8-8)。不论黄花或白花草木樨，它们的大荚果和小荚果，大种子和小种子的百分率分布明显表现出，大荚果和大种子由乳熟到完熟，随成熟度的提高百分率增大。乳熟期大荚率和大种率均很低，黄花草木樨的大荚率是 1. 6%，白花草木樨为零；黄花草木樨的大种率为零，白花草木樨仅 5. 7%。相反小荚果和小种子由乳熟期到完熟期随成熟期的提高百分率逐渐减小。显而易见，种子在成熟阶段，植株上的营养物质源源不断向果实集聚，从乳熟后期开始，水分下降、干物质增加，至完熟期，干物质含量达最高。在各成熟阶段中，种子风干体积以完熟期最大。不同部位花序的大粒荚果和小粒英果、大粒种子和小粒种子的百分率分布是：从主茎到一级侧枝、二级侧枝的部位不同，大荚果、大种子百分率递减，相反小荚果小种子递增，说明主茎花序的荚果和种子粒大饱满的百分率高，二级侧枝低，一级侧枝居中。

表 8-8　荚果、种子粒级分布（%）

草种	成熟期或部位	荚果		种子	
		>2.5	<2.5	>1.5	<1.5
白花草木樨	乳熟期	0	100	5.7	94.3
	黄熟期	37.92	62.07	22.31	77.69
	完熟期	58.29	41.71	26.68	73.32
黄花草木樨	乳熟期	1.6	98.4	0	100
	黄熟期	52.0	48.0	4.21	95.78
	完熟期	54.72	45.27	11.87	88.13
	二级侧枝	3.88	96.12	17.07	82.93
	一级侧枝	49.04	50.95	22.88	77.12
	主茎	69.32	30.68	32.1	67.9

从各成熟期与不同荚果部位采收样品的荚壳率和千粒重（表 8-9）。荚壳率随成熟度的提高而降低，即果仁率随成熟度的提高而增加，无论果实的干荚重或种子的干粒重，都随成熟度的提高而增大，说明种子充分成熟才能粒大饱满，种用价值高。但由于草木樨种子成熟不一致和具有很强的落粒性，如果都等到完全成熟，则收不到好的种子。黄熟期同完熟期各个指标都有差异，但同乳熟期比较，差异相对减小，因为黄熟期虽然荚果种子不及完熟期果大粒重，但与乳熟期相比，已较成熟充分，且落粒很少，种子产量高。据笔者测定，黄花草木樨于大部分荚果到完熟期收割时，种子损失 45%～55%，白花草木樨 40%～50%。所以宜在大部分荚果达成熟期，即整个植株顶部及花序稍部花朵全部消失后 1 周左右即行收种。植株不同部位荚果的荚壳率以二级侧枝最高（籽仁率最低），主茎和一级侧枝较低，并且极为一致；荚果和种子千粒重，也是二级侧枝最小，主茎和一级侧枝较大，且极为相近。主茎和一级侧枝的种子质量高，并且

二者接近；二级侧枝的种子则明显低劣。

表 8-9　荚果、种子千粒重及荚壳率

草种	成熟期或部位	荚果（g）	种子（g）	荚壳率（%）
白花草木樨	乳熟期	2.00	1.41	41.6
	黄熟期	2.75	1.96	30.4
	完熟期	3.16	2.25	28.4
黄花草木樨	乳熟期	2.10	1.48	45.2
	黄熟期	2.77	1.93	34.88
	完熟期	2.76	1.91	32.6
	二级侧枝	2.77	1.86	31.0
	一级侧枝	3.29	2.15	27.6
	主茎	3.31	2.16	27.4

主茎和一级侧枝的荚果和种子的各项发芽指标，彼此接近并都显著的优于二级侧枝，是种子生产的主要获取部位。黄熟期和完熟期种子具有高的活力，而乳熟期收获的种子活力很差（表 8-10）。

表 8-10　不同成熟度和着生部位对发芽特性的影响

草种	成熟期或部位	硬实率（%）		发芽率（%）		芽长（mm）	活力指数
		荚果	种子	荚果	种子		
白花草木樨	乳熟期	63.3	59.3	0	2.0	15.8	9.95
	黄熟期	90.0	90.7	1.3	1.7	23.3	15.84
	完熟期	98.7	96.7	0.7	2.7	32.5	68.25
黄花草木樨	乳熟期	74.3	69.7	0	1.3	16.7	10.86
	黄熟期	96.7	95.3	1.3	2.7	25.9	40.92
	完熟期	97.6	94.3	2.7	3.7	31.1	102.63
	二级侧枝	67.3	60.7	2.7	6.0	24.9	93.41
	一级侧枝	67.6	70.3	17.0	26.0	28.3	477.89
	主茎	85.3	79.0	11.3	15.0	30.4	300.35

（二）成熟期与含水率

黄、白花草木樨荚果的不同成熟度水分含量见表8-11，荚果成熟度与荚果含水率有极大关系，乳熟期植株和荚果呈绿色、含水率高，在60%以上，植株顶部和花序稍部，尤其是二级花序稍部，还含有一定量的花朵，易分辨出是白花或是黄花草木樨。这时无自然落粒情况，用手持亦较困难。进入黄熟期（指单株大多数荚果），植株下部叶片变黄，荚果亦由绿变黄，植株和荚果均开始失水，荚果水分含量约为50%，这时的花序果实丰满，株顶和花序稍部仍有个别或极少量的花朵，主茎和一级侧枝花序基部早熟荚果个别开始落粒。完熟期植株已开始枯黄，大部分叶片脱落，荚果明显脱水干缩，含水率为2.5%，荚果颜色变为褐黄色至黑褐色。由于失水，荚果体积缩小，花序变得干而脆，用手捋时，部分荚果自然掉落，整个植株全无花朵。因此，在荚果含水量为50%收割较好，植株无花朵的黄熟期后期收获最好。

表8-11 不同成熟期荚果含水率（%）

白花草木樨			黄花草木樨		
乳熟期	黄熟期	完熟期	乳熟期	黄熟期	完熟期
63.2	48.4	2.5	64.7	50.7	2.64

草木樨荚果的含水量在盛花后48d时降至49.8%，同时荚果干重与硬实率却逐渐增加，均于盛花后45d达到最大值，分别为3.15mg/粒、89%（图8-1）。

（三）收获期与种子产量

植株尚未变黄，叶片绿色未落，少数植株有花，15%～20%的荚果由绿色变为黄色或褐色时的成熟初期开始收籽较为适宜。这时收籽，荚果、种子和秸秆产量最高，虽所收荚果看来大多为绿色，但种子已具有较高的千粒重、发芽率和发芽势（表8-12、表8-13）。

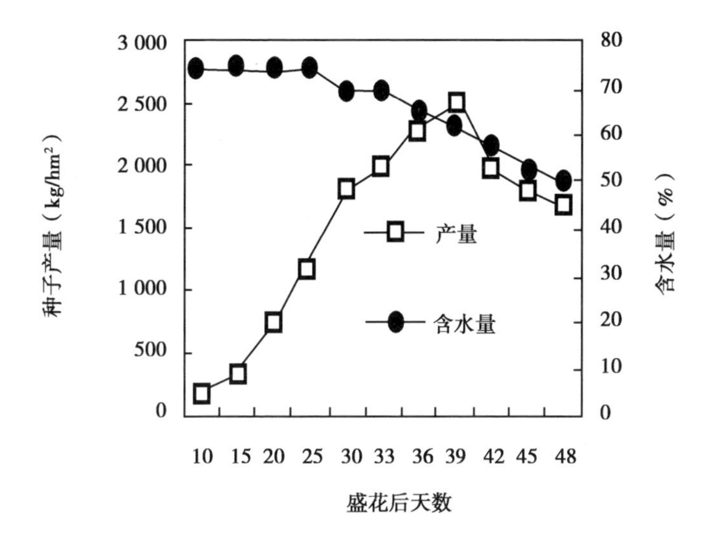

图 8-1　草木樨种子产量和含水量

表 8-12　白花草木樨不同收获期的产量（kg/亩）

收获日期	7/28	8/8	8/13	8/18	8/23
物候期	开花末期	成熟初期	成熟盛期	成熟末期	干枯初期
鲜重	820. 29	872. 46	692. 64	550. 56	393. 50
荚果	48. 51	107. 55	99. 52	57. 29	30. 09
种子	23. 45	71. 75	67. 67	39. 30	20. 46
秸秆	172. 13	239. 03	191. 075	178. 22	161. 86

表 8-13　白花草木樨不同收获期的种子质量

收获日期	7/28	8/8	8/13	8/18	8/23
物候期	开花末期	成熟初期	成熟盛期	成熟末期	干枯初期
荚壳率（%）	51. 70	33. 30	33. 00	31. 40	33. 00
千粒重（g）	1. 95	2. 10	2. 15	2. 20	2. 23
发芽率（%）	48. 50	92. 50	94. 00	94. 50	92. 50
发芽势（%）	16. 50	63. 00	79. 00	75. 50	70. 00

草木樨种子产量构成要素及不同收获期荚果产量，结实率为52.38%（表8-14）。由于草木樨生长第2年所有枝条都是生殖枝。最高潜在表现和实际产量的获得是在盛花后39d，即种子生理成熟（获得最高荚果干重和最高活力——盛花后45d）前6d，之后由于落粒的增加实际种子产量明显下降，此时用手工收获的实际种子产量是潜在种子产量的32.40%。盛花后39～45d的潜在和表现种子产量极显著高于其他各个收获期（$P<0.01$），但此期间各个收获期间潜在种子产量间和表现种子产量间产量差异极不显著（$P>0.01$）。草木樨最高实际种子产量出现在盛花后36d（生理成熟前6d），之后产量由于落粒而下降，手工收获实际种子产量是潜在种子产量的5.0%～56.9%。限制潜在种子产量转化为实际种子产量的因素主要有营养状况、传粉率、受精率，风等外力造成的落花落果、落粒性及收获损失等。通过种子生产中的合理管理和调控，可有效地增加实际种子产量。

表8-14　草木樨种子产量组成

盛花后天数	花序（m^2）	小花/花序	荚果/花序	荚果重（mg）	潜在种子产量（kg/hm^2）	表现种子产量（kg/hm^2）	实际种子产量（kg/hm^2）
10	329.46	—	—	1.437	1 522.47Fg	759.86Eg	184.03Ii
15	515.97	—	—	1.536	2 538.67Ef	1 267.05Df	424.23Hh
20	474.26	—	—	1.695	2 585.09Ef	1 290.22Df	736.92Gg
25	526.55	—	—	1.812	3 068.24Ee	1 531.36De	1 142.58Ff
30	663.65	—	—	2.183	4 657.50Dd	2 324.56Cd	1 801.33Dd
33	740.11	—	—	2.264	5 388.37Cc	2 689.34Cc	2 014.04Bb
36	714.23	306.4	160.5	2.784	6 394.33Bb	3 191.41Bb	2 441.07Aa
39	857.41	—	—	2.800	7 720.30Aa	3 853.20Aa	2 484.56Aa
42	811.55	—	—	2.848	7 432.64Aa	3 709.63Aa	1 948.81Cc
45	730.30	—	—	3.146	7 387.67Aa	3 687.18Aa	1 795.45Ded
48	518.34	—	—	3.145	5 242.35Cc	2 616.46Cc	1 715.44Ee

草木樨种子硬实率随着发育进程的发展而逐渐提高，在盛花后10d达到11.25%，20d达50%以上，以盛花后45d最高（89.00%）。

草木樨种子硬实率与成熟度密切相关，在种子成熟过程中，果胶等物质在种皮中逐渐积累，使种皮的不透水性增强。草木樨种子成熟后期发芽率下降的原因是硬实率的急剧上升超过了发芽率的增加。在种子的成熟进程中，死种子率由盛花后10d的79.50%降至36d以后的1%左右，说明盛花36d以后的种子质量已达较高水平。

草木樨种子的标准发芽率在进入黄熟期时达到最高（盛花后36d），之后由于硬实率的增加而下降、草木樨种子的硬实率随着种子的成熟而增加，至黄熟后期达最高值。从盛花后10~36d，草木樨种子的标准发芽率随着成熟度的提高而增加。盛花后33~42d，发芽率达20%以上，极显著高于其他发育时期（$P<0.01$）。发芽率在盛花后36d达最高（25.25%），极显著高于其他各收获期（$P<0.01$），之后发芽率急聚下降。在草木樨种子成熟过程中随着干物质的积累和形态的形成，千粒重逐渐增加，盛花后33d前，千粒重日增0.02g左右，增重最快的时期在盛花后33~39d，日增达0.04g，在盛花后45d达最高（2.71g），此后千粒重稍有下降，原因可能是先成熟的种子首先脱落所致（表8-15）。

表8-15　草木樨种子千粒重、活力指数和发芽指数

盛花后天数	千粒重（g）	活力指数	发芽指数
10	1.238	12.570Hh	0.706Cd
15	1.692	27.465Ff	1.583BCdc
20	1.800	35.572Ee	1.865BCdc
25	1.849	41.239Dd	2.061BCdc
30	1.861	43.169Dd	2.006BCdc
33	1.861	105.342Bb	4.881ABdc
36	2.089	146.152Aa	6.148Aa
39	2.216	148.242Aa	5.797Aa
42	2.354	78.049Cc	3.079ABCbcd
45	2.713	19.837Gg	0.809Cd
48	2.562	20.461Gg	0.951Cd

注：同列中不同大写字母间差异极显著（$P<0.01$），不同小写字母间差异显著（$P<0.05$）

三、收获

草木樨种子一般采用小麦联合收割机收获。当约50%的荚果变黑时，将植物割下来摊晒，然后用联合收割机收获脱粒。为了清除所有的荚果壳，用联合收割机多次进行脱粒处理。当植株上有20%~30%的荚变成褐色的时期可以认为是分段收割草木樨种子的最适宜的收获期。

第四节　种子加工与储藏

草木樨种子加工程序：打磨、风筛选、去石、磁选、重力选、风筛选、抛光、包衣、包装。技术指标：加工前的种子质量必须达到收购质量标准。

第一道，打磨，刚收获的种子要用打米机先进行脱米去壳，同时也可将种子打磨以便降低硬籽。

第二道，风筛选，上筛长孔1.5mm ×20mm，下筛圆孔1.2mm，选后净度95%。

第三道，去石、磁选，主要解决种子中的土沙石。选后土沙石含量0.3‰。

第四道，重力机，主要解决种子中较轻的杂质。选后净度98.5%。

第五道，风筛选，上筛长孔1.2m ×20mm，下筛圆孔1.3mm，选后净度99%。

第六道，抛光，抛光后种子表面亮度，无杂菌污物。

第七遭，包衣，包衣合格率98%。

第八道，包装。

第五节　草木樨种子检验技术

一、种子纯度检验

在做草木樨纯度检验前要提前了解被检验的种子批来源。熟悉草木樨不同类型和品种间的特征特性。要详细观察不同的花冠部色、荚果形状及网纹类型、大小、株型、株高、叶片及托叶的形状，着毛情况。

二、种子净度检验

草木樨种子比较小，千粒重 1.9~2.5g，1kg 种子有 42 万~44 万粒。在净度分析检验时取种子 5g，检验其他植物计数试样为 50g，选用套筛做辅助筛理。上筛长孔 1.3mm×20mm，下筛圆孔 1.2mm。上筛不存在有种子，下筛筛下来的小粒和瘦粒种子 90%不能发芽，10%能发芽的成苗率仅为 0.5%，采用上述规格选筛进行了各地种子净度的测定，晒干脱粒后净度检验结果为 87%，精选加工后净度则为 90%~97%。

三、种子发芽率检验

种子发芽率是种子播种品质最重要的指标之一。种子发芽力是指种子在适宜条件下发芽，并能长成正常幼苗的能力。发芽率是指发芽试验终期规定日期内全部正常发芽种子数占供试种子数的百分率。种子发芽率高表示有生活力的种子多，播种后出苗率高。

草木樨种子硬实率较高，占 30%~60%。硬实种子的种皮细胞排列致密，并有蜡质，形成不易透水的隔离层。硬实种子生命力很强。据资料介绍，将硬实种子贮藏在干燥室内闭塞的玻璃瓶中近 40 年，仍有 17%的种子保持原有的坚硬度。划破种皮后，仍有 60%正常硬实种子能正常发芽。草木樨种子贮藏在干燥通风的地方可保存 8~10 年，有的保存 22 年后发芽率仍高达 80%。在室温贮藏 20 年，发芽率从 95%降低到 60%。根据上述草木樨种子的特性，做发芽率试验前一定要先将种子皮划破，以便吸水。取种子 400 粒，4 次重复，放入纸上或纸间的发芽床内恒温 20℃，初次计数 4d，末次计数 7d。

四、种子水分检验

采用国际标准规定 105℃恒温 8h。草木樨种子的安全水分一般在 13%。

附　　录

附录1　图片

种子　　萌发　　子叶　　第一片真叶　　第二片真叶　　第三片真叶

草木樨幼苗期生长发育

枣树下种植草木樨　　核桃林下种植草木樨

梨树下种植草木樨

草木樨虫害

种子生产

草木樨放牧牛

附录 2　冬小麦套种草木樨技术规程

本规程由塔里木大学、阿克苏地区草原站、国家牧草产业技术体系塔里木综合试验站起草并提出。

本规程主要起草人：席琳乔、马春晖、王栋、王林娜、景永元。

1　范围

本规程规定了冬小麦套种草木樨的生产与利用技术。

本规程适用于新疆兵团第一师阿拉尔市辖区冬小麦种植区（包括林下种植冬小麦）。

2　规范性引用文件

下列文件中的条款通过本标准的引用而成为本标准的条款。凡是注明日期的引用文件，其随后所有的修改单（不包括勘误的内容）或修订版均不适用于本标准，然而，鼓励根据本标准达成协议的各方研究是否可使用这些文件的最新版本。凡是未注明日期的引用文件，其最新版本适用于本标准。

GB/T 3543—1995　农作物种子检验规程。

GB 8080—2010　绿肥种子。

3　术语和定义

下列术语和定义适用于本规程。

3.1　绿肥及绿肥作物

一些作物，可以利用其生长过程中所产生的全部或部分鲜体，直接或间接翻压到土壤中做肥料；或者是通过它们与主作物的间混套作，起到促进主作物生长、改善土壤性状等作用，这些作物称之为绿肥作物。其鲜体称之为绿肥。

3.2　套种

在前季作物生长后期的株行间播种或移栽后季作物的种植方式，套种作物的共生期很短，一般不超过套种作物全生育期的一半，超额利用生长时间，是解决前后季作物生长季节不足的复种方式。

4　生产及利用方式

生产方式：冬小麦生长后期套种草木樨的种植方式；

利用方式：翻压作绿肥、生产干草或放牧牛羊、生产草木樨种子；

5　草木樨品种及质量要求

5.1　品种选择

草木樨品种适宜选择早熟的白花草木樨或黄花草木樨品种。

5.2　草木樨种子质量要求

草木樨种子应符合《绿肥种子》（GB 8080—2010）中规定的三级良种以上，即品种纯度90%，净度92%，发芽率75%，含水量11%。

6　冬小麦套种草木樨

6.1　冬小麦种植

土地准备：播种前整地，耕深20cm以上，土壤墒度适宜，达到“齐、平、松、碎、净”的六字标准。

播种技术：冬小麦9月20日至10月5日播种，每亩播种量为18~23kg，播种深度3~5cm，行距15cm。播种时每亩施尿素10kg、磷酸二铵30~35kg、硫酸钾3~5kg。

田间管理：土壤封冻前，灌足越冬水；4月上旬灌好起身拔节水，适时灌好灌浆水与麦黄水。土壤表层化冻时亩追尿素10kg做返青肥，花后结合灌水亩施尿素10kg作为灌浆肥。

病虫害防控：拔节后、抽穗后分别做好蚜虫、白粉病等病虫害防治工作。

收获时期：蜡熟末期及时收获。

6.2　冬小麦套种草木樨

6.2.1　播种量

草木樨播种量1.5~2kg/亩。

6.2.2　播种时间及方式

小麦返青至起身拔节前，结合春季施肥进行撒播或条播。

6.2.3　田间管理

小麦与草木樨共生期，田间管理以小麦为主。小麦收割时要高留茬，留茬高度一般在20cm左右，小麦随收随运，以后根据草木樨的长势、土壤墒情，适时灌水，一般草木樨生育期间灌水2~3次，灌水同时施氮肥5~10kg/亩。

6.2.4　利用方式

草木樨的利用方式主要有粉碎翻压作绿肥、生产干草或放牧牛羊、生产草木樨种子。

6.2.4.1　饲用

草木樨植株中含有香豆素成分，具有一种带苦味的特殊气味，牲畜初饲时不爱吃，一般作为干草饲用，初次饲喂用量由少到多，不超过日粮组成的50%。不易在露水和牛羊空腹放牧，防止瘤胃臌胀病的发生。

6.2.4.2　翻压

一般在入冬前15~20d或冬小麦种植前一周翻压草木樨，翻压前利用绿肥粉碎机，将地上部分打碎，腐烂效果较好。

6.2.4.3　翻压草木樨后的作物施肥

翻压草木樨后，当年可继续种植冬小麦，可翌年种植其他作物(如春玉米、甜菜、马铃薯等)，应减少施用化肥。全部翻压作绿肥，可减少30%氮肥用量；仅根茬翻压作绿肥，可减少10%的氮肥用量。

7　适宜区域

新疆兵团第一师阿拉尔市辖区冬小麦种植区（包括林下种植冬小麦)。

8　注意事项

8.1　草木樨的发芽率必须达75%以上；

8.2　在冬小麦返青至起身拔节前根据土壤墒情做到及时播种，确保草木樨的出苗；

8.3　冬小麦地不能使用防治阔叶杂草的除草剂。

播种草木樨

共生期

冬小麦刈割

冬小麦收割后草木樨

草木樨生长期

参考文献

卞建民，刘彩虹，杨占梅，等. 2012. 种植黄花草木樨对盐碱地土壤水、盐状况的影响［J］. 吉林农业大学学报（2）：176-179.

陈文新，陈文峰. 2004. 发挥生物固氮作用 减少化学氮肥用量［J］. 中国农业科技导报，6（6）：3-6.

丛建民，陈凤清，孙春玲. 2012. 草木樨综合开发研究［J］. 安徽农业科学，40（5）：2 962-2 963.

崔永庆，孙尚忠. 1984. 小麦套种向日葵和草木樨的技术［J］. 农业科技通讯（3）.

窦新田，李新民. 1997. 黑龙江省土著大豆根瘤菌的数量分布及共生结瘤特性［J］. 土壤通报（1）：44-45.

杜涛. 2010. 新疆耕地集约利用问题研究［D］. 新疆农业大学.

杜晓峰. 2008. 黄花草木樨杀菌活性成分研究［D］. 西北农林科技大学.

樊妙姬，李正文，韦莉莉. 1999. 根瘤菌结瘤基因的表达调控研究概况［J］. 广西农业生物科学（3）：59-62.

高建平，胡正海，孙世春，等. 1994. 黄花草木樨花内蜜腺的形态解剖学研究［J］. 山西农业大学学报（自然科学版）（1）：40-42.

耿本仁，王金玲. 1981. 白花草木樨适宜收籽期的探讨［J］. 宁夏农业科技（2）：39-41.

龚光炎，李方，张素菲，等. 1965. 草木樨作为丘陵旱地麦田绿肥的研究［J］. 土壤通报（4）：29-31.

龚光炎，张素菲. 1984. 草木樨腐解特点与培肥作用研究初报［J］. 河南农林科技（2）：5-9.

龚光炎，张素菲，李恭志. 1981. 草木樨的根系及其效应的研究［J］. 土壤通报（2）：8-10.

龚光炎，张素菲，史国法，等. 1980. 草木樨的增产效果及其播种技术［J］.

河南农林科技（2）：33-36.
顾雪莹，玉柱，郭艳萍，等. 2011. 白花草木樨与燕麦混合青贮的研究［J］. 草业科学，28（1）：152-156.
哈斯亚提·托逊江，哈丽代·热合木江，祖尔东·热合曼，等. 2013. 苏丹草和草木樨混贮发酵品质研究［J］. 草食家畜（4）：62-64.
韩建国，李鸿祥，马春晖，等. 2000. 施肥对草木樨生产性能的影响［J］. 草业学报（1）：15-26.
何海生. 1980. 二年生白花草木樨生长规律［J］. 农业科学实验（1）：33-35.
何亭漪. 2013. 不同粗饲料在绵羊瘤胃和体外降解规律的研究及代谢能数学预测模型的建立［D］. 内蒙古农业大学.
华珠兰，谭东南，王月华，等. 1984. 武威县平川灌区土壤微生物区系及其肥力状况研究［J］. 甘肃农业大学学报（s2）.
黄怀琼，曾玉霞，龙碧华，等. 2000. 四川紫色土壤中土著大豆根瘤菌的资源分布［J］. 西南农业学报（3）：39-44.
贾延光，崔瑞. 1986. 对草木樨翻压时期及肥效的研究［J］. 辽宁农业科学（3）：16-18.
景春梅. 2015. 六种草木樨耐盐能力、产量及营养品质研究［D］. 塔里木大学.
阚凤玲，陈文新. 2002. 西部某些根瘤菌的数值分类和16SrDNA PCR-RFLP分析［J］. 微生物学通报（3）：1-8.
孔德平，王增池，智健飞. 2011. 沧州地区绿肥作物生产现状与发展前景［J］. 河北农业科学，15（11）：28-30.
赖先齐. 1963. 麦田套种草木樨的几个问题［J］. 新疆农业科学（8）：308.
赖先齐，刘仲玉. 1991. 草木樨种植和综合利用的研究［J］. 土壤肥料（2）：19-22.
雷冬至，金曙光，乌仁塔娜. 2009. 用体外产气法评价不同粗饲料与相同精料间的组合效应［J］. 饲料工业，30（3）：30-33.
李德明. 2008. 草木樨的种植与喂兔方法［J］. 农村科学实验（3）：35-35.
李鸿祥，韩建国，马春晖，等. 2000. 草木樨种子成熟过程中的活力特性及产量形成［J］. 草地学报（4）：297-305.
李鸿祥，韩建国，武宝成，等. 1999. 收获期和调制方法对草木樨干草产量和质量的影响［J］. 草地学报，7（4）：271-276.
李科，肖凤，阿依肯. 1994. 细齿草木樨引种试验与研究［J］. 新疆畜牧业，

2：48-49.

李青云，陆家宝，马玉寿，等. 1995. 草木樨人工草地的建植与利用技术 [J]. 青海畜牧兽医杂志（3）：33-35.

李树成. 2014. 白花草木樨混贮与混播对其饲用品质和适口性的影响 [D]. 兰州大学.

李树成，黄晓辉，王静，等. 2014. 白花草木樨与玉米秸秆混合青贮的发酵品质及有毒成分分析 [J]. 草业科学，31（2）：321-327.

李银平，徐文修，侯松山，等. 2009. 春小麦复播绿肥对连作棉田土壤肥力的影响 [J]. 中国农学通报（6）：151-154.

李银平，徐文修，李钦钦，等. 2009. 绿肥压青对棉田土壤肥力的影响 [J]. 新疆农业科学，46（2）：262-265.

李勇，何振东，汪鸿儒. 1990. 脱毒草木樨粉饲喂生长肥育猪效果的研究 [J]. 中国动物营养学报（2）：56.

李月芬，龚河阳，Viengsouk Lasoukanh，等. 2013. 应用黄花草木樨斯列金 1 号防治退化土壤研究 [J]. 科技导报，31（34）：60-64.

李月芬，龚河阳，林年丰，等. 2013. 应用黄花草木樨斯列金 1 号防治退化土壤研究 [J]. 科技导报，31（34）：60-64.

李月芬，汤洁，林年丰，等. 2004. 黄花草木樨改良盐碱土的试验研究 [J]. 水土保持通报（1）：8-11.

李子双，廉晓娟，王薇，等. 2013. 我国绿肥的研究进展 [J]. 草业科学，30（7）：1 135-1 140.

林年丰，刘岩岩，汤洁，等. 2013. 俄罗斯黄花草木樨改良盐碱化土壤的试验性研究 [J]. 土壤通报，44（5）：1 198-1 203.

林年丰，刘岩岩，汤洁，等. 2014. 俄罗斯黄花草木樨开发与利用研究 [J]. 湖北农业科学，53（1）：138-141.

刘炳文，岳余林. 1981. 草木樨根瘤象 [J]. 新农业（2）：12.

刘炳文，岳玉林. 1982. 草木樨根瘤象（虫甲）及其防治 [J]. 中国草原（4）：59-60.

刘发，刘英华. 1980. 黑河地区小麦与草木樨间作的若干技术问题 [J]. 土壤通报（3）：42-44.

刘发，刘英华. 1985. 清种草木樨的增产效果与应用技术 [J]. 土壤肥料（1）：31-32.

刘宏伟. 2011. 绿肥作物还田后腐解规律及对土壤肥力与玉米产量的影响 [D]. 中国农业科学院.

刘慧. 2014. 冬小麦套种草木樨对土壤的影响及其种子生产技术研究［D］. 塔里木大学.

刘凯旋. 1988. 早熟品种冬麦套种草木樨研究［J］. 新疆农垦科技（6）：10.

刘丽芳，唐世凯，熊俊芬，郑毅. 2006. 烤烟间套作草木樨和甘薯对烟叶含钾量及烟草病毒病的影响［J］. 中国农学通报（8）：238-241.

刘丽芳，唐世凯，熊俊芬，郑毅，李永梅. 2005. 烤烟间作草木樨对烟草病害的影响［J］. 云南农业大学学报（5）：662-664+670.

刘美莲，郝丽梅. 2014. 浅谈草木樨栽培技术［J］. 畜牧兽医科技信息（1）：119-120.

刘苏娇. 2014. 黄花草木樨化感抑草作用及其化感物质的分离鉴定［D］. 扬州大学.

龙桃，熊黑钢，左永君，等. 2012. 新疆耕地动态变化与可持续发展［J］. 干旱区资源与环境（1）：19-24.

吕凤鸣. 1965. 绿肥“以磷增氮”研究初报［J］. 宁夏农业科学通讯（2）：16-20.

吕凤鸣，温厚萱. 1964. 灰钙土适宜绿肥——一年生草木樨初步研究［J］. 宁夏农林科技（10）：28-31.

骆大德，谭东南，王月华，等. 1984. 武威县平川灌区小麦套种草木樨固氮作用的研究［J］. 甘肃农业大学学报（s2）：44-54.

骆凯. 2017. 低香豆素草木樨遗传选育、种子扩繁及转录组研究［D］. 兰州大学.

骆凯，狄红艳，张吉宇，等. 2014. 19 份草木樨种质农艺学与品质性状初步评价［J］. 草业科学，31（11）：2 125-2 134.

骆凯，张吉宇，王彦荣. 2018. 种植密度和施磷肥对黄花草木樨种子产量的影响［J］. 草业学报，27（7）：112-119.

马丽. 2005. 浅谈草木樨的综合利用［J］. 新疆畜牧业（4）：56-57.

毛凯，蒲朝龙，任伯文，刘玉西. 1995. 桤柏混交幼林间种草木樨生态经济效益分析［J］. 草业科学（1）：49-50.

［美］SARE 著；王显国、刘忠宽译. 2016. 覆盖作物高效管理（第三版）［M］. 电子工业出版社.

聂朝相. 1995. 草木樨种子着生部位成熟度与种性关系的研究［J］. 草业学报（1）：9-13.

任素坤，龚先炎. 1982. 二年生白花草木樨开花结荚规律的观测初报［J］. 河南农林科技（11）：7-10.

时金岭，张志安，阎庆吉. 1981. 草木樨套种当年栽培技术［J］. 甘肃农业科技（6）：27-28.

宿庆瑞. 1998. 东北玉米主产区玉米、草木樨间种轮作农牧结合综合效益的研究［J］. 中国草地，4：17-20.

宿庆瑞，曹卫东，迟凤琴，等. 2010. 苜蓿和草木樨腐解及养分释放规律的研究［J］. 黑龙江农业科学（8）：71-74.

郜继承，杨恒山，张庆国，等. 2010. 种植年限对紫花苜蓿人工草地土壤碳、氮含量及根际土壤固氮力的影响［J］. 土壤通报，41（3）：603-607.

汤春妮. 2010. 草木樨香豆素的提取、分离纯化工艺研究［D］. 西北大学.

汤春妮，樊君，李白存，樊宇真. 2010. 大孔吸附树脂纯化草木樨香豆素的动力学和热力学［J］. 化学工程，38（9）：1-5.

汤洁，李月芬，林年丰，等. 2004. 应用生物技术改良退化土壤的效果——以黄花草木樨改良盐碱化土壤为例［J］. 生态环境（1）：51-53.

汤洁，梁爽，林年丰，等. 2012. 俄罗斯黄花草木樨次生代谢产物开发利用研究［J］. 湖北农业科学，51（19）：4308-4313.

汤少勋，姜海林，周传社，等. 2005. 不同牧草品种对体外发酵产气特性的影响［J］. 草业学报，14（3）：72-77.

唐世凯. 2008. 烟草间作草木樨对持续控制烟草病害的影响［J］. 中国生物防治，24（S1）：94-97.

唐世凯，刘丽芳，李永梅. 2009. 烤烟间作草木樨对土壤养分的影响［J］. 中国烟草科学，30（5）：14-18.

唐世凯，刘丽芳，李永梅. 2009. 烤烟间作草木樨对烟叶产量和等级结构的影响［J］. 贵州农业科学，37（2）：21-22.

唐世凯，刘丽芳，李永梅. 2009. 水培条件下烤烟间作草木樨对烟株氮磷钾含量的影响［J］. 云南农业大学学报，24（3）：380-384.

唐世凯，刘丽芳，李永梅，等. 2005. 烤烟间套草木樨、甘薯对烟叶产量和品质的影响［J］. 云南农业大学学报（4）：518-521.

唐世凯，刘丽芳，李永梅，郑毅. 2005. 烤烟间套草木樨、甘薯对烟叶产量和品质的影响［J］. 云南农业大学学报（4）：518-521+533.

田慧梅，季尚宁. 1997. 玉米草木樨间作效应分析［J］. 东北农业大学学报（1）：16-23.

田晋梅，谢海军. 2000. 豆科植物沙打旺，柠条，草木樨单独青贮及饲喂反刍家畜的试验研究［J］. 黑龙江畜牧兽医（6）：14-15.

田晋梅，谢海军. 2000. 几种豆科植物单独青贮及喂畜效果试验［J］. 中国草食动物（5）：29-30.
田玉山，吴渠来，李汉青. 1989. 河套灌区向日葵间作白花草木樨产量优势研究［J］. 华北农学报（2）：63-73.
王比德. 1981. 白花草木樨刈割时期的研究［J］. 中国草地学报（4）：26-28.
王海霞，王永华，兰剑，等. 2012. 宁夏紫花苜蓿土著根瘤菌的分布状况研究［J］. 宁夏农林科技，53（1）：44-46.
王林娜. 2017. 枣林间作作牧草品种筛选及综合评价［D］. 塔里木大学.
王孟延. 1981. 一、二年生草木樨体内干物质与氮磷养分积累转移的研究［J］. 内蒙古农业科技（1）：23-26.
王楠. 2008.（超）高产玉米土壤肥力特性研究［D］. 吉林农业大学.
王强. 2013. 氮素在土壤中的循环及氮肥的施用方法［J］. 养殖技术顾问（3）：213.
王卫卫，胡正海，关桂兰，等. 2002. 甘肃、宁夏部分地区根瘤菌资源及其共生固氮特性［J］. 自然资源学报（1）：48-54.
王文仲，丁守华，刘来珍. 1983. 向日葵间混套种草木樨增产效果调查［J］. 农业科学实验（1）：20-21.
王小山. 2007. 豆科牧草在种子萌发期和苗期的耐盐生理机制研究［D］. 北京：中国农业大学.
韦革宏，陈文新，朱铭莪. 2000. 陕甘宁地区根瘤菌的16SrDNA PCR-RFLP分析［J］. 农业生物技术学报（4）：333-336.
韦革宏，聂刚，张宏昌，等. 2004. 陕西部分地区胡枝子和草木樨根瘤菌的数值分类研究［J］. 西北植物学报（9）：1 697-1 701.
文荣威. 1979. 阿克苏地区草木樨绿肥调查［J］. 新疆农业科技（3）：2-12.
文荣威. 1979. 草木樨绿肥肥效研究［J］. 土壤（3）：98-102.
文荣威，杨文翰. 1982. 草木樨越冬后的营养生长的初步研究［J］. 土壤通报（3）：40-42.
文荣威，杨文翰. 1983. 草木樨绿肥肥效研究总报［J］. 新疆农业科技（5）：34-38.
邬彩霞，刘苏娇，赵国琦. 2014. 黄花草木樨水浸提液中潜在化感物质的分离、鉴定［J］. 草业学报，23（5）：184-192.
邬彩霞，刘苏娇，赵国琦，倪杰. 2015. 黄花草木樨的化感抑草作用［J］. 江苏农业科学，43（7）：98-101.

邬彩霞，刘苏娇，赵国琦，徐俊. 2015. 黄花草木樨对杂草的化感作用研究［J］. 草地学报，3（1）：82-88.

邬彩霞，赵国琦，刘苏娇，贡笑笑. 2014. 黄花草木樨水浸液中香豆素的含量及其对 7 种植物种子萌发和幼苗生长的影响［J］. 草业科学，31（12）：2262-2269.

吴宝茹，吴荣镇，朱敖梅. 1988. 种草养畜肥田经济效益分析［J］. 新疆农业科技（6）：22-26.

武保国. 2003. 白花草木樨［J］. 猪业观察（17）：28-28.

刑福，周景英，金永君，等. 2011. 我国草田轮作的历史、理论与实践概览［J］. 草业学报，20（3）：245-255.

邢新，张印，于丽红. 2001. 草木樨种子繁殖及栽培技术［J］. 农业科技通讯（1）：23.

徐体森，昝世德，葛檀芝. 1986. 麦田套种草木樨培肥改土粮增产［J］. 新疆农垦科技（4）：11-12.

许瑾，才绍河，范锡龙，等. 2002. 草木樨中有毒成分的危害及其防治措施［J］. 河北畜牧兽医（12）：37.

薛热，刘国彬，戴全厚，等. 2008. 黄土丘陵区人工灌木林恢复过程中的土壤微生物生物量演变［J］. 应用生态学报，19（3）：517-523.

薛瑞忠，白月善，段海燕，等. 2004. 草木樨的栽培及利用技术［J］. 北方农业学报（b12）：111-111.

闫伟杰. 2005. 饼粕蛋白与羊草 NDF/玉米淀粉混合料的组合效应研究［D］. 浙江大学.

闫伟，石凤翎，钱亚斯. 2017. 内蒙古西部地区 12 份苜蓿根瘤菌株的16SrDNA 鉴定［J］. 草原与草业（3）：36-41.

杨富裕，周禾，韩建国. 2004. 添加甲酸对白花草木樨青贮品质的影响［J］. 草地学报，12（1）：12-16.

杨富裕，周禾，韩建国，等. 2004. 添加甲醛对草木樨青贮品质的影响［J］. 中国草地学报，26（1）：39-43.

杨富裕，周禾，韩建国，等. 2004. 添加甲酸+甲醛对草木樨青贮品质的影响［J］. 草业学报，13（1）：74-78.

杨富裕，周禾，韩建国，等. 2004. 添加蔗糖对草木樨青贮品质的影响［J］. 草业科学，21（3）：35-38.

杨俊岗，段仁周. 2013. 中国绿肥种子出口技术手册［M］. 中国农业科学技术出版社.

杨旭升，马志军，郭春景. 2011. 北方寒地草场土壤中苜蓿根瘤菌分布状况研究［J］. 黑龙江科学（6）：10-11.

杨子文. 2010. 应用N自然丰度技术量化陇东苜蓿生物固氮的研究［D］. 兰州大学.

雍太文，陈小容，杨文钰，等. 2010. 小麦/玉米/大豆三熟套作体系中小麦根系分泌特性及氮素吸收研究［J］. 作物学报（3）：477-485.

袁震林，蒋秀珍. 1979. 二年生草木樨营养特性及其利用的研究［J］. 土壤通报（2）：21-24.

袁震林，蒋秀珍. 1979. 二年生草木樨营养特性及其利用的研究［J］. 土壤通报（2）：21-24.

曾昭海，陈丹明，胡跃高，等. 2003. 不同生态区若干典型作物土壤中紫花苜蓿土著根瘤菌分布状况［J］. 草业科学（10）：26-28.

张宝烈，文荣威. 1989. 草木樨［M］. 北京：农业出版社，35-46.

张宝烈，张士义. 1992. 关于我国草木樨属植物资源初步整理［J］. 草业科学，4（9）：63-65.

张保烈. 1980. 草木樨营养积累特性的初步研究［J］. 土壤肥料（4）：30-33.

张保烈. 1984. 苏联草木樨研究概况［J］. 国外畜牧学草原与牧草（1）：7-9.

张保烈. 1986. 提高草木樨在粮肥轮作中效益的探讨［J］. 土壤通报（5）：211-213.

张保烈. 1989. 微量元素肥料对草木樨产草量及品质的影响［J］. 草业科学（6）：33-35.

张保烈，柳云波. 1981. 草木樨翻压腐解的观察［J］. 辽宁农业科学（4）：35-36.

张保烈，柳云波. 1987. 草木樨对土壤水分的影响［J］. 中国草原（3）：28-30.

张德寿，文奋武. 1990. 草木樨毒性的研究［J］. 甘肃农业大学学报，25（1）：43-50.

张高轩，赖先齐，余元朝，等. 1990. 草木樨喂羊毒性试验的病理学研究［J］. 石河子农学院学报（2）：43-47.

张桂杰，王红梅，罗海玲，等. 2011. 应用体外产气与体外消化法评定不同生育期豆科牧草营养价值［J］. 动物营养学报，23（3）：387-394.

张亨业. 1977. 麦田套种草木樨的增产改土效果及其栽培技术［J］. 内蒙古

农业科技（5）：30–35.
张俊杰，杨旭，刘苏萌，等. 2016. 郑州草坪白三叶草根瘤菌的分离与分子鉴定［J］. 内蒙古农业大学学报（自然科学版），37（6）：70–77.
张强，黄士明，孟路阳，等. 2007. 草木樨流浸液片治疗下肢深静脉血栓形成后遗症临床疗效研究［J］. 老年医学与保健，13（2）：115–116.
张秀玲. 2007. 草木樨生长发育特性研究［J］. 黑龙江生态工程职业学院学报（3）：10+18.
张永霞. 2016. 果园小麦套种草木樨栽培技术［J］. 农村科技（5）：65–66.
张执欣，陈卫民，韦革宏，等. 2006. 甘肃省部分地区豆科植物根瘤菌资源调查［J］. 西北农林科技大学学报（自然科学版），34（2）：77–82.
张忠厚，马宝珍，郝建祥，等. 1985. 玉米间种草木樨养奶牛［J］. 黑龙江畜牧兽医（6）：46–47.
赵丰，张凤鸣. 1963. 阿克苏垦区草木樨栽培经验调查［J］. 新疆农业科学（1）：24–25+11.
赵龙飞，邓振山，杨文权，等. 2009. 我国西北部分地区豆科植物根瘤菌资源调查研究［J］. 干旱地区农业研究，27（6）：33–39.
赵顺才，商占果，夏荣基，等. 1990. 草木樨对白浆土生物学活性的影响［J］. 中国农业大学学报（s4）：78–82.
赵涛. 2019. 根瘤菌的动态分布、鉴定和施氮对草木樨生产性能的影响［D］. 塔里木大学.
赵亚丽，薛志伟，郭海斌，等. 2014. 耕作方式与秸秆还田对冬小麦–夏玉米耗水特性和水分利用效率的影响［J］. 中国农业科学，47（17）：3 359–3 371.
赵玉萍，夏荣基，赵顺才，等. 1987. 草木樨氮素回收率及氮素平衡的研究［J］. 黑龙江八一农垦大学学报（2）：45–50.
郑轸根. 1989. 草木樨在养猪业中的利用方法［J］. 饲料博览（1）：13–13.
郑子英，卢利坤，玛丽亚. 1994. 苜蓿施肥试验［J］. 新疆畜牧业（1）：16–19.
中国科学院中国植物志编著委员会编. 1988. 中国植物志 39 卷［M］. 科学出版社.
中国农业百科全书部. 1993. 中国农业百科全书，养蜂卷［M］. 中国农业出版社.
周其家，白晓亮，孙继权. 2011. 草木樨种植的关键技术［J］. 牧草饲料（5）：99.

朱军. 2008. 套种绿肥对免耕春小麦产量及其生理特性和土壤理化性质的影响 [D]. 新疆农业大学.

祝廷成，李志坚，张为政，等. 2003. 东北平原引草入田、粮草轮作的初步研究 [J]. 草业学报，12 (3)：34-43.

Ates E. 2011. Determination of forage yield and its components in blue melilot (Melilotus caerulea (L.) Desr.) grown in the western region of Turkey [J]. Cuban Journal of Agricultural Science, 45 (3): 299-302.

Dashora K. 2011. Nitrogen Yielding Plants: The Pioneers of Agriculture with a Multipurpose [J]. American-Eurasian Tournal of Agronogy, 4 (2): 34-37.

Gbanguba A U, Ismaila U, Kolo M G M, et al. 2011. Effect of cassava/legumes intercrop before rice on weed dynamics and rice grain yield at Badeggi, Nigeria [J]. African Journal of Plant Science, 5 (4): 264-267.

GhaderiFar, FGherekhloo, Alimagham J. 2010. Influence of environmental factors on seed germination and seedling emergence of yellow sweet clover (Melilotus officinalis) [J]. Planta Daninha, 28 (3): 463-469.

Robert E. Blackshaw, Louis J. Molnar, James R Moyer. 2010. Sweet Clover Termination Effects on Weeds, Soil Water, Soil Nitrogen, and Succeeding Wheat Yield [J]. Agronomy Journal, 102 (2): 634-641.

Robert E. Blackshaw, Louis J. Molnar, James R Moyer. 2010. Sweet Clover Termination Effects on Weeds, Soil Water, Soil Nitrogen, and Succeeding Wheat Yield [J]. Agronomy Journal, 102 (2): 634-641.